激光雷达感知与定位

从理论到实现

申泽邦 周庆国 郅 朋◎编著

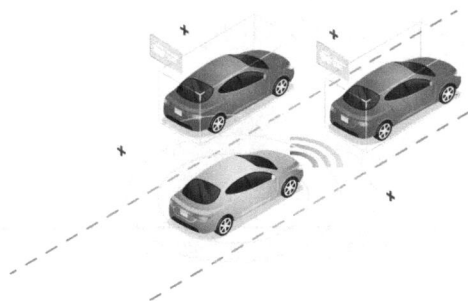

LiDAR
Perception and Localization
From Theory to Practice

人民邮电出版社
北 京

图书在版编目（CIP）数据

激光雷达感知与定位：从理论到实现 / 申泽邦，周
庆国，郅朋编著. -- 北京：人民邮电出版社，2025.
ISBN 978-7-115-65258-4

Ⅰ. TN959.71

中国国家版本馆 CIP 数据核字第 2024CF2126 号

内 容 提 要

激光雷达作为自动驾驶汽车的核心传感器之一，在自动驾驶领域发挥着至关重要的
作用。本书深度挖掘激光雷达关键技术，介绍激光雷达的原理、应用以及发展趋势。

本书共 9 章，包括激光雷达与自动驾驶的发展、激光雷达的基本工作原理、点云编
程基础、标定、SLAM、深度学习在激光雷达中的应用等内容。本书通过深入的理论解
说和实际操作示例，帮助读者轻松开发基于激光雷达的感知与定位模块。此外，本书还
展望了激光雷达的发展趋势及其在汽车工业中的应用前景，为自动驾驶领域的研究和开
发提供了参考依据。

本书可作为希望进入自动驾驶汽车行业的汽车类、自动化类专业的学生的技术入门
图书，也可作为汽车工程师、对自动驾驶技术感兴趣的读者的参考书。

- ◆ 编　　著　申泽邦　周庆国　郅　朋
　　责任编辑　刘盛平
　　责任印制　马振武
- ◆ 人民邮电出版社出版发行　北京市丰台区成寿寺路 11 号
　　邮编　100164　电子邮件　315@ptpress.com.cn
　　网址　https://www.ptpress.com.cn
　　固安县铭成印刷有限公司印刷
- ◆ 开本：700×1000　1/16　　　彩插：6
　　印张：16　　　　　　　　　2025 年 7 月第 1 版
　　字数：279 千字　　　　　　2025 年 7 月河北第 1 次印刷

定价：89.80 元

读者服务热线：**(010)81055410**　印装质量热线：**(010)81055316**
反盗版热线：**(010)81055315**

当人们谈论未来的交通工具时，自动驾驶汽车往往备受关注。无论是汽车制造商还是出行服务商，都在竭力推动自动驾驶技术的发展，以实现更安全、高效和便捷的交通方式。在这一技术浪潮中，激光雷达因其高精度的环境三维测量能力，成为高级辅助驾驶乃至自动驾驶汽车的核心传感器之一。人们基于激光雷达，在自动驾驶汽车中实现了高精度的环境感知和定位功能，不但提升了自动驾驶汽车的能力上限，也为自动驾驶汽车提供了更多安全保障。

尽管激光雷达在自动驾驶汽车中具有重要地位，但涵盖自动驾驶领域激光雷达相关技术和算法的图书还比较少。已有的关于激光雷达的图书多聚焦遥感测绘领域，与自动驾驶领域的实际需求存在一定脱节。

针对这一现状，本书从自动驾驶的角度，深入探讨激光雷达的工作原理、基于激光雷达的感知和定位算法的细节及激光雷达在汽车工业中的应用。我们希望通过这本书，引导对自动驾驶技术充满好奇、渴望深入探索激光雷达感知与定位技术的广大读者进行全面而深入的学习。

本书共 9 章，内容涵盖广泛。第 1 章探讨激光雷达与自动驾驶的历史和现状，介绍了该领域的背景知识。第 2 章详细探讨激光雷达的基础知识，帮助读者深入了解其基本工作原理、分类以及关键性能指标和性能评估方法。第 3~6 章着重介绍点云编程等技术，包括 PCL 和 ROS 的基础知识，点云平面分割、聚类和配准，激光雷达标定原理与实践，激光雷达 SLAM，为读者处理和分析激光雷达数据打下基础。第 7~8 章涉及基于深度学习的激光雷达三维目标检测和点云语义分割方法，介绍这些技术在感知与定位模块中的应用，需要读者具备深度学习的基础知识。第 9 章探讨激光雷达的发展趋势及其在汽车工业中的应用前景，帮助读者了解该技术的发展方向。建议读者遵循章节顺序阅读本书，并结合本书提供的代码进行实践操作，从而加深对知识的理解，强化对知识的应用。

　　无论你是从事汽车工程相关工作的专业人士，还是怀有自动驾驶梦想的学生，我们都希望本书能为你提供帮助，使你能更深入地理解自动驾驶技术，为未来的交通工具和智能出行的发展贡献自己的一份力量。让我们一起踏上令人激动的旅程，探索应用激光雷达技术的奇妙世界！

　　限于作者水平，书中难免存在不足之处，敬请广大读者批评指正。读者可通过电子邮箱（67675191@qq.com）免费索取本书相关代码等资源。

作者
2024 年 10 月

目　录

第 1 章

激光雷达与自动驾驶概述

提到自动驾驶，读者一定会想到形形色色的传感器、高精地图、全球定位系统（global positioning system，GPS）等，说到底，自动驾驶汽车就像全副武装的战士。其中，激光雷达扮演了相当重要的角色。

本章从激光雷达与自动驾驶的概念讲起，然后叙述激光雷达与自动驾驶的发展，最后介绍激光雷达在自动驾驶系统中的应用以及激光雷达开发环境配置。

|1.1 激光雷达与自动驾驶的概念|

1.1.1 什么是激光雷达

激光雷达（light detection and ranging，LiDAR），也称光学雷达、光达，是一类通过向目标发射激光脉冲来测量目标距离等参数的装置的总称。

依据搭载平台不同，激光雷达可以粗略地分为星载激光雷达（space-borne lidar）、机载激光雷达（airborne laser radar）、无人机激光雷达（drone laser scanner，DLS）、车载激光雷达（vehicle-mounted laser scanner，VLS）和地基激光雷达（terrestrial laser scanner，TLS）。本书关注激光雷达在自动驾驶领域的应用及相关的感知（perception）、定位（localization）算法原理，故本书中所提的激光雷达通常指车载激光雷达。

图 1-1 所示为目前市面上主流的激光雷达，激光雷达产生的数据通常为具有三维坐标的点的集合，被称为点云数据（point cloud data）。图 1-2 所示为 Velodyne 公司生产的 HDL-64E 激光雷达及其输出的点云数据。

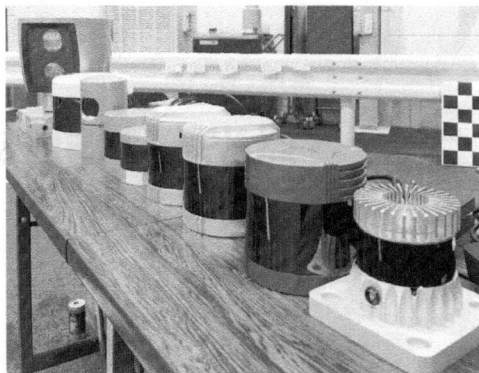

图 1-1　目前市面上主流的激光雷达[1]

*图 1-2　Velodyne 公司生产的 HDL-64E 激光雷达及其输出的点云数据

点云数据能够真实反映周围环境的三维信息，图中点云的色彩是根据点的激光反射强度（intensity）绘制的。激光反射强度是指传感器接收到的激光反射信号的能量强度，数值低表示物体表面激光反射率低，数值高则表示物体表面的激光反射率高。虽然不同激光雷达厂商对激光反射强度有着不同的定义方式，但是基本可以认为同一类表面材质的物体在同一款激光雷达的点云数据中的反射强度相近。图 1-2 中的点云数据是由一颗 64 线激光雷达产生的，这里的"64 线"描述的是机械旋转式激光雷达的纵向分辨率，可以类比地理解为图像的像素行数，显然线数越高分辨率越高，从而能够获取更丰富的测量信息。

提示："X 线激光雷达"通常仅用于描述机械旋转式激光雷达，机械旋转式激光雷达通常包含 X 个激光器和相应的接收器，旋转一周后得到一个环状的反射点集合，在球面投影（即图像视角）上看到的是由反射点构成的线，X 个激光器即 X 线。由于 X 线的概念深入人心，固态或者混合半固态激光雷达厂商通常采用"等效 X 线"等词语描述其产品的点云密度。

注：本书中带*的图在书后提供了彩插。

1.1.2 什么是自动驾驶系统

自动驾驶系统（autonomous driving system）是指能够依据自身对周围环境的感知、理解，自行进行车辆运动控制，且能达到人类驾驶员驾驶水平的车辆系统。

自动驾驶系统涉及的技术很多，包括多传感器融合技术、信号处理技术、通信技术、人工智能技术，计算机技术等。用一句话描述自动驾驶系统，即通过多种车载传感器（如相机、激光雷达、毫米波雷达、GPS、惯性传感器等）来获取汽车所处的周边环境信息（包括道路信息、交通信息、车辆位置和障碍物信息等），并根据所获得的环境信息自主做出分析和判断，从而自主地控制车辆运动，最终实现自动驾驶的系统。

在车辆智能化的分级中，业界目前有两套标准：一套是由美国国家公路交通安全管理局（National Highway Traffic Safety Administration，NHTSA）制定的；另一套是由国际自动机工程师学会（SAE International）制定的。两者的 0 级、1 级、2 级、3 级的划分都是相同的，不同之处在于 NHTSA 标准的 4 级被 SAE 细分为 4 级和 5 级。考虑到我国多采用 SAE 标准，本书按 SAE 标准介绍。表 1-1 所示为 SAE 驾驶系统分级机制[2]。

表 1-1 SAE 驾驶系统分级机制

等级	名称	驾驶主体		
		转向、加减速控制	对环境的观察	应对激烈驾驶
0 级	人工驾驶	驾驶员	驾驶员	驾驶员
1 级	辅助驾驶	驾驶员和系统	驾驶员	驾驶员
2 级	半自动驾驶	系统	驾驶员	驾驶员
3 级	自动驾驶	系统	系统	驾驶员
4 级	高度自动驾驶	系统	系统	系统
5 级	全自动驾驶	系统	系统	系统

下面对表 1-1 中的等级进行说明。

• 0 级：人工驾驶，即完全由驾驶员驾驶车辆。

• 1 级：辅助驾驶，这个等级的驾驶系统增加了预警提示类的高级驾驶辅助系统（advanced driving assistance system，ADAS），包括车道偏离预警系统（lane departure warning system，LDWS）、前方碰撞预警系统（forward collision warning system，FCWS）、盲区监测系统（blind spot monitoring system，BSMS）等，主要

用于预警提示，并无主动干预功能。

- 2 级：半自动驾驶（或部分自动驾驶），这个等级的驾驶系统已经具备干预辅助类的 ADAS 功能，包括自适应巡航控制（adaptive cruise control，ACC）、自动紧急制动（autonomous emergency braking，AEB）、车道保持辅助（lane keeping assist，LKA）等，配备这个等级驾驶系统的车辆已经实现在高速公路自主加速、在紧急时刻自主制动等功能，能完成简单的自动控制操作。

- 3 级：自动驾驶，这个等级的驾驶系统已经具备综合干预辅助类功能，包括自动加速、自动制动、自动转向等，配备 3 级驾驶系统的车辆已经能够依靠自身传感器来感知周围环境，但是监控任务仍然需要驾驶员来主导，在紧急情况下仍然需要驾驶员进行干预。

- 4 级：高度自动驾驶，是指在限定区域或限定环境中（如固定园区、封闭或半封闭高速公路等环境中），可以实现由车辆完全感知环境并在紧急情况下进行自主干预，无须驾驶员进行任何干预。在配备 4 级驾驶系统的情况下，车辆可以没有转向盘、加速踏板、制动踏板，但其只能限定在特殊场景和环境中应用。4 级驾驶系统与 3 级驾驶系统最主要的区别在于是否仍然需要人工干预，配备 4 级驾驶系统的车辆能够在紧急情况下自行解决问题，而配备 3 级驾驶系统的车辆在此情况下需要驾驶员介入。

- 5 级：全自动驾驶，是指既不需要驾驶员，也不需要任何人来干预转向盘和加速踏板、制动踏板等，还不局限于特定场景的驾驶，可以适应任意场景和环境。

截至本书完稿时，量产的乘用车（指汽车整车制造商的产品）的驾驶系统多为 1 级和 2 级；自动驾驶出行公司的产品（如自动驾驶出租车、自动驾驶公交车、自动驾驶卡车等）的驾驶系统多为 4 级。真正、理想的自动驾驶技术对当前的人类而言仍然任重道远。

|1.2 激光雷达与自动驾驶的发展|

1.2.1 早期的激光雷达

激光雷达诞生于 20 世纪 60 年代，最初主要应用于航空航天领域的地形测绘任务，科研人员使用机载激光雷达对地球的森林、冰川、海洋等进行遥感测绘。美国国家航空航天局（National Aeronautics and Space Administration，NASA）曾经使用激光雷达对月球表面进行遥感测绘，进而得到了月球表面的地形高度图。图 1-3 所示为 NASA 在 20 世纪 90 年代发射的"克莱芒蒂娜号"探测器使用激光雷达测绘得到的月球表面地形高度图。

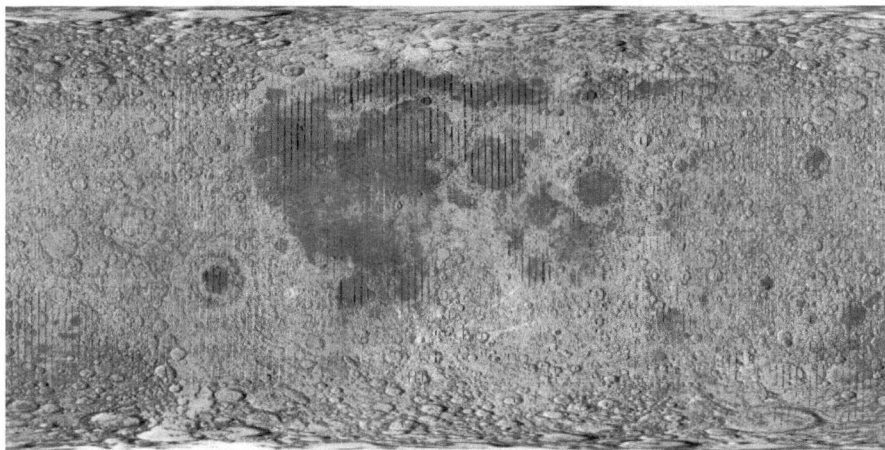

*图 1-3　"克莱芒蒂娜号"探测器使用激光雷达测绘得到的月球表面地形高度图

到 20 世纪 90 年代中期，激光束发射频率为 2000～25 000 Hz 的商用激光雷达被制造并交付用于地形测绘，巩固了激光雷达在各类测绘应用中的领导地位。

随着机器人技术的发展，和激光雷达同原理的单线激光雷达被广泛应用于机器人导航、即时定位与地图构建（simultaneous localization and mapping，SLAM）和避障。早期应用于机器人领域的激光雷达多为单激光器的扫描仪（即单线激光雷达），其中的代表是德国西克（SICK）公司生产的安全激光扫描仪全系产品。单线激光雷达产生的点云数据为二维平面点云数据，由于信息稀少，通常不用于室外导航，在机器人感知领域通常只能用于防撞（即使是人类也无法基于简单的平面点云数据理解环境的语义信息），在机器人导航领域，单线激光雷达用于 SLAM。图 1-4 所示为使用单线激光雷达构建的室内 SLAM 图。

提示：本书关注激光雷达在自动驾驶汽车中的应用，为典型的室外应用场景，所以后面关于激光雷达本身以及相关算法的表述通常仅指车载三维多线激光雷达，二维单线激光雷达不在本书讨论范围，并且本书讨论的算法不适用于单线激光雷达。

图 1-4　使用单线激光雷达构建的室内 SLAM 图

1.2.2　激光雷达与 DARPA 自动驾驶挑战赛

美国国防高级研究计划局（Defense Advanced Research Projects Agency，DARPA）分别于 2004 年和 2005 年举办了第一、二届 DARPA 自动驾驶挑战赛，这两届比赛主要关注自动驾驶汽车在野外的自动驾驶能力，第三届于 2007 年举办，主要关注城市道路场景的自动驾驶技术。目前，业内普遍认为 2007 年的 DARPA 城市挑战赛是自动驾驶发展史上的重要里程碑，在该赛事中验证的技术思路成为当前的主流方案，而在该赛事中涌现出的优秀科研团队也成为自动驾驶汽车商业化的先锋。

激光雷达也在 2007 年的 DARPA 城市挑战赛中脱颖而出，成为自动驾驶系统中的核心传感器。获得该挑战赛前 3 名的团队均采用了激光雷达，顺利完成比赛的 6 个团队中有 5 个团队采用了 Velodyne 公司生产的 64 线旋转式激光雷达 HDL-64E 作为系统的主传感器。图 1-5 所示为在 DARPA 城市挑战赛中获得冠军的卡内基梅隆大学团队的 Boss 无人车[3]，该车除了配备 HDL-64E 高线束激光雷达，还配备了 3 颗 SICK 公司的单线激光雷达（用于近距离检测）以及 2 颗长距离激光雷达（用于追踪相距 100 m 以上的车辆），可以说充分地利用了激光雷达准确测距和三维环境建模的特点，在那个算力、人工智能技术远不及当今的时代，实现了城市场景中较强的自动驾驶能力。

Velodyne 公司最初并不是生产激光雷达的公司，而是一家生产音响的公司，该公司的创始人 David Hall 和 Bruce Hall 在参加 2005 年的第二届 DARPA 自动驾驶挑战赛时发明了基于三维激光的实时扫描系统并为其申请了专利，该发明为当今的车载高密度激光雷达产品奠定了基础。到 2007 年的 DARPA 城市挑战赛，大多数团队都采用了 Velodyne 公司生产的激光雷达作为感知模块的基础。

图 1-5　DARPA 城市挑战赛中的 Boss 无人车

DARPA 自动驾驶挑战赛的一大贡献是挖掘了大量自动驾驶领域的早期研究团队，参加过该赛事的科学家创立或加入的自动驾驶公司，现如今大都成为业内耳熟能详的自动驾驶头部企业，包括 Waymo、Cruise、Aurora、Nuro、Zoox 等。

在比赛中验证过的技术和方法被研究者带到了业界，最典型的技术思路之一就是将多线激光雷达作为 4 级自动驾驶车辆的主传感器。无论是自动驾驶出租车（robotaxi）、自动驾驶公交车（robobus），还是自动驾驶卡车，都不约而同地将激光雷达安装于车顶。

除了应用在自动驾驶出租车、公交车、卡车等方面，激光雷达还逐渐成为消费乘用车传感器组中的一员。自 2020 年起，主流激光雷达制造商都相继推出或者发布了车规级激光雷达，同时，汽车制造也相继发布了搭载车规级激光雷达的车型，如蔚来 ET7（搭载 Seyond 公司的混合固态激光雷达）、理想 L9（搭载上海禾赛科技有限公司的混合固态激光雷达 AT128）等。

随着激光雷达制造成本的不断降低、产品安全等级的不断提升以及基于激光雷达的软件算法尤其是神经网络算法的不断发展，激光雷达逐步发展为 3 级驾驶系统乃至 4 级驾驶系统中的主流传感器。

1.3　激光雷达在自动驾驶系统和高精度地图生产过程中的应用

1.3.1　自动驾驶系统的基本架构

当前自动驾驶系统架构和传统的机器人架构基本一致，自动驾驶汽车在技术层面仍然被理解为"载人轮式机器人"，自动驾驶系统几乎都可以粗略划分为感知、定位、规划和控制 4 个模块。图 1-6 所示为一个简单的自动驾驶系统架构。

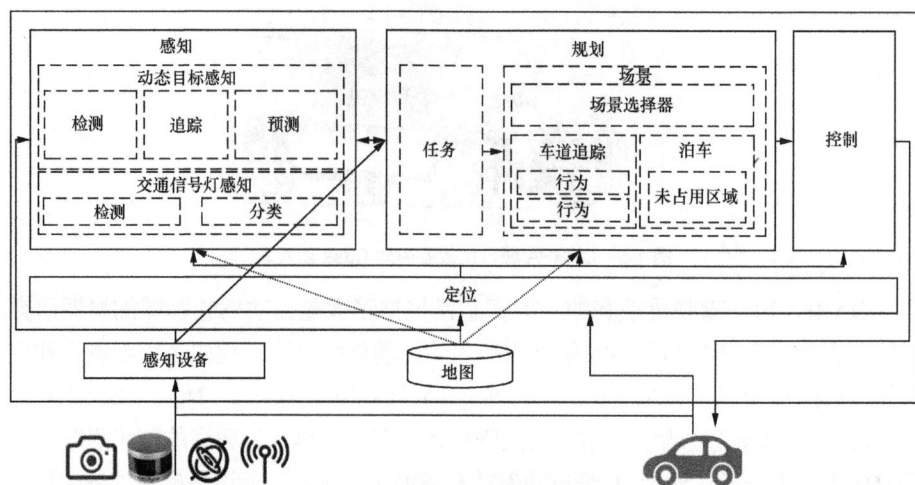

图 1-6　一个简单的自动驾驶系统架构

自动驾驶系统的外围是各种传感器和车辆底盘，各种传感器主要对环境、自身定位等数据进行测量，车辆底盘则是自动驾驶系统控制的实体。当然，完善的自动驾驶系统还包括优秀的人机交互、后台云服务、V2X 等部分，以进一步完善产品的功能性和可扩展性。

自动驾驶系统的定位模块主要用于解决汽车"在哪儿"的问题，与传统的电子导航相比，自动驾驶对定位精度和可靠性要求更高，在定位精度方面，误差需要控制在厘米级；在可靠性方面，定位模块需要在运行设计域（operational design domain，ODD）定义的条件下持续、可靠地输出定位信息和保持定位精度。传统的电子导航技术通常基于全球导航卫星系统（global navigation satellite system，GNSS），被广泛应用于定位领域，具备全天候、无须通信、可移动定位等特点，根据接收器的不同，基于 GNSS 的定位误差在数厘米到数米之间。对于自动驾驶系统而言，可以通过结合 GNSS 和实时动态（real-time kinematic，RTK）载波相位差分技术、惯性导航系统（inertial navigation system，INS）进一步提高定位精度，以达到自动驾驶汽车厘米级定位精度的要求。然而，基于 GNSS 的定位方法易受环境的影响，在峡谷、隧道、高楼林立的城市道路等环境中，卫星信号的传输会受到干扰，从而造成定位精度下降，因此基于 GNSS 的定位方法难以在自动驾驶领域推广应用[4]。

在实际的自动驾驶系统设计中，通常采用多种传感器融合的定位方法，并且以基于高精度地图（high-definition map，HD Map）的匹配定位为主。高精度地图包含大量道路语义信息、空间几何信息和交通规则信息，其精度能够达到厘米级。

由高精度地图厂商构建的三维高精度城市道路地图如图 1-7 所示。定位模块配准当前的传感器测量数据（可以是激光雷达的点云数据，也可以是图像中的特征点数据，甚至可以是对图像或者激光雷达数据使用神经网络分割出来的语义信息）和地图中的相关数据，这种定位方法将全局定位问题简化为在预先精心构建的地图上进行局部定位的问题，大大提升了定位的稳定性和可靠性，但是这种定位方法依赖于预先构建的高精度地图，这为自动驾驶系统设置了"地理栅栏"，系统通常难以在没有地图覆盖的区域实现理想的高精度定位。定位模块在融合 GNSS 数据、惯性测量单元（inertial measurement unit，IMU）数据、车辆自身轮速数据、高精度地图匹配结果等数据后，结合滤波算法，对车辆在世界坐标系下的位置、姿态、速度乃至加速度做出准确的估计，定位结果最终被输入系统的感知、规划和控制等模块。

图 1-7　三维高精度城市道路地图

自动驾驶系统的感知模块可以理解为汽车的"眼睛"，是自动驾驶汽车理解周围环境的模块。感知模块的输入通常包括定位结果、高精度地图以及传感器数据。定位结果的输入让感知模块理解车体坐标系到世界坐标系的变换关系；高精度地图为感知模块提供环境的静态信息，例如提供感兴趣区域（region of interest，ROI）以限定和缩小感知范围；传感器数据在输入感知模块前通常会做时间同步、运动补偿、畸变校正等操作，以保证各种传感器数据的同步性和一致性。如图 1-6 所示，感知模块内部通常包含若干个子任务，如动态目标感知、交通信号灯感知等，具体任务的数量视系统设计和自动驾驶能力而定。动态目标感知又可以细分为检测、追踪和预测等模块，检测根据具体系统设计可以进一步划分为如下类型。

• 图像二维目标检测：在图像中检测目标的像素位置、类别和置信度等，如图 1-8（a）所示。

• 鸟瞰视角二维目标检测：在鸟瞰视角（bird eye view，BEV）下检测目标相对于车体坐标系的二维位置、二维边界、朝向、类别和置信度等，如图 1-8（b）所示。

- 三维目标检测：在车体坐标系下检测目标的三维位置、三维轮廓、三维朝向、类别和置信度等，如图 1-8（c）所示。

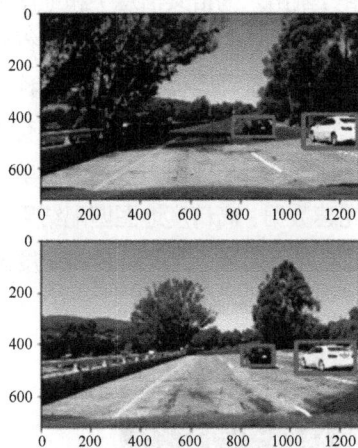

（a）图像二维目标检测　　　　　　　　　（b）鸟瞰视角二维目标检测

（c）三维目标检测

图 1-8　3 种目标检测

图像二维目标检测由于没有具体的三维位置信息，很难被自动驾驶系统的规划和控制模块利用，所以自动驾驶系统通常采用鸟瞰视角二维目标检测或者三维目标检测。检测模块能够在单帧数据内提取目标信息，追踪则负责在多帧数据间稳定地追踪目标，追踪模块通常由各种滤波器［例如卡尔曼滤波器（Kalman filter）、粒子滤波器（particle filter）］构成。需要注意的是，自动驾驶系统追踪模块中的滤波器通常不仅对目标的位置和姿态进行状态估计和追踪，也会对目标的轮廓、占用面积、角速度、线速度乃至加速度等状态量进行估计。

预测模块读取追踪模块的目标列表，结合高精度地图中的车道拓扑结构，对未来一段时间内各个目标的状态和行为进行预测，包括目标在未来一段时间内的位置姿态、车辆是否会变道等。最终预测的结果被输入规划模块以影响车辆的决策和行为。

规划模块的功能是产生自动驾驶汽车未来一段时间要行驶的路径，不同的自动驾驶系统有截然不同的规划模块设计逻辑，常见的规划模块包含以下层次。

- 任务规划层（mission planning layer）：产生一段从起点到终点的最短可行路径，这里的路径是比较粗粒度的，并且仅包含空间关系（起点到终点的几何路径），不包含路径上各个采样点在时序上的状态。我们在手机上使用电子导航地图来导航就是典型的任务规划应用。

- 行为规划层（behavior planning layer）：结合路径信息、定位信息、地图信息和设定的各种规则（通常为状态机），计算得到当前的行为决策序列，诸如是否变道、是否停车让行、车辆的限速等。

- 动作规划层（motion planning layer）：综合地图、定位和感知等信息，计算得到车辆在未来某个较短的时间内的轨迹；轨迹不同于路径，轨迹准确描述了未来某个时间序列上车辆的各种信息，包括位置、姿态、速度、加速度等信息，也称动作序列或者状态序列，是一种更加细粒度的规划输出。轨迹能够直接为控制模块使用。

自动驾驶系统的控制模块负责控制车辆严格、平滑地按照规划的轨迹行驶。该模块结合轨迹信息、定位信息、车辆反馈信息以及车辆动力学模型，计算产生并输出能够为车辆底盘使用的控制信号。车辆控制通常被进一步细分为横向控制和纵向控制，对应各种控制器，例如 PID 控制器、LQP、模型预测控制（model predictive control，MPC）等。控制模块输出的信号根据具体的车辆底盘而定，横向输出信号通常为转向盘角度或者前轮转角，纵向输出信号通常为车辆速度、加速度或者车轮扭矩。最终这些信号通过车辆的总线网络（如 CAN、FlexRay 等）传递给车辆底盘相应的控制单元，完成对车辆的控制。

虽然自动驾驶系统具体被分为 1 ~ 5 级这 5 个级别，并且在每个级别下又有具体的 ODD 工况，但是无论是哪个级别的自动驾驶系统，其架构基本离不开上述讨论的部分。在对自动驾驶系统的基本架构有了初步了解之后，下面我们进一步讨论激光雷达在自动驾驶系统中的应用。

1.3.2　激光雷达在自动驾驶系统中的应用

自动驾驶汽车依赖感知模块对周围环境进行准确建模，其中包括对其他车辆、行人、非机动车、施工牌和锥桶等动态目标或静态目标进行检测和状态估计。通常，自动驾驶系统的感知模块通过多种传感器数据的输入和处理完成精准、鲁棒的环境感知，这些传感器包括激光雷达、相机、毫米波雷达、超声波雷达等。其中，激光雷达、毫米波雷达和超声波雷达为主动式传感器，相机为被动式传感器。主动式传感器是向目标发射电磁波，然后收集从目标反射回来的电磁波信号的传感器[5]；被动式传感器是只能收集目标反射的来自太阳光的信号或目标自身辐射的电磁波信号的传感器。可见，主动式传感器不受环境光线条件影响，无论是白天还是黑夜都能实现一致的成像效果，而被动式传感器在白天和夜晚的成像效果则截然不同。

作为主动式传感器，激光雷达向环境发射波长为 750 nm～1.5 μm 的近红外电磁波，接收环境反射的电磁波信号以成像，具有测距精度高、不受环境光线影响等特点。激光雷达的分辨率处在相机和毫米波雷达之间，其数据密度低于相机但是高于毫米波雷达。稠密的点云数据让激光雷达在环境感知环节能够提供目标准确的位置、朝向乃至轮廓信息，补充相机测距不准确的短板；相比于毫米波雷达，激光雷达能够提供更加稠密的点云数据，对静态障碍物的识别也更加可靠、准确。所以说，激光雷达是多传感器融合感知的重要数据源。

同样地，自动驾驶汽车依赖于定位模块以确定自身的位置和姿态，如前面所讨论的，基于 GNSS 的定位方法虽然能够获得绝对定位数据，但存在精度差、易受环境影响等问题，主流的自动驾驶定位方法采用以地图配准为主的多传感器融合定位方法。所谓地图配准，指的是匹配当前传感器测量数据和地图数据以确定车辆相对于地图的位置和姿态。激光雷达配准定位示例如图 1-9 所示。

激光雷达和相机的数据均可作为配准定位的测量数据，毫米波雷达的数据因为密度过低一般不能用于配准定位。激光雷达对环境在几何方面具有更高的测距精度，故基于激光雷达的配准定位方法的定位精度也远高于基于相机的。此外，基于激光雷达的配准定位方法能够在纯夜间无光条件下实现厘米级高精度定位，这一点也是基于相机的配准定位方法很难达到的。

图 1-9　激光雷达配准定位示例

1.3.3　激光雷达在高精度地图生产过程中的应用

如前面提到的，高精度地图在自动驾驶系统的定位模块、感知模块、规划模块和控制模块中都起到了关键作用。在定位模块中，高精度地图中的点云地图图层、landmark 矢量化图层能够给基于配准定位方法的定位算法提供真值地图输入，让自动驾驶系统的定位任务由全局定位变成基于地图的局部定位，大大提升了定位的稳定性和可靠性；在感知模块中，高精度地图提供 ROI 以滤除非关键区域的信息，有的感知模块还依赖高精度地图提供的红绿灯三维坐标信息以及红绿灯到车道的关联信息；规划模块读取高精度地图中内嵌的丰富的标志标线信息、交通规则信息等以产生合乎规则的路线和轨迹；高精度地图提供的平滑的参考线甚至还能影响控制模块的平顺性。可以说，高精度地图在高级自动驾驶系统中几乎无处不在。

要生产高精度、三维、信息丰富的地图，往往离不开激光雷达，激光雷达产生的点云数据可以通过 SLAM 技术进一步叠加形成极其稠密的三维点云地图，如图 1-10 所示。

图 1-10　稠密的三维点云地图

稠密点云地图通常被用作高精度地图生产线的底图，在这个底图的基础上，地图厂商通过自动、半自动或者人工的手段提取出路网拓扑结构、交通规则信息、红绿灯标志标线等各类道路语义信息，叠加产生各种语义图层，最终，用于定位的点云地图和用于规划、控制的语义图作为高精度地图产品被一并交付于自动驾驶系统。由此可见，激光雷达在高精度地图数据采集阶段起到了决定性作用，而基于点云数据的 SLAM 技术是高精度地图生产流程中的关键技术和核心技术。

本节简要介绍了激光雷达在自动驾驶系统和高精度地图生产过程中的作用，本书的后续章节将从基础原理、应用方法和代码实践三方面出发，系统地介绍基于激光雷达的自动驾驶感知、建图和定位技术。

|1.4 激光雷达开发环境配置|

本书后续章节的实例代码将涉及点云处理、机器人操作系统（robot operating system，ROS）编程、坐标变换、SLAM 建图、深度神经网络（deep neural network，DNN）感知等方向，所有实例均可以在 Ubuntu 18.04 系统上运行，以下是推荐安装的环境和库。

- ROS：ROS Melodic 桌面完整版。
- NVIDIA GPU Driver：470。
- CUDA：10.2。
- cuDNN：7.6.5。

建议安装 ROS Melodic 的桌面完整版（ros-melodic-desktop-full），该版本包含大量工具和库，方便用户上手和调试。ROS 的安装步骤读者可参考官方教程，在此不赘述。NVIDIA GPU Driver 可以通过 apt 命令安装：

```
sudo apt update
sudo apt -y install nvidia-driver-470
```

CUDA 和 cuDNN 的安装可参考对应的官方教程。其中，进行 CUDA 的安装时建议读者使用 runfile 安装方式，由于已经安装了 NVIDIA GPU Driver，在 runfile 安装过程中可跳过 CUDA runfile 自带的 NVIDIA GPU Driver 的安装流程。进行 cuDNN 的安装时建议采用 Tar File 的安装方式。最后，通过 apt 命令安装常用的工具。

```
sudo apt install git wget python-pip vim cmake openssl
```

|参考文献|

[1]　CARBALLO A, LAMBERT J, MONRROY A, et al. LIBRE: the multiple 3D LiDAR dataset[C] //2020 IEEE Intelligent Vehicles Symposium (IV). Piscataway, USA: IEEE, 2020: 1094-1101.

[2]　SAE International. Taxonomy and definitions for terms related to driving automation systems for on-road motor vehicles: SAE J3016 [S/OL]. [2021-4-30].

[3]　BUEHLER M, IAGNEMMA K, SINGH S. Autonomous driving in urban environments: boss and the urban challenge[J]. Springer Tracts in Advanced Robotics, 2009(56): 61-89.

[4]　申泽邦. 面向自动驾驶的高精度地图优化和定位技术研究[D]. 兰州: 兰州大学, 2019.

[5]　张安定. 遥感原理与应用题解[M]. 北京: 科学出版社, 2016.

第 2 章

激光雷达的基础知识

与普通微波雷达相比,激光雷达由于使用的是激光脉冲,工作频率高了许多,从而具备很多优点。在第 1 章的基础上,本章将介绍激光雷达的基本工作原理、车载激光雷达的分类以及激光雷达的关键性能和评估方法。

|2.1 激光雷达的基本工作原理|

2.1.1 激光雷达的基本结构

激光雷达主要由激光发射系统、激光接收系统、信息处理系统和扫描系统 4 个模块组成,如图 2-1 所示。激光雷达各模块的大致工作流程如下。

- 激光发射系统(简称发射系统)中的激励源周期性地驱动激光器发射激光脉冲,激光调制器通过光束控制器控制激光的线数和发射方向,最后发射光学系统将激光发射至目标物体。

- 激光接收系统(简称接收系统)经接收光学系统和光电探测器接收目标物体反射回来的激光,产生接收信号。

- 信息处理系统将接收信号进行放大处理和模数转换,然后由信息处理模块计算,获取目标物体的表面形态、物理属性等特征,最终建立物体模型。

- 扫描系统以稳定的转速进行旋转,实现对目标物体所在平面的扫描,并产生实时的平面图信息。

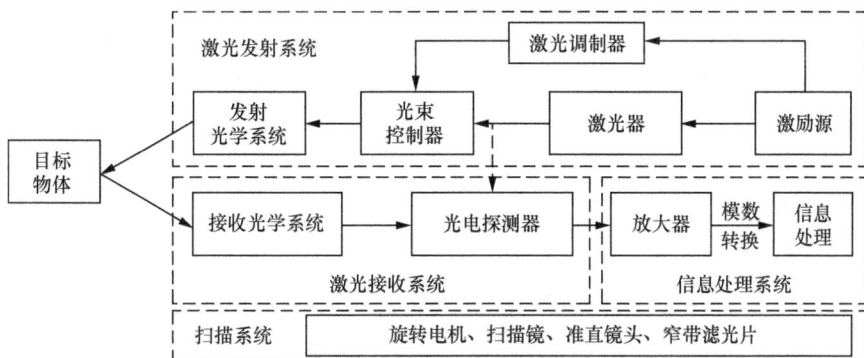

图 2-1　激光雷达各模块关系

　　激光雷达以激光脉冲作为信号源，每当激光器发射出激光脉冲时，记录出射的时间，激光打到周围环境中的目标物体（如地面、树木、建筑、动态目标等）上引起散射，其中一部分光波会反射到激光雷达的接收系统，得到接收的时间。通过计算接收和发射的时间差 Δt，就可以进一步根据激光测距原理得到激光雷达到目标物体的距离 d：

$$d = \frac{\Delta t \times c}{2}$$

式中，$c = 3 \times 10^8$ m/s 为光速，是一个常量。这类测距被称为飞行时间（time of flight，ToF）测距，激光雷达 ToF 测距原理如图 2-2 所示。由于光速极快，这里的 Δt 非常小，要获得精确的距离，计时系统的精度要求就变得很苛刻。

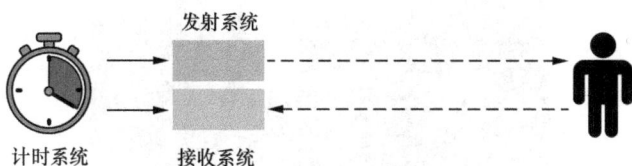

图 2-2　激光雷达 ToF 测距原理

　　利用激光脉冲不断地扫描目标物体，就可以得到目标物体上全部目标点的数据，用此数据进行成像处理，就可得到精确的三维立体图像。以图 2-3 所示的传统机械扫描式激光雷达为例，这类激光雷达的发射系统包含 N 组发射器，在接收系统中有 N 组与发射器对应的接收器。当激光雷达开始工作时，N 组发射器和 N 组接收器在系统电路的精确控制下，按照一定的时间顺序轮流发射和接收激光脉冲，同时，内部的旋转电机以一定的速率带动扫描镜旋转，将激光器发出的激光脉冲通过发射器发射出去，然后通过接收器接收反射回来的激光脉冲并进行处理，这样就形成了光学扫描。当 N 为 32 时，我们可以得到一个纵向排列了 32 根扫描线束的点云地图，激光雷达为 32 线激光雷达，而当 N 为 64 时，激光雷达为 64 线激光雷达。线表示激光雷达包含独立的激光器或探测器的数目。多线的配置使得车载激光雷达在每秒可构建多达百万的数据点，旋转镜头的结构使得这类激光雷达产生的点云排布呈现同心圆的形式，如图 2-4 所示。

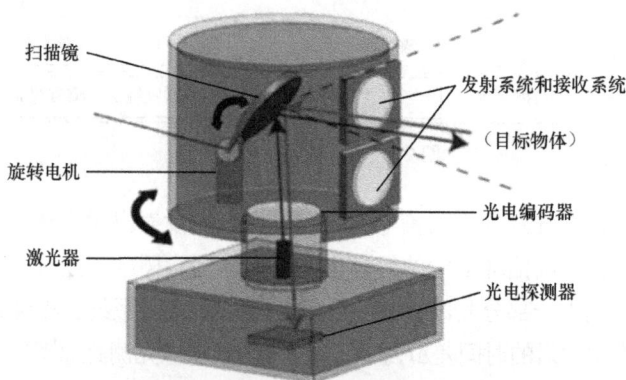

图 2-3 传统机械扫描式激光雷达

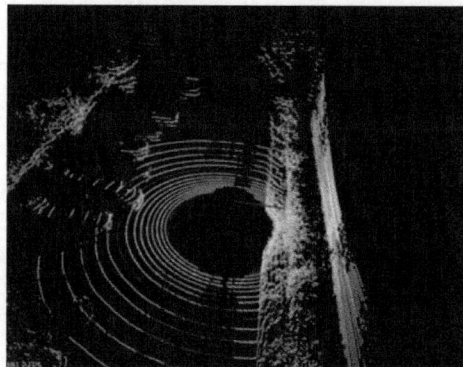

图 2-4 机械扫描式激光雷达产生的点云地图

下面我们详细介绍激光雷达的数据。

2.1.2 激光雷达的数据

1. 三维点

机械旋转式激光雷达产生的三维点是极坐标系下的多个点的观测，激光雷达直接能够得到的是激光发射器的垂直俯仰角、发射器的水平旋转角和根据激光回波时间计算得到的距离这 3 个基本数值，激光雷达的驱动程序会根据这 3 个数值计算得到笛卡儿坐标系（直角坐标系）下的坐标（x, y, z）。最终的点云数据就是笛卡儿坐标系下的点的集合，显然对于使用者来说，笛卡儿坐标系更加直观，投影、旋转和平移都更加简洁，求解法向量、曲率、顶点等特征的计算量小，点云的索引及搜索都更加高效。

2. 反射强度

激光雷达产生的点云数据还包含一个名为反射强度的字段，反射强度可以描述为激光点回波功率和发射功率的比值。需要注意的是，不同厂商的不同激光雷达产品刻画反射强度的光学模型并不是完全相同的，在 ROS 中我们使用 0 ~ 255 中的一个整数来描述反射强度，反射强度随反射激光脉冲的物体的表面成分的变化而变化。低反射强度表示低反射率，而高反射强度表示高反射率。反射强度也受入射角、距离、物体表面颜色、物体表面粗糙度和水分含量等因素的影响。由于多方面因素的综合影响，同一物体表面的反射强度不总是完全一致的。基于反射强度我们能够区分同一物体和其他物体，刻画出一类高对比度的图像。如图 2-5 所示，路面白色标线的相对较高的反射率和黑色柏油路面的相对较低的反射率形成对比，通过这种对比度信息，自动驾驶系统的感知模块中的神经网络可以直接对点云中数据的高反标线进行学习，同样地，在高精度制图过程中可以使用反射率信息对路网的标线进行自动提取和标注。

*图 2-5　点云数据中的反射强度对照

3. 时间戳

激光雷达通常在硬件层面支持授时，即由硬件触发激光雷达数据，并给数据打上时间戳。激光雷达通常支持以下 3 种时间同步方式。

- 精确时间协议（precision time protocol，PTP）同步：激光雷达作为 PTP 从端连接以太网，局域网中其他的 PTP 主端对激光雷达进行精准的授时和时钟同步。
- 秒脉冲（pulse per second，PPS）同步：激光雷达通过同步信号线外接一个脉冲同步数据源，从而实现时钟同步。
- GPS 同步（PPS+UTC）：通过同步信号线将激光雷达和 GNSS 传感器相连，从而获得 GNSS 的世界协调时（universal time coordinated，UTC）和 PPS 脉冲信号，实现数据时钟同步。

三维点、反射强度和时间戳信息是几乎所有激光雷达的输出都包括的字段，一些激光雷达的输出还包括 ring（环）这个字段，ring 描述点由激光雷达第几条线扫描得到。ring 主要存在于机械扫描式激光雷达和一维转镜激光雷达中，它能够很好地刻画点云数据中点的纵向排布分组关系，通过 ring 字段我们可以非常简单、高效地将三维点云数据投影到二维深度图中。ring 通道的可视化效果如图 2-6 所示。

*图 2-6　ring 通道的可视化效果

4. 激光雷达输出的数据包

目前的车载激光雷达产品多以用户数据报协议（user datagram protocol，UDP）或者传输控制协议（transmission control protocol，TCP）数据包的形式输出数据，我们从激光雷达硬件得到的数据包需要经过一次驱动才能将其解析成点云通用的格式，比如 ROS 消息（sensor_msgs::PointCloud2）或者 PCL 中的点云格式。以目前应用广泛的旋转式激光雷达的数据为例，其扫描频率为 10 Hz，即激光雷达每 0.1 s 转一圈。硬件得到的数据按照不同角度分成不同的包（packet），每一个包包含当前扇区所有点的数据，如每个通道（线）中点的距离、每个点的反射强度、时间戳和每个点来自哪个发射器等数据。

2.1.3　激光雷达的回波模式

目前的车载激光雷达一般都支持多种回波模式（return mode），包括最强回波（strongest return）模式、最后回波（last return）模式和双回波（dual return）模式，可以使用接口对激光雷达的回波模式进行配置。回波模式描述激光雷达发射一个激光脉冲后可以接收几个回波，最强回波模式和最后回波模式都属于单回波模式，即发射出一个激光脉冲，激光雷达最多接收一个回波。在双回波模式下，发射出一个激光脉冲，激光雷达最多接收两个回波。那么为什么激光雷达会接收到两个回波呢？

激光雷达发射的激光脉冲打中的区域是有面积的，在不同距离的情况下，这个面积也不一样，我们通常使用激光雷达光斑（LiDAR footprint）来描述激光采样点的区域[1]，即激光脉冲打中的区域。激光的扩散度由激光雷达内部的光学部件控制，理论上激光光斑越小，能测量的物体尺寸越小，但在室外环境中，过小的激光光斑极易受到室外雨滴及雪花等因素的干扰，所以车载激光雷达大多会在测量精度及室外稳定性上选择一个最优解。光斑的大小与光束发散角（beam divergence angle）有关，而光束发散角与激光发射器的直径和激光的波长有着紧密的联系，光束发散角与激光的波长呈正相关，与激光发射器的直径呈负相关。激光雷达的光束发散角的单位为 mrad（毫弧度），1 mrad 约等于 0.057°。1 mrad 的意思就是，测距每增加 100 m，光斑直径增加 100 mm。光束发散角与光斑大小的关系如图 2-7 所示。

由于一般的光束发散角比较小，弧长约等于弦长（光斑直径），因此有：

$$光斑直径 = 光束发散角 \times R$$

显然，激光雷达的光斑尺寸在远距离（100 m 以上）的情况下是不可忽略的，有时可能会出现一个激光脉冲发射出去后，打在两个物体上的情况。如图 2-8 所示，此时如果设置的是最强回波模式，就会只从图中近处那面墙反射回来；如果设置的是最后回波模式，就会从图中远处那面墙反射回来。如果设置为双回波模式，一个激光脉冲发射出去，图中的两面墙会产生两个反射点。

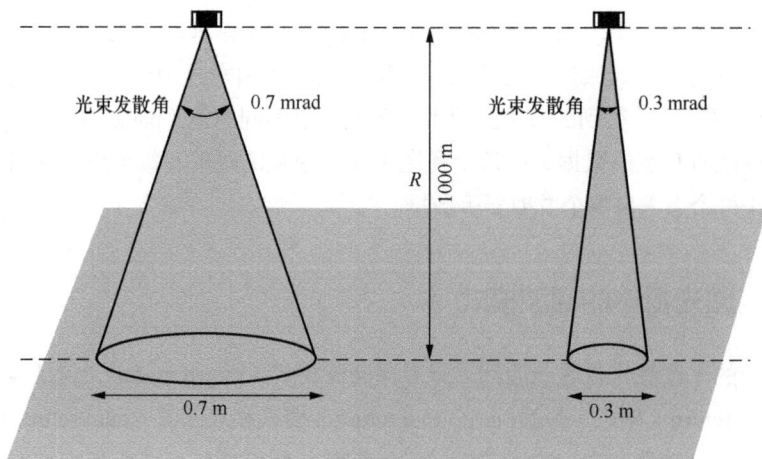

图 2-7　光束发散角与光斑大小的关系

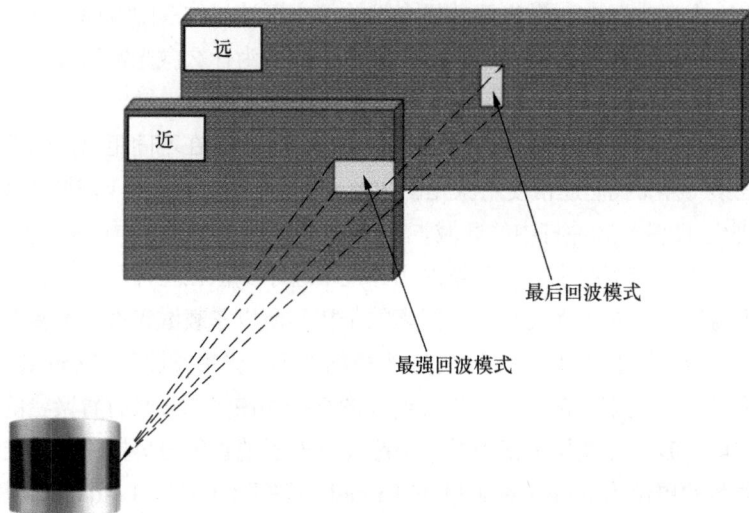

图 2-8　光斑尺寸造成的两次回波

2.1.4　激光雷达与人眼安全

激光直射眼睛会对眼睛造成严重损害，通常表现为灼伤和对视网膜的直接损害。波长范围在 400 ~ 1400 nm 的激光会直接穿过眼睛的晶状体、角膜和房水到达视网膜。当激光能量被视网膜吸收时，可能导致视网膜烧伤，甚至可能导致永久性的视力损伤。当视网膜有足够大的部分受损或激光直接照射视神经时，视力会明显下降甚至丧失。

根据对人体的危险度不同，以在激光束内观察对眼睛的最大可能影响（maximal possible effect，MPE）为测量标准，激光器可分为 4 个安全等级。美国国家标准研究所（American National Standards Institute，ANSI）制定的激光安全标准要求激光产品厂商必须把对应的安全等级警示标签贴到激光产品上。

- 1 级激光器：在合理可预见的工作条件下是安全的激光器。其功率很小，这一级激光器在正常操作下被认为是没有危害的。
- 2 级激光器：发射波长为 400～700 nm 可见光的激光器，通常可由包括眨眼反射在内的回避反应进行眼睛保护。这一级激光能够对人产生危害。
- 3 级激光器：分为 3A 级激光器和 3B 级激光器，3A 级激光器产生可见或不可见激光，通常用肉眼短时间观察不会产生危害。对发射波长范围为 400～700 nm 的激光，由包括眨眼反射在内的回避反应进行眼睛保护。其他波长的激光对裸眼的危害不大于 1 级激光。用光学装置，如望远镜、显微镜等直接进行 3A 级激光器的光束内观测是危险的。3B 级激光器代表直视会产生危害，这一级激光器通过镜面反射或光束内观测都会产生危害。除了高功率 3B 级激光器之外，其他的 3B 级激光器不会产生有害的漫反射。
- 4 级激光器：经过漫反射后仍能产生危害的激光器，它们可引起皮肤灼伤，也可引起火灾。使用这类激光器时要特别小心，这一级激光器不但可以通过直射和镜面反射产生危害，还可以通过漫反射产生危害。使用这一级激光器需要更多的限制措施和警告。大多数医疗手术使用的激光器属于 4 级激光器。

目前，市面上的激光器多为 1 级激光器，其本身能量较小，但是这类激光器长期直射人眼也会对人眼造成损伤。考虑到激光雷达所发射的激光多为激光脉冲，几乎不能做到对人眼的长期直射，所以激光雷达产品对于人眼的伤害几乎可以忽略不计。

2.2　车载激光雷达的分类

应用于自动驾驶场景的激光雷达产品纷繁复杂，可以按照测距原理、激光波长、发射器、接收器（也叫探测器）、扫描方式 5 个方面进行分类。按照测距原理不同，激光雷达可以分为 ToF 测距法和 FMCW（调频连续波）测距法两类；按照激光波长不同，激光雷达可以粗略划分为 905 nm 激光雷达和 1550 nm 激光雷达；

按照发射器不同，激光雷达可以分为边缘发射激光器（edge-emitting lasers，EEL）和垂直腔面发射激光器（vertical cavity surface emitting laser，VCSEL）；按照接收器不同，激光雷达可分为雪崩光电二极管（avalanche photodiode，APD）、单光子雪崩二极管（single-photon avalanche diode，SPAD）和硅光电倍增管（silicon photomultiplier，SiPM）；按照扫描方式不同，激光雷达可分为机械扫描式激光雷达、混合固态激光雷达和纯固态激光雷达。

考虑到基于扫描方式和激光波长这两种方法产生的激光雷达对于自动驾驶开发而言影响较大，本节重点介绍这两种分类方法。

2.2.1 根据扫描方式分类

扫描方式即激光雷达对光束的操纵方式，我们知道激光雷达是通过激光脉冲的反射产生每个点的，整个点云的产生主要依赖激光雷达内部电机操纵管束在时序上的扫描。不同的扫描方式带来了不同的稳定性、产品寿命和大规模生产难度，所以激光雷达的扫描方式对于其具体的使用场景而言尤为关键。

1. 机械扫描式激光雷达

机械扫描式激光雷达，是指发射系统和接收系统存在物理意义上的转动的激光雷达，这类激光雷达通过不断旋转发射器，将激光脉冲点变成线，并在竖直方向上排布多个激光发射器使激光脉冲点形成面，达到三维扫描并接收信息的目的。机械扫描式激光雷达技术成熟、扫描速度快，对于点云自身运动补偿的要求不高。这类激光雷达多进行 360° 扫描。当然它的缺点也很明显，由于光路调试、装配等工艺复杂，这类激光雷达的生产效率较低，造成其大规模量产的难度较大；这类激光雷达依靠增加收发模块的数量来实现高线束、高分辨率，故其整体价格相对较高；机械扫描式激光雷达的高频转动依赖于复杂的机械结构，导致这类激光雷达的平均失效时间较短，难以达到车规级传感器的要求。此外，机械扫描式激光雷达圆柱状的造型使其不易于集成到量产乘用车的车体上。

机械扫描式激光雷达的这些特点使得其使用场景主要集中在 4 级自动驾驶应用领域，诸如自动驾驶出租车、自动驾驶公交车等，而在量产乘用车的 2 级半自动驾驶、3 级自动驾驶等使用场景下，鲜有采用这类激光雷达的案例。

2. 混合固态激光雷达

混合固态激光雷达近年来大热，这类激光雷达在一定程度上克服了机械扫描式激光雷达在量产乘用车上应用的困难。混合固态激光雷达用"微动"器件来代替宏观机械式"转动"的扫描器，在微观尺度上实现了雷达发射端的激光扫描。由于旋转幅度和体积的减小，混合固态激光雷达有效地提高了系统的可靠性，并且降低了成本。目前，主流的混合固态激光雷达包括微机电系统（microelectromechanical system，MEMS）微振镜激光雷达、一维转镜（1D rotating mirror）激光雷达和二维转镜激光雷达。

MEMS 微振镜为采用 MEMS 技术制造的谐振式扫描镜，它把微型反射镜、MEMS 驱动器、MEMS 传感器等光学微机电器件集成在一起，反射镜悬浮在前后左右各一对扭杆之间以一定谐波频率振荡，由旋转的微振镜来反射激光器的光线，从而实现扫描。MEMS 微振镜激光雷达摆脱了笨重的电机、多发射/接收模组等机械运动装置，毫米级尺寸的微振镜也减小了激光雷达的尺寸，提高了稳定性。MEMS 微振镜激光雷达可减少发射器和接收器数量，极大地降低了成本。MEMS 微振镜激光雷达的缺点也是显著的，有限的光学口径和扫描角度限制了这类激光雷达的测距能力和视场角，大视场角需要多子视场角拼接，拼接的点云质量和稳定性都较差。

一维转镜激光雷达的激光发射器和接收器是不动的，只有扫描镜在做机械旋转。激光发射器发出激光至旋转扫描镜，出射激光被偏转向前发射（扫描角度为145°），被物体反射的光经光学系统被接收器接收。相比于机械扫描式激光雷达，一维转镜激光雷达的传感器可以做到车规级，寿命更长、可靠度更高。其缺点是需要多组收发单元来实现高线束和高分辨率。例如，要做到 128 线，一维转镜激光雷达就需要排布 128 个收发单元。

二维转镜激光雷达的核心元件是两个扫描器——多边形棱镜和垂直扫描振镜，它们分别负责水平方向和垂直方向上的扫描。这类激光雷达的特点是扫描速度快、精度高，而且可以控制扫描区域，提高关键区域的扫描密度，从而实现获得 ROI 的特性，在 ROI 内实现更高的分辨率。相较于 MEMS 微振镜激光雷达，二维转镜激光雷达能够提供更宽的水平视场角，从而避免点云的拼接。其缺点是功耗高，电机转动的频率高。

目前，实现混合固态激光雷达的技术路径较多，混合固态激光雷达也是应用于量产乘用车辅助驾驶和自动驾驶系统的主要雷达。

3. 纯固态激光雷达

纯固态激光雷达的特点是没有任何机械旋转部件，目前主要分为光学相控阵（optical phased array，OPA）激光雷达和 Flash 固态激光雷达。

光学相控阵激光雷达运用了图 2-9 所示的水波相干原理（两圈水波相互叠加后，有的方向会相互抵消，有的方向会相互增强），采用多个光源组成阵列，通过控制各光源发光时间差，合成具有特定方向的主光束，然后加以控制，主光束便可以实现对不同方向的扫描。这种实现方式完全取消了机械结构，可通过调节发射阵列中每个发射单元的相位差来改变激光的出射角度。光学相控阵激光雷达有扫描速度快、精度高、可控性好、体积小等优点，但也易形成旁瓣，影响光束作用距离和角分辨率，同时生产难度高。

Flash 固态激光雷达采用了类似于相机的工作模式，但其感光元件与普通相机不同，每个像素点可记录光子飞行时间。光子被接收器阵列探测，根据 ToF 测距原理输出

图 2-9　水波相干原理

为具有深度信息的三维图像或点云。根据激光光源的不同，Flash 固态激光雷达可以分为脉冲式固态激光雷达和连续式固态激光雷达，脉冲式固态激光雷达可实现较远距离（100 m 以上）探测，连续式固态激光雷达主要用于近距离（数十米）探测。Flash 固态激光雷达可以一次性实现全局成像，无须考虑运动补偿，集成度和全固态等优势都满足车规级要求。然而，Flash 固态激光雷达的激光功率较小，使得探测距离过近，较近的探测距离限制了当前的 Flash 固态激光雷达在自动驾驶领域的应用。

无论是光学相控阵激光雷达还是 Flash 固态激光雷达，它们在自动驾驶领域的技术成熟度还没有达到量产的要求，但是从长远看，激光雷达的主流趋势必将转向纯固态。

2.2.2　根据激光波长分类

还有一类常用的分类方法是根据激光波长对激光雷达进行划分。在图 2-10 所示的电磁波谱中，人类眼睛可以观测到波长范围为 400～700 nm 的电磁波，这个波段的电磁波被称为可见光。波长范围为 760 nm～1 mm 的电磁波被称为红外线（infraredray，IR），车载激光雷达的激光主要为红外线。目前，激光雷达厂商多采用近红外线（near infraredray，NIR）和短波长红外线（short wave infraredray，SWIR），其中近红外线主要以 905 nm 波长的为主，短波长红外线主要以 1550 nm 波长的为主。由于要避免可见光对人眼的伤害，激光雷达选用的激光波长一般不小于

850 nm。基于此，业界粗略地将激光雷达划分为 905 nm 激光雷达和 1550 nm 激光雷达。

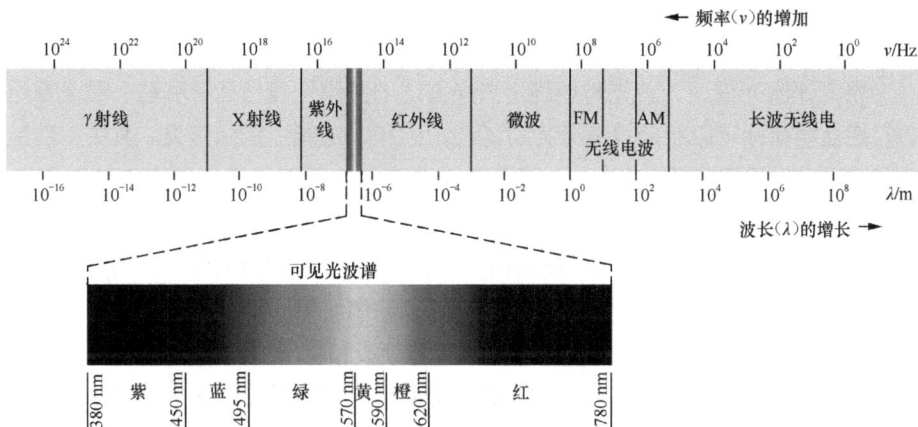

图 2-10　电磁波谱

　　905 nm 激光雷达接收器可以直接选用价格较低的硅材料制造，因此成本更可控，这使得 905 nm 激光雷达成为当下的主流。不过，400 ~ 1400 nm 波段内的激光都可以穿过人眼的玻璃体，聚焦在视网膜上，而不会被晶状体和角膜吸收，因此 905 nm 激光雷达为了避免对人眼造成伤害，发射功率需要设定在对人眼无害的范围内。正因如此，905 nm 激光雷达的探测距离会受到限制。

　　相比 905 nm 激光，1550 nm 激光会被人眼的晶状体和角膜吸收，但不会对视网膜产生伤害，因此 1550 nm 激光雷达可以发射更大功率的激光，其探测距离也大于 905 nm 激光雷达。但 1550 nm 激光雷达无法采用常规的硅材料制造接收器，而是需要用到更加昂贵的铟镓砷（InGaAs）材料，因此，1550 nm 激光雷达的价格较 905 nm 激光雷达贵很多。

2.3　激光雷达的关键性能指标和性能评估方法

　　应用于自动驾驶领域的激光雷达产品种类繁多，如何在如此多的产品中选择一款适合自身使用场景的激光雷达？如何评估一款激光雷达的性能？哪些性能指标是激光雷达使用者（如汽车公司、自动驾驶公司、ADAS 解决方案公司等）真正需要关注的？本节我们将详细介绍车载激光雷达的关键性能指标以及这些指标的实际意义，我们还将介绍一些常用的激光雷达的性能评估方法。

2.3.1　激光雷达的关键性能指标

要测评激光雷达，首先需要确定激光雷达的关键性能指标有哪些，激光雷达的关键性能指标可以粗略地划分为功能性指标和非功能性指标两类。其中，功能性指标通常包括视场角、分辨率、测距精度和准度、反射强度测量精度和分辨率、检测距离和帧率。

非功能性指标是站在车载传感器的角度引入的额外考量指标，非功能性指标的定义通常比较模糊，具体指标视实际需求和使用场景而定，一些常见的非功能性指标有传感器尺寸、工作温度、防尘及防水等级和功率。

由于非功能性指标并非激光雷达独有的测试指标，所以本书对于激光雷达性能和评估的讨论仅限于功能性指标。下面我们详细讨论每一项功能性指标的具体含义。

1. 视场角

视场角即激光雷达测量的可视化角度范围，包括横向视场角和纵向视场角，机械旋转式激光雷达因其旋转扫描的方式，横向视场角多为 360°，纵向视场角则视激光器的排布而定。例如，ADAS 用的固态/半固态激光雷达的横向视场角大多为 100°～120°，纵向视场角则视激光器的排布而定，多为 15°～30°。

2. 分辨率

激光雷达的分辨率通常指的是视场角范围内相邻近点到激光雷达的夹角，以度为单位，分为横向分辨率和纵向分辨率。以机械旋转式激光雷达为例，如果其激光线数为 40，均匀地分布在纵向（−25°, 15°）范围内，那么它的纵向分辨率就是 1°，其横向的每一线激光器扫描一圈（360°）能够均匀产生 1800 个点，那么它的横向分辨率就是 360°/1800=0.2°。关于激光雷达分辨率，通常还需要注意两点：第一，目前很多激光雷达产品都已经具备 ROI 的特性，即视场角的 ROI 内点的密度远高于非 ROI 区域的，在这种情况下通常需要将 ROI 和非 ROI 的分辨率分开讨论；第二，很多激光雷达的纵向激光线束并不是均匀分布的，厂商通常会在感兴趣的角度位置增大激光器密度，对于这种非均匀纵向激光线排布的激光雷达，我们在讨论纵向分辨率时通常需要考虑两个数值，分别是最大纵向分辨率和平均纵向分辨率。

3. 测距精度和准度

测距精度指的是激光雷达对同一距离的物体多次测量所得数据之间的一致程度，精度越高表示测量的随机误差越小。测距准度指的是激光雷达探测得到的距离数据与真值之间的差距，准度越高表示测量结果与真实数据符合程度越高。激光雷达的误差一般有 3 个，分别是线性误差、测角误差、测距噪声。

线性误差是激光雷达经过测距校准后仍存在的微小误差，是随机误差，不符合正态分布。测角误差通常由激光雷达的机械旋转系统引入，激光脉冲的发射角度是根据反射镜的角度来测量的，激光脉冲真实的发射角度与反射镜的实际角度并不是完全一样的，这个误差被称为测角误差。测距噪声是激光雷达在特定距离下的测距采样值与其均值的差值，激光雷达的测距精度通常使用测距噪声来描述。测距噪声符合高斯正态分布，可以表征测距读数的分布情况，一般以 1 Sigma 表示，即所有采样值里有 68.3% 是在以平均值为基准 ±1 Sigma 以内的。对于正态分布，1 Sigma 即所谓的均方根（root mean square，RMS），也就是激光雷达的测距噪声。测距噪声是任何点云数据里都有的，例如我们随便找一块墙体或者地面的点云，从侧面查看点云，都有一定的厚度，而不是呈一条线。点云的厚度取决于它的测距噪声点的范围（±1 Sigma 包含 68.3% 的点云、±2 Sigma 包含 95.5% 的点云、±3 Sigma 包含 99.7% 的点云）。

4. 反射强度测量精度和分辨率

反射强度测量精度和分辨率描述了激光雷达对于具有不同反射率的目标实际测量的反射率的误差，不同激光雷达厂商或产品对反射强度的定义是不同的，所以反射强度并不是一个绝对数值，对于反射强度的性能评估目前局限于同一款激光雷达对于具有不同反射率表面的区分度以及在不同距离情况下反射强度的一致性。

5. 检测距离

检测距离描述了激光雷达的测远能力，作为传感器，显然我们希望激光雷达能够尽可能"看得"更远。我们通常用以下两种方法综合地描述激光雷达的检测距离。

- 逐点检测距离（point-wise detection distance）：激光雷达发射的点在具有特定反射率目标上特定检测概率（probability of detection，PD 或 PoD，后文使用 PD）条件下的最大距离。
- 目标检测距离（object detection distance）：不同种类的常见目标能够被激

光雷达检测出来的最大距离。

物体反射的辐射能量占总辐射能量的百分比被称为反射率，具有不同的表面材质和颜色的物体具有不同的反射率。对于逐点检测距离，业界通常采用 10% 的标准光学漫反射板作为目标，测量 90% PD 的情况下的最大检测距离。激光雷达的 PD 指的是对于特定目标，激光雷达实际接收到的反射点的数量和理论反射点的数量的比值。例如，对于某目标，根据视场角和分辨率计算得到激光雷达理论上向该目标发射了 1000 个点，但是实际上只返回了 900 个点，那么其 PD 为 90%。逐点检测距离反映了激光雷达本身的测距能力，它是激光雷达的单点固有属性，和实际的点云密度并不相关，自动驾驶除了关注激光雷达本身的测距能力，还需要综合考虑激光雷达对于各类常见目标的实际测距能力，所以引入了目标检测距离这一性能指标。目标检测距离指标考量的是激光雷达对于诸如机动车、非机动车、行人、施工牌、锥桶、遗撒物等常见目标的最大检测距离，该指标对于辅助驾驶乃至自动驾驶的制动舒适度和行车安全尤为重要。

6. 帧率

激光雷达的帧率描述了激光雷达数据的频率，在同等数据质量和数据密度的情况下，显然帧率越高越好。帧率的单位为 Hz，即每秒钟产生多少帧数据，目前商用的车载激光雷达的帧率多在 5 ~ 20 Hz 范围内。

讨论完激光雷达的关键性能指标，下面我们介绍一些常见的性能评估方法。需要注意的是，在实际的激光雷达性能评估中，应当从激光雷达的使用场景出发，充分考虑激光雷达的用途、成本、安装位置和角度等多方面因素，综合考量激光雷达的优劣。

2.3.2　激光雷达的性能评估方法

在了解激光雷达的关键性能指标后，作为激光雷达用户，我们可以就几项关键性能指标对激光雷达的性能进行评估。本节将介绍逐点检测距离、目标检测距离、目标距离可分离性、反射强度测量精度和分辨率等关键性能的评估方法。

对于逐点检测距离这一性能的评估，关键是测量 PD，有两种方法测量 PD，第一种方法是根据标准光学漫反射板的尺寸、激光雷达的角分辨率以及反射板摆放的距离，计算出激光雷达打到反射板上的理论点数 M，采集 n 帧激光雷达点云，对于采集的第 i 帧激光雷达点云，反射板实际反射的点数为 m_i，那么 PD 为

$$PD = \frac{\sum_{i=1}^{n} \frac{m_i}{M}}{n} \times 100\%$$

这种测量 PD 的方法适用于逐点检测距离较小的激光雷达,对于逐点检测距离较大的激光雷达而言,它们的逐点检测距离指标大多在 150 m 以上。在这种情况下,即使准备大尺寸的 10%漫反射板,其在点云中也只有几个反射点,这样实际上就没有办法精确测量出 PD,针对逐点检测距离较大的激光雷达的 PD 测量,我们引入第二种方法。第二种方法只考量打中反射板中心的一个点,通过从时序上统计这个点被反射并出现在点云中的次数,从而确定 PD 的准确数值。假定采集了 M 帧数据,考量的这个点反射了 m 次,那么 PD 为

$$PD = \frac{m}{M} \times 100\%$$

将反射板放置于不同距离,测试能够达到 90% PD 的最大距离,这个距离就是激光雷达的逐点检测距离。

如果说逐点检测距离反映了激光雷达测距能力的绝对值,目标检测距离指标则体现了激光雷达检测障碍物的综合能力。首先我们需要定义目标检测成功的标准是什么,图 2-11 所示为某款激光雷达对一个身高为 1.7 m 的行人在不同距离的情况下的点云成像结果,在近距离情况下可以得到目标的高密度的点云,这种点云很容易被自动驾驶系统的感知模块检测和分类,但是距离到了 60 m 的时候,目标反射的点就变得较为稀疏,此时感知模块能够检测出该目标,但是难以对其进行模式识别(将其识别为行人)。到了更远的距离,如 160 m,这个行人的点云就只剩下两行共计 6 个点了,此时我们还可以将其识别为障碍物,但是当行人的反射点更少时,就难以确认其是障碍物还是噪声。所以目标检测成功的定义通常会被描述为:当目标反射的纵向点行数大于等于 2 且总点数不小于 6,则认为检测成功。对目标检测距离的评估,就变成了对各类常见目标检测成功的最大距离的测量。一般我们会选取一些典型的路面目标进行测试,例如乘用车、卡车、公交车、非机动车、行人、躺着的行人、道路遗撒物、平放的轮胎、锥桶、施工牌等。

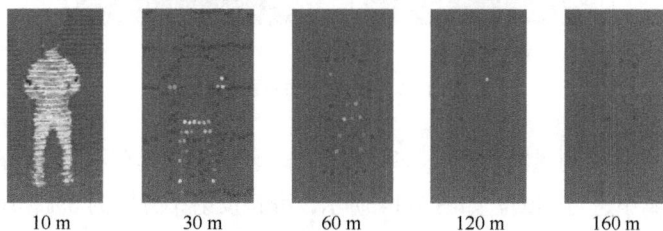

| 10 m | 30 m | 60 m | 120 m | 160 m |

图 2-11　某款激光雷达在不同距离下对一个身高为 1.7 m 的行人的点云成像效果

　　进行目标距离可分离性的评估，准备一大一小具有相同反射率的反射板，可以准备多组（如反射率为94%的反射板一组，反射率为10%的反射板一组），将小板放在大板前并设置一定的空隙（如0.1m，这个空隙并不是绝对的，读者可以根据使用场景对点云分离性的精度要求自行确定），如图2-12所示，将这些反射板放置于离激光雷达的10 m、20 m、60 m和100 m等的距离，观察大板和小板在点云中的可分离性。作为参考，图2-13所示为可分离和不可分离的情况。

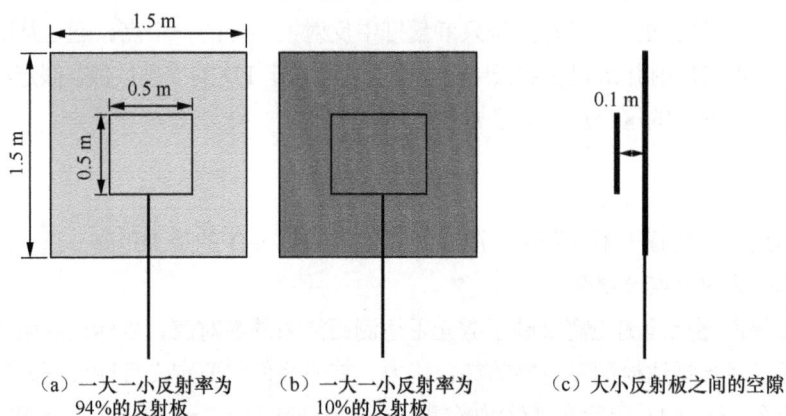

（a）一大一小反射率为　　（b）一大一小反射率为　　（c）大小反射板之间的空隙
　　94%的反射板　　　　　　10%的反射板

图2-12　目标距离可分离性的评估

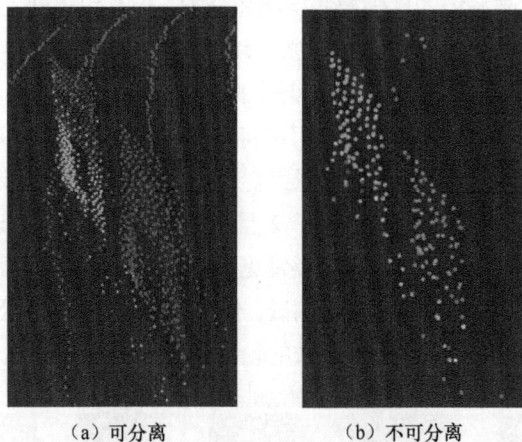

（a）可分离　　　　　　　（b）不可分离

图2-13　可分离和不可分离的情况

　　对于反射强度测量精度和分辨率的评估，通常使用具有不同反射率的反射板在不同的距离下进行测试。如图2-14所示，准备反射率分别为5%、10%、20%、80%的反射板，并排放置，采集这些反射板在10 m、25 m、60 m和120 m等距离情况下的点云数据，并基于一定的方法分割出这些反射板的点云。图 2-15 所示为分割出来的反射率分别为 5%、10% 和 80% 的反射板的点云。统计每一个反射板上点的反射强度的均值和方差，同时计算每一个距离下的反射强度随着不同反射板变化（图像的横向方向）的分布直方图。对于反射强度测量精度的测试主要考察激光雷达对于具有相同反射率的目标在不同距离下的点云的反射强度的一致性，比如反射率为 80% 的反射板在 10 m、25 m、60 m 和 120 m 等距离情况下的反射强度均值和方差应当趋于一致。尤其是对于远距离目标（如 60 m 和 120 m），反射强度越一致，说明激光雷达的反射强度测量精度越高。对于分辨率的测试，我们主要考量同一距离下不同反射率反射板的反射强度的对比度，比如反射率分别为 5%、10% 和 20% 反射板的反射强度均值是否有线性关系，反射强度的分布直方图是否在两个反射板的边缘处存在显著的突变。线性关系越满足实际反射板的反射率比值关系，则边缘处的分布直方图的变化越显著，说明激光雷达的反射强度测量分辨率越高。

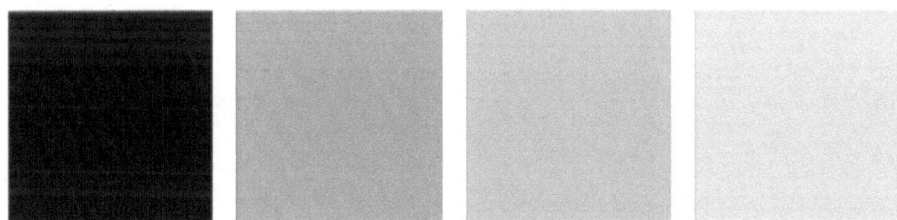

（a）反射率为 5% 的反射板　（b）反射率为 10% 的反射板　（c）反射率为 20% 的反射板　（c）反射率为 80% 的反射板

图 2-14　对不同反射率的反射板的反射强度进行测试

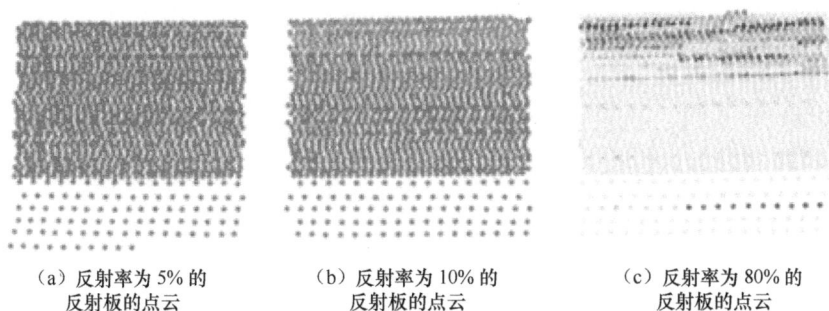

（a）反射率为 5% 的　　　　　（b）反射率为 10% 的　　　　　（c）反射率为 80% 的
　　反射板的点云　　　　　　　　反射板的点云　　　　　　　　反射板的点云

图 2-15　分割出来的反射率分别为 5%、10% 和 80% 的反射板的点云

本节我们简要介绍了一部分用于激光雷达性能评估的方法，能够在一定程度上反映激光雷达测距、精度和分辨率性能。实际上，对激光雷达功能性和非功能性指标的测试还有很多，这些测试并没有标准的范式，读者可以基于自身对激光

雷达的使用场景和需求选择、设计测试用例和目标基准。

|参考文献|

[1] SHENG Y. Quantifying the size of a Lidar footprint: a set of generalized equations[J]. IEEE Geoscience and Remote Sensing Letters, 2008, 5(3):419-422.

第 3 章

PCL 和 ROS 编程基础

点云库（point cloud library，PCL）是一个涉及二维、三维点云数据处理的开源库，该项目基于伯克利软件套件（Berkeley software distribution，BSD）开源许可，可以免费地用于商业和研究领域。PCL 具有开放性和易用性特点，是目前应用最广泛的点云处理库之一。

ROS 是一套应用于机器人开发的开源框架，该框架提供了相对完善的通信中间层、调试和可视化的工具链、机器人相关模块的算法库以及开源的社区。利用 ROS，开发者可以快速地实现和验证自动驾驶的原型算法。ROS 也是目前机器人/自动驾驶开源社区使用十分广泛的框架，无论是在感知、规划领域，还是在车辆控制、建图和定位领域，都有大量基于 ROS 开发的开源算法。在三维点云处理领域，ROS 原生支持 PCL，并且具备完善的可视化和调试三维点云的工具。

使用激光雷达开发自动驾驶感知定位系统，通常要求熟练掌握 PCL 和 ROS 相关编程技术，所以本章将重点介绍 PCL 和 ROS 的编程基础和最佳实践。完成本章的学习，你将掌握使用 PCL 进行基本的点云处理的方法，并掌握 ROS 工具链的使用方法、ROS C++程序的开发模式，从而可以独立完成 ROS 节点的开发。

|3.1 PCL 编程基础|

3.1.1 PCL 的基本概念和数据结构

PCL 是一个基于 C++开发的点云数据处理库，所以基于 PCL 开发应用也需要使用 C++。PCL 中描述点云的基本数据结构是 pcl::PointCloud，它是一个 C++模板类，该模板类包含以下元素。

- width（int）：以点数指定点云的宽度，对于无组织的点云指定为总点数（等于点云中的元素数），对于有组织的点云则指定为宽度（一行中的总点数）。
- height（int）：以点数指定点云的高度，对于无组织的点云指定为 1，对于有组织的点云则指定为其高度（总行数）。
- points（std::vector<PointT>）：点的集合，存储 PointT 类型的点，使用 C++ 标准库中的 vector 组织。注意：这里的 PointT 是一个描述点类型的模板类。

PCL 中把点云表示为点的 vector 集合，并且添加了 width 和 height 属性（类似于图像的宽度和高度）来描述点云的结构。下面我们来熟悉一下 PCL 中描述单个点的常用数据结构。

- PointXYZ：点的基本结构，包含点的坐标（x, y, x）信息，字段为 float 型。
- PointXYZI：在坐标信息的基础上添加 intensity 字段，表示点的反射强度。
- PointXYZRGB：在坐标信息的基础上添加 RGB 字段，表示点的色彩，其中坐标字段为 float 型，RGB 字段为 uint8_t 型（取值范围为 0~255）。
- PointXYZRGBA：在 PointXYZRGB 的基础上添加 A（alpha）字段，表示颜色透明度，RGBA 字段为 uint8_t 型。
- PointNormal：在 float 型坐标（x, y, z）的基础上，添加法线（normal）坐标和表面曲率（curvature）的数据结构。

3.1.2　PCD 文件

PCL 点云数据结构描述了点云以及点云中的点的内容，这是程序运行时的状态。为了将点云以文件的形式持续保存，PCL 使用一种名为 PCD 的文件格式对点云进行存储，PCD 文件的示例（只摘取了原 PCD 的表头部分）如下：

```
#.PCD v0.7-Point Cloud Data file format
VERSION 0.7
FIELDS x y z intensity
SIZE 4 4 4
TYPE F F F F
COUNT 1 1 1 1
WIDTH 446893
HEIGHT 1
VIEWPOINT 0 0 0 1 0 0 0
POINTS 446893
DATA ascii
0.09523508 0.5788275 0.0046283901 -1.1484227e+18
```

```
0.14652459 0.58848882 0.0055413693 -1.1484226e+18
-2.996511 3.4099736 0.21646735 -1.1484403e+18
-3.005048 3.3879817 0.21615794 -1.1484404e+18
-3.0294883 3.3391788 0.21549904 -1.1484408e+18
```

其中，VERSION 字段标注了 PCD 文件的版本，FIELDS 描述了点云中每个点包含的字段，对于前文提到的点的数据结构，SIZE 描述了点的每个字段所占的字节（byte）数，细分如下。

- unsigned char 和 char：1 B。
- unsigned short 和 short：2 B。
- unsigned int、int 和 float：4 B。
- double：8 B。

示例中的点云为 PointXYZI，所有字段均为 float 型，故对应的 SIZE 均为 4 B。TYPE 描述了每个字段的类型，F 指的是 float 型。COUNT 描述了每个点的每个字段包含多少个元素，WIDTH 和 HEIGHT 分别对应点云的宽度属性和高度属性。VIEWPOINT 指定了点云数据集中点的采集视点，用于构建不同坐标系之间的变换，也可用于为表面法线等特征提供方向性表征，该属性的 7 个量分别描述平移量（t_x, t_y, t_z）和四元数（q_w, q_x, q_y, q_z），其默认值为(0 0 0 1 0 0 0)。POINTS 指定了数据的总点数。DATA 描述了点云数据的存储格式和实际点云信息。PCD 文件支持以下 3 种存储格式。

- ascii：文本化存储格式，每个点占一行文本，使用空格或者制表符分开，能够使用任意文本编辑器打开。
- binary：二进制存储格式，本质上是 pcl::PointCloud 数据结构中 points 数据列表的内存副本，因此可以快速读写。
- binary_compressed：压缩的二进制点云文件，使用 Marc Lehmann 的 LZF 算法实现压缩和解压缩，压缩后的数据的大小为原始数据大小的 30%～60%。

PCD 作为通用的点云文件存储格式被机器人开源社区广泛采用，在自动驾驶领域也通常采用 PCD 文件作为三维点云地图文件。当然，自动驾驶商业产品对于点云地图的压缩率有更高的要求，不少厂商的点云地图在 PCD 格式的基础上进一步提升了压缩率。

3.1.3　构建第一个 PCL 程序

本节将使用 CMake 构建我们的第一个 PCL 程序，在开始前，让我们先了解一下 Linux 下基于 CMake 的 C++程序的基础知识。

1. 什么是 CMake?

Linux（或者说类 UNIX）系统采用 GCC（GNU compiler collections）作为 C 语言/C++的编译器，采用 G++（GNU C++ compiler）作为 C++的编译器。使用 GCC 编译实际上有 4 步：预处理（preprocessing，也称预编译）、编译（compilation）、汇编（assembly）和链接（link）。

```
gcc -E filename.c -o filename.i
```

将 C 文件转化成 C++文件，这个过程叫作预处理过程。

```
gcc -S filename.i -o filename.s
```

将预处理过程生成的扩展名为.i 的文件转化成汇编文件，里面存储的是相应的汇编代码，这个过程叫作编译。

```
gcc -c filename.s -o filename.o
```

将汇编文件中的汇编代码编译成相应的机器语言，这个过程叫作汇编。

```
gcc filename.o -o filename.exe
```

这条指令是完成"链接"这个过程的，它通过链接器 ld 将运行程序的目标文件和库文件链接在一起，生成最终的可执行文件，当然，应用开发者在实际使用时通常不分 4 步执行，一步即可：

```
gcc fileName.c -o binary
```

提示：G++的用法和 GCC 的完全相同，自动驾驶系统和机器人开发通常为上层应用开发，多采用 C++，所以在 Linux 系统上通常使用 G++作为编译器。

当项目包含大量源文件和依赖时，用 GCC 的命令逐个去编译，很容易造成混乱，而且工作量大，所以就有了 Make。Make 是一种编译工具，它通过 makefile 文件构建程序。在一些较小的工程中完全可以人工编写 makefile 文件，但是当工程非常大的时候，人工编写 makefile 文件非常麻烦，如果换了平台（比如从 Linux 平台切换到 Windows 平台），又要重新修改 makefile 文件，这也非常麻烦，这时 CMake 就出现了。

利用 CMake 可以更加简单地生成 makefile 文件给 Make 使用，并且可以跨平台生成对应平台能用的 makefile 文件。CMake 根据 CMakeLists.txt（学名：组态档）文件生成 makefile 文件，CMakeLists.txt 由应用开发者编写。

提示：自动驾驶应用开发者，通常执行的项目非常庞大，会倾向于采用类似于 CMake 或者 Bazel 这样的高级跨平台编译工具完成程序的编译。本书的示例程序多数基于 ROS 开发，而 ROS 节点的构建基于 CMake，所以我们从 CMake 入手介绍 C++项目的构建。

2. 使用 CMake 构建我们的第一个 PCL 程序

提示：本书的所有代码均可以在 GitHub 代码仓库中找到，读者可以直接通过代码仓库中的代码复现本书中的示例。尽管代码仓库中有完整代码，但笔者仍然推荐读者亲手编写代码以更深入地理解激光雷达感知定位编程。

CMake 中最关键的是编写 CMakeLists.txt 文件。这里我们打开终端，新建一个名为 chapter3-1 的目录，在目录下新建 CMakeLists.txt 文件和一个名为 src 的文件夹，并在 src 文件夹下新建一个.cpp 文件：

```
mkdir chapter3-1
cd chapter3-1
mkdir src && mkdir data && touch src/first_pcl_app.cpp
touch CMakeLists.txt
```

Linux 中的 touch 命令用于修改文件或目录的时间属性。若文件或目录不存在，系统会建立一个新的文件。上述代码使用了 touch 命令新建一个空白文件。接着我们将代码仓库中第 3 章的样例 chapter3/chapter3-1/data/sample.pcd 复制至 data 目录下，最终项目的目录结构如下：

```
chapter3-1/
├──CMakeLists.txt
├──data
│   └──sample.pcd
└──src
    └──first_pcl_app.cpp
```

使用最熟悉的代码编辑器（如 VS code）打开项目，编辑 CMakeLists.txt 文件，如下：

```
cmake_minimum_required(VERSION 2.8)
add_definitions(-std=c++11)
project(first_pcl_app)
find_package(PCL REQUIRED)
include_directories(${PCL_INCLUDE_DIRS})
link_directories(${PCL_LIBRARY_DIRS})
add_executable(first_pcl_app src/first_pcl_app.cpp)
target_link_libraries(first_pcl_app ${PCL_LIBRARIES})
```

下面我们详细讲解 CMakeLists.txt 的语法意义。首先，设定程序要求最低的 CMake 版本为 2.8：

```
cmake_minimum_required(VERSION 2.8)
```

CMake 中的 cmake_minimum_required 为非必需的，但在有些情况下，如果 CMakeLists.txt 文件中使用了一些高版本 CMake 特有的一些命令，就需要加上这样一行代码，提醒用户升级到该版本之后再执行 CMake。第二行在 CMake 中添加对 C++11 的支持：

```
add_definitions(-std=c++11)
```

指定项目名为 first_pcl_app：

```
project(first_pcl_app)
```

使用 find_package 引入 PCL 包：

```
find_package(PCL REQUIRED)
```

使用上述语句会引入 PCL 包下的所有模块，当然也可以根据程序实际使用需求引入程序包内特定的模块，比如：

```
find_package(PCL REQUIRED COMPONENTS common io visualization)
```

当 PCL 被发现并引入之后，CMake 会配置好以下环境变量。

- PCL_FOUND：当发现 PCL，设置为 1。
- PCL_INCLUDE_DIRS：设置为 PCL 的头文件路径和相关依赖包的头文件路径。
- PCL_LIBRARIES：设置为 PCL 库文件的名称。
- PCL_LIBRARY_DIRS：设置为 PCL 库文件的目录。
- PCL_VERSION：若发现 PCL，设置为对应的 PCL 版本号。
- PCL_COMPONENTS：设置为 PCL 下所有模块的列表。
- PCL_DEFINITIONS：所需的预处理器定义和编译器标志。

将 PCL 项目的头文件目录添加到编译器的头文件搜索路径之下：

```
include_directories(${PCL_INCLUDE_DIRS})
```

添加需要链接的 PCL 库文件目录：

```
link_directories(${PCL_LIBRARY_DIRS})
```

告诉 CMake 使用 src 目录下的 first_pcl_app.cpp 文件构建一个名为 first_pcl_app 的可执行文件：

```
add_executable(first_pcl_app src/first_pcl_app.cpp)
```

我们构建的可执行文件调用了 PCL 函数，通过引入 PCL 的头文件，编译器知道调用的方法，但是我们还需要让链接器知道需要链接的库。如前文所述，CMake

找到 PCL 包后会将 PCL_LIBRARIES 变量设置为相关的 PCL 库文件的名称，所以我们使用 target_link_libraries 函数将目标文件和 PCL 库文件进行链接：

```
target_link_libraries(first_pcl_app ${PCL_LIBRARIES})
```

以上就是构建一个简单的 PCL 项目的 Cmake 语法。如果想更加深入地理解 CMake，可以参考博主 SirDigit 的 CMake 手册详解系列博客[1]。接着我们编写 C++ 程序部分，first_pcl_app.cpp 的代码如下：

```
#include<iostream>
#include<pcl/point_types.h>
#include<pcl/point_cloud.h>
#include<pcl/io/pcd_io.h>
#include<pcl/visualization/pcl_visualizer.h>
template<typename PointT>
void GetRandomCloud(typename pcl::PointCloud<PointT>::Ptr cloud,
int cloud_size){
        //填充云数据
        cloud->width=cloud_size;
        cloud->height=1;
        cloud->is_dense=false;
        cloud->resize(cloud->width*cloud->height);
        for(auto &point:cloud->points){
                point.x=rand()%(100+1);
                point.y=rand()%(100+1);
                point.z=rand()%(100+1);
        }
}
void LoadLidarPcdAndVis(std::string file_path){
    pcl::PointCloud<pcl::PointXYZI> loaded_cloud;
    //加载 PCD 文件到点云结构中
    pcl::io::loadPCDFile(file_path,loaded_cloud);
    std::cout<<"load a pcd file from "<<file_path<<std::endl;
    //可视化点云
    pcl::visualization::PCLVisualizer::Ptr viewer(new pcl::
visualization::PCLVisualizer());
    //基于点的 intensity 字段对点云进行着色
    pcl::visualization::PointCloudColorHandlerGenericField<pcl
::PointXYZI> color_handler(loaded_cloud.makeShared(),"intensity");
    //设置可视化窗口背景色为白色
    viewer->setBackgroundColor(255,255,255);
    //将点云数据添加至可视化窗口内
    viewer->addPointCloud<pcl::PointXYZI>(loaded_cloud.makeSh
ared(), color_handler, "cloud");
```

```
    //添加循环保持可视化窗口
    viewer->spin();
}
int main(){
    pcl::PointCloud<pcl::PointXYZ>::Ptr xyz_cloud_ptr(new pcl::
PointCloud<pcl::PointXYZ>);
    //产生一个随机点云
    GetRandomCloud<pcl::PointXYZ>(xyz_cloud_ptr, 100);
    //将 PCL 点云数据保存到 PCD 文件
    pcl::io::savePCDFileASCII("xyz_cloud.pcd", *xyz_cloud_ptr);
    std::cout<<"save "<<xyz_cloud_ptr->size()<<" points to xyz_
cloud.pcd: "<<std::endl;
    //加载一个激光雷达数据示例并查看
    LoadLidarPcdAndVis("../data/sample.pcd");
    return 0;
}
```

下面详细解析此示例代码，在主函数中，首先构造点云，通常用智能指针
（shared_ptr）创建点云对象：

```
    pcl::PointCloud<pcl::PointXYZ>::Ptr xyz_cloud_ptr(new pcl::
PointCloud<pcl::PointXYZ>);
```

接着调用函数 GetRandomCloud 产生一个 x、y、z 取值均在 0～100 的随机点
云，如前面所提到的，点云数据基本的属性是点云的宽度（width）、高度（height）
以及点云的数据列表：

```
    cloud->width=cloud_size;
    cloud->height=1;
    cloud->is_dense=false;
    cloud->resize(cloud->width*cloud->height);
```

设置 height 为 1，也就是说这个随机点云为无组织点云。很多激光雷达厂商都
将点云处理成无组织点云，这实际上并不影响对点云做二维图像投影，因为厂商
的激光雷达驱动发出的点云中的点通常会包含一个名为 ring 的属性，标注点处于
哪一行，有了 ring 这个属性，无组织点云也能很简单地投影到平面二维坐标系。
接着产生随机的 x、y、z 坐标填充随机点云：

```
    for (auto &point: cloud->points){
        point.x=rand()%(100+1);
        point.y=rand()%(100+1);
        point.z=rand()%(100+1);
    }
```

产生随机点云后，将该点云数据保存成 ascii 格式的 PCD 文件：

```
pcl::io::savePCDFileASCII("xyz_cloud.pcd", *xyz_cloud_ptr);
```

我们构造的随机点云会被存储为程序同目录下一个名为 xyz_cloud.pcd 的 PCD 文件，显然随机构造的点云并不能反映实际激光雷达编程中的特点，我们构造一个函数 LoadLidarPcdAndVis 读取一颗 64 线激光雷达产生的一帧点云数据[2]并使用 PCL 将其可视化：

```
pcl::PointCloud<pcl::PointXYZI> loaded_cloud;
//将 PCD 文件加载到点云结构
pcl::io::loadPCDFile(file_path,loaded_cloud);
std::cout<<"load a pcd file from"<<file_path<<std::endl;
```

pcl::io::loadPCDFile 将文件系统中的 PCD 文件加载到我们构建的点云数据结构中（程序中的 loaded_cloud），注意 loadPCDFile 函数接收的是点云数据结构的引用而非智能指针。加载点云后使用 PCL 自带的 PCLVisualizer 对点云进行可视化，实例化一个 PCLVisualizer：

```
pcl::visualization::PCLVisualizer::Ptr viewer(new pcl::
visualization::PCLVisualizer());
```

基于点的 intensity 字段对点云进行着色：

```
pcl::visualization::PointCloudColorHandlerGenericField<pcl::
PointXYZI> color_handler(loaded_cloud.makeShared(),"intensity");
```

设置可视化窗口背景色为白色：

```
viewer->setBackgroundColor(255,255,255);
```

将点云数据添加至可视化窗口内：

```
viewer->addPointCloud<pcl::PointXYZI>(loaded_cloud.makeShared(),
color_handler,"cloud");
```

添加循环保持可视化窗口：

```
viewer->spin();
```

调用 PCLVisualizer 的 spin 函数后，程序会进入自循环，可以在弹出的可视化窗口下按 Q 键退出循环。在 PCL 应用程序开发中，要注意尽量不在主线程中调用可视化的 spin 函数，否则可能会阻塞主线程其他逻辑的运行。

完成编码后使用 CMake 和 Make 构建程序，在 CMakeLists.txt 文件同目录下新建一个名为 build 的文件夹并进入：

```
# 在the chapter3-1 文件夹内
mkdir build && cd build
```

在 build 目录下使用 cmake 命令产生用于 Make 的相关环境和文件：

```
cmake..
```

这里的..表示上一级目录，是 Linux 的 bash 命令描述当前路径的上一级目录的常用写法。类似地用.表示当前路径。CMake 配置运行完成后，在 build 目录下使用 Make 构建程序：

```
make
```

构建完成会有如下输出：

```
[50%]Building CXX object CMakeFiles/first_pcl_app.dir/src/
first_pcl_app.cpp.o
[100%]Linking CXX executable first_pcl_app
[100%]Built target first_pcl_app
```

这意味着我们的第一个 PCL 程序构建完成，它以二进制可执行文件的形式出现在 build 目录下，在 bash 中运行该程序：

```
./first_pcl_app
```

程序输出：

```
save 100 points to xyz_cloud.pcd:
load a pcd file from ../data/sample.pcd
```

并且弹出点云的可视化窗口，如图 3-1 所示。

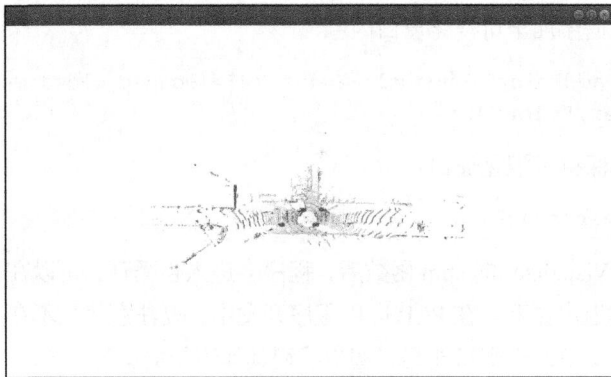

图 3-1　程序将点云加载并可视化

在该可视化窗口下，可以按住鼠标滚轮并拖动对该视角的图像进行平移，按住鼠标右键并拖动可以旋转视角，如图 3-2 所示，旋转视角后可以看到 64 线激光雷达在城市街道的实际数据效果。

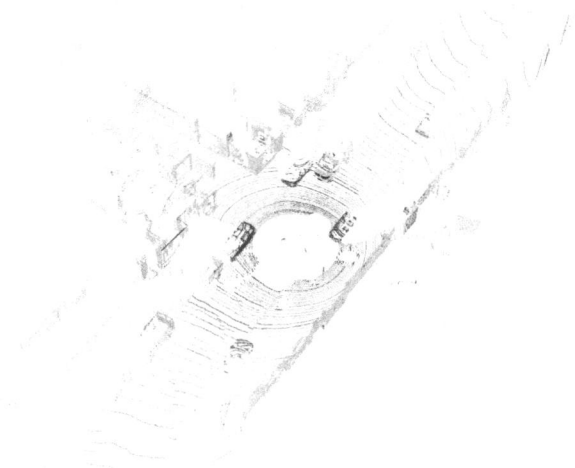

图 3-2　在可视化窗口下旋转视角

　　按 Q 键退出程序，检查 build 目录下的文件，会发现一个名为 xyz_cloud.pcd 的 PCD 文件，可以使用 PCL 自带的 pcl_viewer 命令行工具可视化程序产生的随机点云，如图 3-3 所示。

```
#在 build 文件夹内
pcl_viewer xyz_cloud.pcd -bc 255,255,255 -fc 255,0,0 -ps 5
```

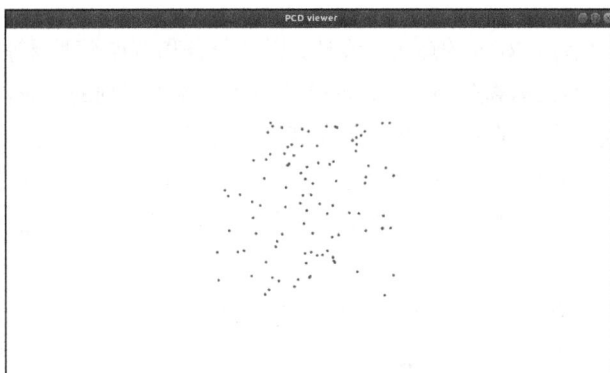

图 3-3　可视化程序产生的随机点云

　　当然，pcl_viewer 命令行工具有丰富的快捷键和配置参数接口，感兴趣的读者可以使用 man pcl_viewer 命令查看该工具的详细使用方法。

本节我们详细介绍了 PCL 点云编程中的基本数据结构、PCD 文件格式、CMake 程序编写，并且编写了我们的第一个点云程序，对点云做了读、写和可视化。熟练掌握 PCL C++编程是自动驾驶点云算法工程师的必备技能之一，在后面的章节中会大量使用 PCL 库。PCL 库主要用于三维点云数据处理，要将三维点云数据处理的相关算法（如感知、定位、SLAM 等）有机地整合到整个自动驾驶软件栈，则需要进一步学习机器人/自动驾驶相关开发框架，3.2 节要介绍的 ROS 就是这类框架的典型应用。

3.2 ROS 编程基础

3.2.1 ROS 简介

ROS 提供了一套用于机器人开发的完整框架，它起源于 2007 年斯坦福大学人工智能实验室的 STAIR 项目与机器人技术公司 Willow Garage 的个人机器人项目之间的合作，2008 年之后由 Willow Garage 公司继续维护和推动。ROS 如今已被许多学校、公司等机构所使用，为机器人编程提供了快速方法和标准。本书中提到的 ROS 仅指 ROS 1，是 ROS 的第一代版本，ROS 2 的内容本书不涉及。ROS 具有如下特性。

- 点对点设计：ROS 的点对点设计，以及服务和节点管理器等机制，可以实现很好的分布式网络运算拓扑结构，能够应对多机器人遇到的挑战。
- 分布式设计：程序可以在多台计算机中运行和通信。
- 多语言：ROS 支持许多种语言，例如 C++、Python、Octave 和 LISP，也包含其他语言的多种接口实现。与语言无关的消息处理，让多种语言可以自由地混合和匹配使用。
- 轻量级：ROS 鼓励将所有的驱动和算法逐渐发展成对 ROS 没有依赖性的单独的库。ROS 建立的系统具有模块化的特点，各模块中的代码可以单独编译，而且编译使用的 CMake 工具很容易实现代码的精简。
- 免费且开源：ROS 大多数的源码都是公开发布的。

提示：ROS 官方仅支持 Ubuntu 系统（Linux 系统的一种发行版系统），随着 Ubuntu 系统的更新，ROS 也会相应地更新其版本，比如 ROS Kinetic Kame 对应

Ubuntu 16.04，ROS Melodic Morenia 对应 Ubuntu 18.04，ROS Noetic Ninjemys 对应 Ubuntu 20.04。本书的所有内容与对应代码基于 Ubuntu 18.04/ROS Melodic Morenia 完成。

3.2.2　ROS 中的基本概念

ROS 提供了一套完整的消息通信层供开发者使用，在 ROS 下，开发者将其机器人系统中的各个模块细分为一个个节点，所有节点由一个主节点统一管理，节点间通过向话题读写消息来实现通信，这种通信模式如图 3-4 所示。

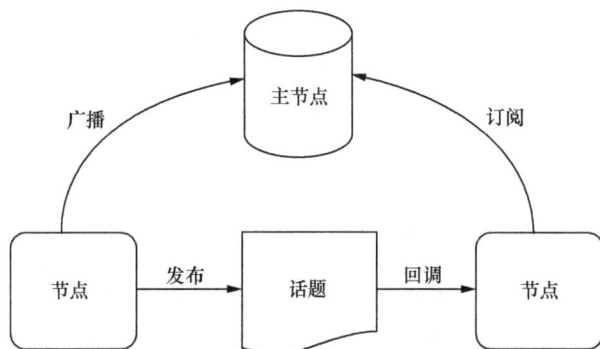

图 3-4　ROS 中的消息发布-订阅通信机制

当然 ROS 中可用的通信机制并不只有消息发布-订阅通信机制，ROS 同时支持客户端-服务器（client-server）的通信机制。总的来说，本书涉及的 ROS 基本概念包含主节点（master）、节点（node）、话题（topic）、消息（message）、服务（service）、参数服务器（parameter server）以及数据包（data packet）。

1. 主节点

主节点用于管理各节点，它通过远程过程调用（remote procedure call，RPC）提供节点的登记列表和对其他计算资源的查找服务。如果没有主节点，其他节点通信时，将无法找到要与之交互的节点以交换消息或调用服务。但主节点在某些方面增加了系统的风险，例如，所有节点都是通过同一个主节点来管理和调用服务的，一旦主节点"挂掉"，其他所有节点都会受到影响。因此，在 ROS 2 中提出了一种新的通信架构——数据分发服务（data distribution service，DDS），它用于解决此类问题，以及实现消息的实时传输。

2. 节点

节点是开发者开发的"软件模块"，是一些独立编译、执行运算任务的进程。
ROS 的软件在文件系统中以软件包的形式进行组织，而节点就是软件包中一个
个独立的可执行程序。一个系统通常由很多个节点组成，比如负责激光雷达定
位的节点、负责激光雷达三维检测的节点等。由于 ROS 支持 C++和 Python 开
发，所以节点本质上是使用 C++构建的可执行文件或者使用 Python 编写的可执
行脚本。

3. 话题

ROS 中一种典型的节点间通信方式是让消息以发布-订阅通信机制进行传递。
一个节点将想要传递的消息发布到一个话题上，其他的节点通过订阅该话题接收
消息，这种机制允许同时有多个节点发布消息到同一个话题或者订阅同一个话题。
发布者和订阅者不必了解彼此的存在。

4. 消息

ROS 中的消息定义了通信的数据结构（也叫接口数据结构）。类似于 Protobuf
或者 JSON，消息可以由诸如整数、浮点数、布尔数、字符串等各种基础数据复合
形成复杂的结构体。消息使用消息文件定义，文件命名为 *.msg。在 ROS 中描述
消息时通常要加上定义消息的包名以避免出现同名的情况，其规则为包名/消息名，
一个典型的消息（nav_msgs/Odometry.msg）定义如下：

```
#This represents an estimate of a position and velocity in free
space.
#The pose in this message should be specified in the coordinate
frame given by header.frame_id.
#The twist in this message should be specified in the coordinate
frame given by the child_frame_id
Header header
string child_frame_id
geometry_msgs/PoseWithCovariance pose
geometry_msgs/TwistWithCovariance twist
```

该消息包含 4 个成员，第一个成员是 Header 类型，Header 类型为消息中常见
的数据类型。Header 消息包含在 std_msgs 这个包内，包含一些通用的元数据定义，
比如 stamp（消息的时间戳）和 frame_id（数据属于的坐标系）。Header 消息的具
体定义如下：

```
#Standard metadata for higher-level stamped data types.
#This is generally used to communicate timestamped data
#in a particular coordinate frame.
#sequence ID: consecutively increasing ID
uint32 seq
#Two-integer timestamp that is expressed as:
#* stamp.sec: seconds (stamp_secs) since epoch(in Python the
variable is called 'secs')
#* stamp.nsec: nanoseconds since stamp_secs(in Python the variable
is called 'nsecs')
#time-handling sugar is provided by the client library
time stamp
#Frame this data is associated with
string frame_id
```

  nav_msgs/Odometry.msg 消息的第二个成员为一个字符串，第三、四个成员为
geometry_msgs 包下的两个消息，分别描述位姿和速度。ROS 中的消息定义通常采
用嵌套包含的模式，这样可以复用大量已经定义好的消息结构，方便开源社区间
的代码共享和复用，这和谷歌的 Protobuf 很相似。如果按照基本的类型展开，
nav_msgs/Odometry.msg 消息的定义如下：

```
Header header
    uint32 seq
    time stamp
    string frame_id
string child_frame_id
geometry_msgs/PoseWithCovariance pose
    geometry_msgs/Pose pose
        geometry_msgs/Point position
            float64 x
            float64 y
            float64 z
        geometry_msgs/Quaternion orientation
            float64 x
            float64 y
            float64 z
            float64 w
    float64[36] covariance
geometry_msgs/TwistWithCovariance twist
    geometry_msgs/Twist twist
        geometry_msgs/Vector3 linear
            float64 x
            float64 y
```

```
        float64 z
    geometry_msgs/Vector3 angular
        float64 x
        float64 y
        float64 z
  float64[36] covariance
```

5. 服务

虽然发布–订阅通信机制是一种非常灵活的通信机制，但它多对多单向传输的特性有时候不适用于某些请求–回复（request-response）式场景的通信。在 ROS 中，请求–回复式通信使用服务实现，服务由一对消息定义：一个用于请求，另一个用于回复。一个节点通过字符串定义服务地址，其他节点可以作为客户端调用该服务发送请求并等待回复，服务的消息使用*.srv 文件定义，它类似于消息文件，但是需要在一个.srv 文件中同时定义请求和响应的数据结构，并通过符号---分隔，下面是一个简单的服务（std_srvs/SetBool.srv）：

```
bool data #例如，用于硬件的启用/禁用
---
bool success   #触发服务成功运行
string message #信息类，如错误消息
```

6. 参数服务器

参数服务器是 ROS 中一个共享的变量字典，节点使用此服务器在运行时存储和检索参数。ROS 中通常包含大量可以调节和配置的参数，参数服务器提供全局可见的参数列表，以便系统的各个模块可以轻松获取系统的配置状态，并在必要时进行修改。除了全域共享的参数列表，ROS 还提供私有参数列表，所谓私有参数，就是提供给特定节点使用的参数，通常以符号~打头。

7. 数据包

数据包是一种用于存储 ROS 消息的文件格式，其文件名一般以.bag 结尾，用于 ROS 中各种数据的持久化保存。通过回放数据包可以重现消息，因此，数据包在机器人开发、调试中被频繁使用。例如，录制机器人在某个场景下的数据包，就可以在离线环境下通过回放这个数据包不断调试这一场景下的某一新功能。

数据包通常由 rosbag 等工具创建，该工具订阅一个或多个 ROS 话题，并将收到的序列化消息存储在文件中。rosbag 工具也可以用于回放数据包，它会将数据包

内存储的消息按照原始的顺序和频率发送到对应的话题上。

3.2.3　ROS 命令行的常用指令

在了解了 ROS 的一些基本概念以后，我们学习一下 ROS 常用的指令。在命令行中，可以通过以下指令启动主节点，一个 ROS 只能运行一个主节点：

```
roscore
```

执行该指令以后会在终端输出一些信息，包括 log 日志的路径、主节点的端口等，如下：

```
...logging to /home/rdcas/.ros/log/28d59e30-2a70-11ec-aff1-
ac120343261e/roslaunch-rdcas-pc-9079.log
Checking log directory for disk usage. This may take a while.
Press Ctrl-C to interrupt
Done checking log file disk usage. Usage is <1GB.

started roslaunch server http://××××× -××:×××××/   #示例
网址，具体内容参见指令运行情况，后同
ros_comm version 1.14.10
SUMMARY
========
PARAMETERS
*/rosdistro: melodic
*/rosversion: 1.14.10
NODES
auto-starting new master
process[master]: started with pid [9099]
ROS_MASTER_URI=http://××××× -××:×××××/
setting /run_id to 28d59e30-2a70-11ec-aff1-ac120343261e
process[rosout-1]: started with pid [9110]
started core service [/rosout]
```

利用 rosrun，采用"包名 节点名"以启动一个包中的某个节点：

```
rosrun package_name node_name
```

可以使用 rosnode 指令显示和管理当前运行的节点，如下：

```
#查看当前运行的节点列表
rosnode list
#列出节点信息
rosnode info node_name
# "杀死"指定运行的节点
```

```
rosnode kill node_name
#在节点崩溃又不运行的情况下，使用此命令清除节点注册信息，在节点崩溃的时候
很有用，可以清理节点运行环境
rosnode cleanup
```

使用 rostopic 指令输出、显示甚至发布话题信息，如下：

```
#列出当前存在的话题列表
rostopic list
#输出话题内的实时数据
rostopic echo /topic_name
#显示某个话题的信息，包括话题的消息类型、往话题发布消息的节点、订阅话题的
节点
rostopic info /topic_name
#显示话题中消息的发布频率
rostopic hz /topic_name
#发布消息到指定的话题，可以按 Tab 键联想得到消息类型和基本输入格式
rostopic pub /topic_name type args
```

使用 rosmsg 指令输出消息的相关信息，如下。

```
#列出所有消息
rosmsg list
#查看特定消息的信息
rosmsg info message_type
```

3.2.4　ROS 项目的文件系统结构

ROS 项目的文件系统结构包含工作空间（workspace）和软件包，一个工作空间拥有一套独立的环境变量，在工作空间中使用软件包来组织一个个软件项目。工作空间的目录结构如下：

```
a_workspace
├───build
├───devel
├───logs
└───src
```

所有软件包的源码文件存于工作空间的 src 目录下，build 为 CMake 创建的输出目录，devel 包含当前工作空间的环境变量相关脚本，logs 为构建过程中输出的日志。除了 src 目录以外，其他的目录都是在项目构建过程中自动生成的。新建一个名为 chapter3-2 的工作空间，并且新建一个 src 文件夹：

```
mkdir -p chapter3-2/src
```

一个工作空间可以包含多个软件包，一个软件包可以包含若干节点、库、头文件、配置文件等。ROS 提供名为 Catkin 的构建工具，使用它可以方便、快速地构建整个工作空间内所有软件包中的程序。

3.2.5 Catkin 构建工具

前面我们介绍了使用 CMake 构建系统构建 C++程序，而在 ROS 中使用 Catkin 构建工具来构建程序，首先需要理解构建系统和构建工具的区别。

- 构建系统：用于编译和构建单一的程序包，例如 Make、CMake、Python setuptools 等，具体来说，CMake 的构建过程包括 cmake、make 和 make install 等步骤。

- 构建工具：能够按照一定的规则和依赖关系编译和构建工作空间下的所有软件包；对于不同类型的软件包，构建工具调用对应的构建系统对其进行构建，并且维护环境变量。ROS 下的 Catkin 构建工具包括 catkin_make、catkin_make_ isolated、catkin_tools 和 ament_tools。

本书中所有 ROS 的示例代码均采用 catkin_tools 工具构建。在 Ubuntu 中，使用以下指令安装 catkin_tools：

```
sudo apt install python-catkin-tools
```

在工作空间的 src 目录下，使用 catkin create pkg 指令构建一个软件包：

```
catkin create pkg chapter3_2 --catkin-deps roscpp rospy pcl_
conversions pcl_ros sensor_msgs std_msgs --system-deps PCL
```

其中，chapter3_2 为包名，参数--catkin-deps 用于设定本软件包依赖的其他 ROS 软件包（这些软件包也是使用 catkin_tools 工具构建的），参数--system-deps 用于设定项目依赖的系统软件包。运行该指令后 catkin_tools 工具会在当前路径创建一个名为 chapter3_2 的文件夹，其目录结构如下：

```
chapter3_2/
├──CMakeLists.txt
├──include
│    └──chapter3_2
├──package.xml
└──src
```

ROS 软件包的结构和普通的 CMake 程序包的结构类似，仅多了一个 package.xml 文件，该文件定义了 ROS 软件包的一些元数据信息，比如包名、软件包版本号、作者信息、许可证信息、依赖的其他 ROS 软件包的信息等。ROS 软件包同样通过 CMakeLists.txt 设定 CMake 构建规则，Catkin 工具产生的 CMakeLists.txt 文件包含大量的注释内容，这些注释内容是一些常用的依赖、构建、安装乃至测试相关的 CMake 宏及其释义，可以根据需要解除注释以启用。考虑到 CMake 基本语法已经在前文中介绍，下面我们重点关注 ROS 特有的 CMake 宏。

首先介绍消息和服务相关指令，ROS 中的消息（.msg）和服务（.srv）需要通过 Catkin 编译成对应的 C++ 类才能被 C++ 程序使用，在 CMake 中通过添加以下宏让 Catkin 编译对应的消息或服务：

```
##在 msg 文件夹中生成消息
add_message_files(
    FILES
    Message1.msg
)
##在 srv 文件夹中生成服务
add_service_files(
    FILES
    Service1.srv
)
```

由于消息通常复合嵌套其他软件包的消息，所以自定义的消息的依赖包也需要指定：

```
##生成添加的消息和服务，并在此处列出所有依赖项
generate_messages(
  DEPENDENCIES
  std_msgs
)
```

如果要编译自定义的消息，记得在 package.xml 文件中添加 message_generation 包的运行依赖：

```
<exec_depend>message_generation</exec_depend>
```

我们知道，在 CMake 中，可以使用 find_package 函数发现当前软件包所依赖的头文件和库的路径，但是在 ROS 软件包的 CMakeLists.txt 中总是能看到一个名为 catkin_package 的宏。catkin_package 是 Catkin 提供的 CMake 宏，用于为 Catkin 提供构建、生成 pkg-config 和 CMake 文件所需要的信息，它有 5 个参数可选。

- INCLUDE_DIRS：声明给其他软件包的 include 路径。
- LIBRARIES：声明给其他软件包的库。

- CATKIN_DEPENDS：本软件包依赖的 catkin 包。
- DEPENDS：本软件包依赖的非 catkin 包。
- CFG_EXTRAS：其他配置参数。

其他的宏和编写的一般的 CMake 包的宏无区别，使用 Catkin 工具对整个工作空间内的软件包进行构建：

```
#在工作空间目录下
catkin build
```

软件包 chapter3_2 能够直接通过编译，这是因为目前软件包内没有任何源码，在 3.3 节我们将编写一个简单的 ROS 节点以进行 ROS 相关编程和工具实践。

| 3.3　第一个 PCL 和 ROS 节点：
基于体素网格滤波的降采样 |

结合 3.1 节和 3.2 节的内容，本节将实践基于 PCL 和 ROS 的编程。我们将介绍如何使用体素网格滤波（voxel grid filter）方法对激光雷达数据进行降采样，并且将降采样的结果发布到 ROS 话题，本节内容主要使用 C++编码实现。

3.3.1　点云滤波

点云滤波是点云预处理的常见操作，主要用于降低点云密度。点云滤波可以显著降低后续处理的计算复杂度，此外有些滤波方法能够滤除点云中的噪点。虽然在传感器和环境感知层面，我们希望激光雷达点云越密集越好，因为分辨率越高越能够感知周围环境的细节，但是对于自动驾驶系统的某些模块，诸如激光雷达 SLAM 和激光里程计定位，并非要求局部点云越密集越好。激光雷达 SLAM 对于数据的输入通常更强调对环境几何特征的描述，如果能够准确描述周围 100 m 环境的几何特征，对于激光里程计定位而言，1 万个点的输入和 10 万个点的输入取得的定位精度并不会有显著差别，而激光里程计定位本身对于计算的实时性要求很高，所以多数激光里程计定位会在预处理阶段就对点云做降采样处理以提升计算速度。

PCL 库提供多种点云滤波方法的实现，其中应用较为广泛的是体素网格滤波。

体素网格滤波将空间按照一定尺寸（比如 1 m × 1 m × 1 m）的立方格进行划分，每个立方格内仅保留一个点。使用 PCL 实现体素网格滤波的代码如下：

```
typename pcl::VoxelGrid<PointT> voxel_filter;
voxel_filter.setInputCloud(cloud);
voxel_filter.setLeafSize(filterRes, filterRes, filterRes);
typename pcl::PointCloud<PointT>::Ptr ds_cloud(new pcl::
PointCloud<PointT>);
voxel_filter.filter(*ds_cloud);
```

图 3-5 所示为滤波前后体素网格尺寸为 0.3 m 的降采样结果。

（a）滤波前　　　　　　　　　　　　　　　（b）滤波后

图 3-5　滤波前后体素网格尺寸为 0.3 m 的降采样结果

　　下面我们将在 ROS 节点中读取指定话题上的点云消息，对其进行体素网格滤波后转发至另一个话题，同时我们会实践自定义消息、自定义服务，本节完整代码在本书代码仓库的 chapter3/chapter3-3/src/ 目录中。

3.3.2　ROS C++编程实践

　　在多数情况下自动驾驶的软件均是基于 C/C++编程语言开发的，而基于 C++ 开发大型软件能够同时兼顾性能和可扩展性，ROS 默认支持 C++编程。开始前检查你的系统中是否安装 ROS、PCL 和 catkin_tools，创建名为 chapter3-3 的工作空间，并且在 src 目录下使用 catkin_tools 工具创建一个名为 voxel_filter 的 ROS 软件包并添加相关 ROS 依赖和系统依赖：

```
catkin create pkg voxel_filter--catkin-deps roscpp pcl_
conversions sensor_msgs std_msgs--system-deps PCL
```

　　修改软件包的 package.xml 如下：

```
<?xml version="1.0"?>
<package format="2">
```

```
<name>voxel_filter</name>
<version>0.0.1</version>
<description>The voxel_filter package</description>
<maintainer email="zebang@todo.todo">zebang</maintainer>
<license>MIT</license>
<buildtool_depend>catkin</buildtool_depend>
<build_depend>PCL</build_depend>
<build_depend>message_generation</build_depend>
<build_depend>pcl_conversions</build_depend>
<build_depend>roscpp</build_depend>
<build_depend>sensor_msgs</build_depend>
<build_depend>std_msgs</build_depend>
<build_export_depend>PCL</build_export_depend>
<build_export_depend>pcl_conversions</build_export_depend>
<build_export_depend>roscpp</build_export_depend>
<build_export_depend>sensor_msgs</build_export_depend>
<build_export_depend>std_msgs</build_export_depend>
<exec_depend>PCL</exec_depend>
<exec_depend>pcl_conversions</exec_depend>
<exec_depend>roscpp</exec_depend>
<exec_depend>sensor_msgs</exec_depend>
<exec_depend>std_msgs</exec_depend>
<exec_depend>message_generation</exec_depend>
<export>
</export>
</package>
```

修改 CMakeLists.txt 文件如下：

```
cmake_minimum_required(VERSION 3.0.2)
project(voxel_filter)
add_compile_options(-std=c++11)
find_package(catkin REQUIRED COMPONENTS
  message_generation
  pcl_conversions
  roscpp
  sensor_msgs
  std_msgs
)
find_package(PCL REQUIRED)
add_service_files(
  FILES
  Service1.srv
)
generate_messages(
```

```
    DEPENDENCIES
    sensor_msgs
    std_msgs
  )
  catkin_package(
    INCLUDE_DIRS include
    CATKIN_DEPENDS message_generation pcl_conversions roscpp sensor_
msgs std_msgs
    DEPENDS PCL
  )
  include_directories(
    include
    ${catkin_INCLUDE_DIRS}
    ${PCL_INCLUDE_DIRS}
  )
  add_executable(${PROJECT_NAME}_node   src/voxel_filter_node.cpp
src/voxel_filter.cpp)
  target_link_libraries(${PROJECT_NAME}_node
    ${catkin_LIBRARIES}
    ${PCL_LIBRARIES}
  )
```

显然，该软件包除了依赖 PCL 以外，还依赖以下 ROS 软件包。

- message_generation：用于将 ROS 消息生成 C++类。
- pcl_conversions：用于 sensor_msgs::PointCloud2 和 pcl::PointCloud 的类型转换。
- roscpp：ROS C++编程库。
- sensor_msgs：包含 ROS 中常用传感器的消息定义。
- std_msgs：包含 ROS 中基本的消息定义。

按照以下目录结构创建文件：

```
voxel_filter/
├──CMakeLists.txt
├──include
│   └──voxel_filter
│       └──voxel_filter.h
├──launch
│   └──voxel_filter.launch
├──package.xml
├──rviz
│   └──default.rviz
├──src
│   ├──voxel_filter.cpp
```

```
|        └──voxel_filter_node.cpp
└──srv
    └──Service1.srv
```

ROS 软件包内目录的命名方式并没有强制要求（除了 msg 目录和 srv 目录），但是为了让项目更易于理解（或者说更便于开源社区共享），我们通常约定 ROS 软件包内文件夹的命名方式，常用的目录命名方式如下。

- src：存放源文件（扩展名为.cpp 的文件），也可以存放头文件（谷歌的编码规范中，倡导将类的源文件和头文件存放于同一目录下）。
- include：存放头文件，通常按照节点将头文件细分到具体文件夹。
- launch：存放 launch 文件，launch 文件用于在 ROS 中启动节点，这类文件的名称以.launch 结尾，基于 XML 语法对启动规则、参数进行配置。
- msg：存放自定义的 ROS 消息文件。
- srv：存放自定义的 ROS 服务文件。
- rviz：存放 Rviz 配置文件，Rviz 是 ROS 中用于可视化的一种常用的工具，Rviz 可视化的配置项可以以 xxx.rviz 的文件形式保存下来。

在 src 目录下编写节点源文件 voxel_filter_node.cpp：

```cpp
#include "voxel_filter/voxel_filter.h"
int main(int argc, char **argv)
{
    ros::init(argc, argv, "voxel_filter");
    ros::NodeHandle nh;
    ros::NodeHandle private_nh("~");
    voxel_filter::VoxelFilter filter(nh, private_nh);
    ros::spin();
    return 0;
}
```

其中，C++的基础语法不赘述，重点介绍 ROS 编程特有的语法。在 ROS 通过 ros::init 函数初始化节点的名称和其他信息，一般 ROS 程序都会以这种方式开始。NodeHandle 是 ROS 中的节点句柄，是用于描述 ROS 节点的对象，我们通过调用该对象的方法实现 ROS 节点相关的功能（如注册和监听 ROS 话题、注册服务、获取参数列表等），常用的节点句柄主要有如下两种。

- 公共句柄：通过 ros::NodeHandle nh; 获得，这样的句柄获取和注册资源均在 ROS 的公共命名空间下。
- 私有句柄：通过 ros::NodeHandle private_nh("~"); 获得，私有句柄获取和注册资源在当前包的私有命名空间下，在大型项目中能够避免命名重复的问题。

在本例中我们分别声明了两个节点句柄 nh 和 private_nh。注意，不论是 ros::init 还是 ros::NodeHandle，都定义于头文件 ros/ros.h 中，在使用前需要先引入该头文件：

```
#include <ros/ros.h>
```

上述代码中的 voxel_filter/voxel_filter.h 头文件中已经引入了 ros.h，因此不再重复引入了，接着在主程序中实例化一个 voxel_filter::VoxelFilter 类，将两个节点句柄传入。下面我们实现这个类，在目录 include/voxel_filter 下新建头文件 voxel_filter.h，在 src 目录下新建对应的源文件 voxel_filter.cpp，编写类 VoxelFilter，在头文件中编码，如下：

```
#pragma once
#include <ros/ros.h>
#include <pcl/point_cloud.h>
#include <pcl/point_types.h>
#include <pcl/filters/voxel_grid.h>
#include <pcl_conversions/pcl_conversions.h>
#include <sensor_msgs/PointCloud2.h>
#include <voxel_filter/Service1.h>
namespace voxel_filter {
class VoxelFilter {
private:
    float max_distance_=100.0, min_distance_=2.0;
    double leaf_size_=2.0;
    ros::NodeHandle nh_, private_nh_;
    ros::Publisher ds_cloud_pub_;
    ros::Subscriber input_sub_;
    ros::ServiceServer change_leaf_server_;
    void callback_pointcloud(const sensor_msgs::PointCloud2::
ConstPtr & input);
    void remove_points(const pcl::PointCloud<pcl::PointXYZ>::
Ptr & input,pcl::PointCloud<pcl::PointXYZ>::Ptr & output);
    bool change_leaf_service(voxel_filter::Service1::Request &
request, voxel_filter::Service1::Response & response);
public:
    VoxelFilter(ros::NodeHandle &nh, ros::NodeHandle &private_
nh);
    ~VoxelFilter();
};
} //命名空间 voxel_filter
```

在源文件中编码，如下：

```cpp
#include "voxel_filter/voxel_filter.h"
namespace voxel_filter {
VoxelFilter::VoxelFilter(ros::NodeHandle &nh, ros::NodeHandle
&private_nh)
    : nh_(nh), private_nh_(private_nh) {
    //使用私有节点句柄获取参数
    std::string input_cloud_topic="os1_points";
    std::string output_cloud_topic="filtered_points";
    std::string change_leaf_service="change_leaf_size";
    private_nh_.getParam("input_cloud_topic",input_cloud_topic);
    private_nh_.getParam("output_cloud_topic",output_cloud_topic);
    private_nh_.getParam("max_distance",max_distance_);
    private_nh_.getParam("min_distance",min_distance_);
    private_nh_.getParam("leaf_size",leaf_size_);
    ds_cloud_pub_=nh_.advertise<sensor_msgs::PointCloud2>(out
put_cloud_topic,10);
    input_sub_=nh_.subscribe(input_cloud_topic, 10, &VoxelFilter::
callback_pointcloud,this);
    //设置 service 服务器读取 leaf 大小
    change_leaf_server_=nh_.advertiseService(change_leaf_serv
ice, &VoxelFilter::change_leaf_service,this);
}
VoxelFilter::~VoxelFilter(){}
bool VoxelFilter::change_leaf_service(voxel_filter::Service1::
Request & request,voxel_filter::Service1::Response & response){
    //设置全局 leaf 大小
    leaf_size_=request.leaf_size;
    response.response=true;
    return true;
}
void VoxelFilter::callback_pointcloud(const sensor_msgs::
PointCloud2::ConstPtr & input) {
    pcl::PointCloud<pcl::PointXYZ>::Ptr in(new pcl::PointCloud
<pcl::PointXYZ>());
    pcl::fromROSMsg(*input, *in);
    pcl::PointCloud<pcl::PointXYZ>::Ptr rm_far_near(new pcl::
PointCloud<pcl::PointXYZ>());
    remove_points(in, rm_far_near);
    if (leaf_size_ <= 0.1) {
        //pcl voxel grid 不接受小于 0.1 m 大小的 leaf
        leaf_size_=0.11;
    }
    pcl::VoxelGrid<pcl::PointXYZ> voxel_grid;
    voxel_grid.setLeafSize(leaf_size_,leaf_size_,leaf_size_);
```

```
        voxel_grid.setInputCloud(rm_far_near);
        pcl::PointCloud<pcl::PointXYZ>::Ptr filtered_cloud(new pcl::
PointCloud<pcl::PointXYZ>);
        voxel_grid.filter(*filtered_cloud);
        //从 pcl::PointCloud 转换到 sensor_msgs::PointCloud2
        sensor_msgs::PointCloud2 out_msg;
        pcl::toROSMsg(*filtered_cloud, out_msg);
        out_msg.header.frame_id=input->header.frame_id;
        out_msg.header.stamp=input->header.stamp;
        //发布下采样的点云
        ds_cloud_pub_.publish(out_msg);
    }
    void VoxelFilter::remove_points(const pcl::PointCloud<pcl::
PointXYZ>::Ptr & input,pcl::PointCloud<pcl::PointXYZ>::Ptr & output) {
        for(pcl::PointXYZ p : input->points){
            double dis2=p.x*p.x+p.y*p.y;
            if ((dis2 < (max_distance_*max_distance_)) && (dis2 > (min_
distance_*min_distance_))) {
                output->points.push_back(p);
            }
        }
    }
    } //命名空间 voxel_filter
```

在 VoxelFilter 类的成员变量中，除了节点句柄外，我们还定义了一个发布者（Publisher）、一个订阅者（Subscriber）和一个服务（ServiceServer）：

```
    ros::Publisher ds_cloud_pub_;
    ros::Subscriber input_sub_;
    ros::ServiceServer change_leaf_server_;
```

其中，发布者用于向指定话题发布消息，订阅者用于监听话题上的消息，并且在订阅者中注入回调函数以处理监听到的消息，服务类似于订阅者，监听指定服务地址上收到的请求并给出响应。在构造函数中，程序通过 getParam 方法获得程序参数列表（这里的参数列表可以在启动节点的命令行中指定，也可以在 launch 文件中指定），这里我们使用 ROS 的私有节点句柄来获得诸如发布的话题名称、订阅的话题名称、降采样尺度等参数，接着注册发布者：

```
    ds_cloud_pub_=nh_.advertise<sensor_msgs::PointCloud2>(output_c
loud_topic, 10);
```

注册发布者时需要指定消息类型，在本例中我们需要将降采样后的点云发布出去，所以消息类型为 sensor_msgs::PointCloud2。sensor_msgs::PointCloud2 这个

ROS 消息将在本书中大量使用，主要用于点云数据在节点之间的通信。advertise 方法通常需要两个参数，即发布的话题名称和发送队列长度，注意发送队列在 ROS 发布者中是非常必要的，因为消息的传输可能会比较费时，通过队列机制可以避免发布消息的耗时阻塞主线程。接着监听指定的话题上的点云数据并设定回调函数：

```
input_sub_=nh_.subscribe(input_cloud_topic, 10, &VoxelFilter::
callback_pointcloud, this);
```

通过节点句柄的 subscribe 方法订阅一个话题，对于面向对象编程而言，subscribe 方法需要指定订阅话题的名称、消息队列长度、回调方法的引用，以及当前类的指针（即最后一个参数 this）。回调函数是在收到新消息以后调用的函数，它的参数一般为消息的指针的引用，一般不返回类型。在本例中，我们订阅的是 sensor_msgs::PointCloud2 消息，所以回调函数的定义如下：

```
void callback_pointcloud(const sensor_msgs::PointCloud2::
ConstPtr & input);
```

节点对于消息的处理通常是直接写在回调函数的逻辑里。类似地，注册一个服务：

```
change_leaf_server_=nh_.advertiseService(change_leaf_service,
&VoxelFilter::change_leaf_service, this);
```

注册一个服务需要的参数包括服务的名称，服务的回调函数和当前类的指针。注册好发布者、订阅者和服务以后，VoxelFilter 的构造函数就已经执行完了，程序回到主函数中，在主函数中，调用 ROS 的 spin 方法：

```
ros::spin();
```

spin 方法会一直运行不返回，直到程序调用 ros::shutdown 方法或者用户按 Ctrl+C 组合键退出程序才会返回，所以可以用 spin 方法保持节点持续运行不退出。spin 方法也让节点能够在收到消息以后调用对应的回调函数。还有一种保持节点持续回调的方法是 spinOnce 方法，该方法会调用一次回调函数，spinOnce 方法的常见使用方法如下：

```
ros::Rate r(10); //10 Hz
while (ros::ok()) {
  //具体工作描述
  ros::spinOnce();
  r.sleep();
}
```

可见本例中主要的处理流程均被定义于监听者和服务的回调函数中了，其中监听者的回调函数首先将收到的 sensor_msgs::PointCloud2 数据转换为 PCL 中常用的 pcl::PointCloud 数据：

```
pcl::PointCloud<pcl::PointXYZ>::Ptr in(new pcl::PointCloud<pcl::PointXYZ>());
pcl::fromROSMsg(*input, *in);
```

这个转换是必需的，因为在点云处理中，我们在多数情况下不直接操作 sensor_msgs::PointCloud2 消息。对于输入点云，先滤除过近和过远的点，相应方法定义于函数 rm_far_near 中，接着使用 PCL 自带的滤波模块 pcl::VoxelGrid 对点云进行体素网格滤波：

```
pcl::VoxelGrid<pcl::PointXYZ> voxel_grid;
voxel_grid.setLeafSize(leaf_size_, leaf_size_, leaf_size_);
voxel_grid.setInputCloud(rm_far_near);
pcl::PointCloud<pcl::PointXYZ>::Ptr filtered_cloud(new pcl::PointCloud<pcl::PointXYZ>);
voxel_grid.filter(*filtered_cloud);
```

pcl::VoxelGrid 输入的参数主要包括网格尺寸（leaf size）和输入点云，通过 filter 方法对点云进行降采样并返回输出点云。将降采样后的点云通过 pcl_conversions 包中的 pcl::toROSMsg 方法重新封装为 sensor_msgs::PointCloud2 消息，设定消息 header 中的时间戳和坐标系 frame_id，最终通过事先注册好的发布者将降采样后的点云消息发布至指定的话题上：

```
//从 pcl::PointCloud 转换到 sensor_msgs::PointCloud2
sensor_msgs::PointCloud2 out_msg;
pcl::toROSMsg(*filtered_cloud,out_msg);
out_msg.header.frame_id=input->header.frame_id;
out_msg.header.stamp=input->header.stamp;
//发布下采样后的点云
ds_cloud_pub_.publish(out_msg);
```

提示：之所以对要做降采样的点云滤除过远的点，是因为激光雷达厂商输出的点云数据中有时存在无穷远的点的数据。无穷远的点的定义和激光雷达厂商驱动相关，但是 PCL 自身的滤波模块在某些情况下不能正确处理无穷远的点的数据类型，从而存在出错的可能。为了实践 ROS 服务的编程，我们自定义一个服务的消息结构 Service1.srv：

```
float64 leaf_size
---
bool response
```

服务的消息通过符号---分割服务的请求和响应字段，服务的请求字段包含一个 leaf_size 的属性，响应字段为是否设置成功的布尔数，我们实现一个能够动态配置体素网格尺寸的服务：

```
bool VoxelFilter::change_leaf_service(voxel_filter::Service1::
Request & request,voxel_filter::Service1::Response & response) {
    //设置全局 leaf 大小
    leaf_size_=request.leaf_size;
    response.response=true;
    return true;
}
```

通过此自定义的服务，我们可以在节点运行时发送请求，设置降采样的尺度。在软件包的 launch 目录下编写 launch 文件以配置节点的启动参数，如下：

```
<launch>
    <node pkg="voxel_filter" type="voxel_filter_node" name=
"voxel_filter_node" output="screen">
        <param name="input_cloud_topic" value="os1_points"/>
        <param name="output_cloud_topic" value="filtered_points" />
        <param name="max_distance" value="100.0" />
        <param name="min_distance" value="2.0" />
        <param name="leaf_size" value="2.0" />
    </node>
    <node pkg="rviz" type="rviz" name="rviz" args="-d $(find voxel_
filter)/rviz/default.rviz" />
</launch>
```

launch 文件采用了 XML 的标记型语法，最上一级为 launch 标记，通过 node 标记指定要启动的节点信息（包括包名、可执行文件的名称以及启动后的节点命名），通过 param 标记指定参数列表。本例中的 launch 文件配置了两个节点的启动，分别是我们编写的体素降采样节点和 Rviz 工具节点。

3.3.3　构建并运行项目

完成第一个 ROS 项目的编码后，使用 Catkin 工具构建项目，在 chapter3-3 目录下运行：

```
catkin build
```

Catkin 工具会自动调用相应的构建系统构建当前工作空间下的所有软件包，运行以下指令以激活当前工作空间的环境变量：

```
source devel/setup.bash
```

提示： 这一步在多数情况下都需要运行，因为我们对于 ROS 环境变量（如包名、节点名、各类配置的路径等）的检索均是通过工作空间的环境变量实现的，如果你在运行程序时找不到对应的软件包或者文件，首先检查你当前的 bash 环境是否激活当前 ROS 工作空间的环境变量。

激活环境变量后使用 roslaunch 指令运行节点：

```
roslaunch voxel_filter voxel_filter.launch
```

这里我们运行节点时并没有通过 roscore 指令启动主节点，这是因为 roslaunch 会在当前没有主节点的情况下默认启动主节点，根据 launch 文件的配置，除了运行我们编写的第一个节点以外，还会弹出 Rviz 界面。下面我们使用 ROS 数据包（rosbag）的回放功能验证节点。

下载本书资源 dataset/chapter3/目录中的 kaist02-small.bag 文件，在 bash 中使用 rosbag info 指令查看数据包中的内容：

```
rosbag info kaist02-small.bag
```

输出数据包的元信息：

```
path:        kaist02-small.bag
version:     2.0
duration:    34.5s
start:       Oct 19 2021 13:31:37.70 (1634621497.70)
end:         Oct 19 2021 13:32:12.17 (1634621532.17)
size:        689.5 MB
messages:    4039
compression: none [345/345 chunks]
types:       sensor_msgs/Imu [6a62c6daae103f4ff57a132d6f95cec2]
             sensor_msgs/NavSatFix [2d3a8cd499b9b4a0249fb98fd05cfa48]
             sensor_msgs/PointCloud2 [1158d486dd51d683ce2f1be655c3c181]
topics:      /gps/fix          247 msgs    :sensor_msgs/NavSatFix
             /imu/data_raw    3448 msgs    :sensor_msgs/Imu
             /os1_points       344 msgs    :sensor_msgs/PointCloud2
```

这些元信息包括包的时长、时间戳起止点、大小、消息数量、消息的话题名和消息类型等。通过 rosbag play 指令回放此数据包，回放指令会把包内的数据依序发布到对应的话题上，供我们编写的节点接收：

```
rosbag play kaist02-small.bag -l
```

参数-l 表示循环地播放此数据包，查看 Rviz 界面，可以看到降采样前后的点云可视化效果，如图 3-6 所示。

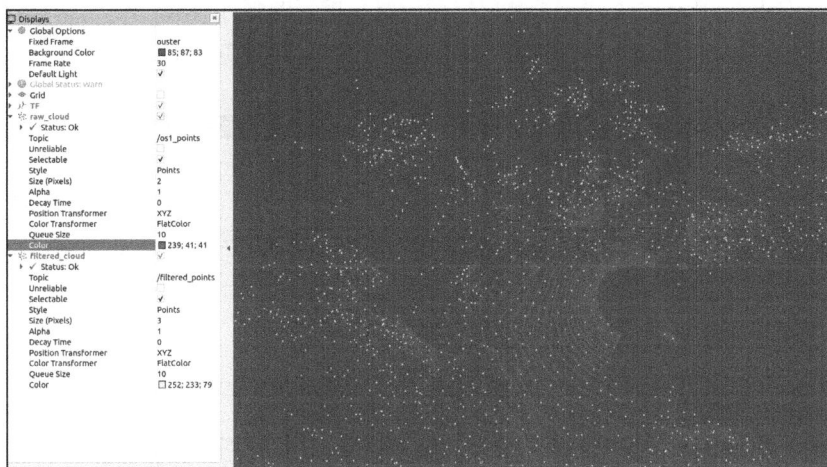

*图 3-6　原始点云（红色）和降采样以后的点云（黄色）可视化

显然，降采样后的点云的点的数量远低于原始点云。

提示：rosbag 指令还有其他一些有用的用法，可以通过 rosbag -h 查看 rosbag 的描述信息，其他用法可参考 ROS 官方文档。

除了可以使用 roslaunch 指令启动节点，也可以使用 rosrun 指令单独启动节点，在本例中可以使用如下命令启动节点：

```
rosrun voxel_filter voxel_filter_node_input_cloud_topic:=os1_
points _output_cloud_topic:=filtered_points_max_distance:=100.0_
min_distance:=2.0 _leaf_size:=2.0
```

然后新开终端，启动 **Rviz**：

```
rosrun rviz rviz - -d src/voxel_filter/rviz/default.rviz
```

很显然，当项目的节点数量很多的时候使用 rosrun 指令启动节点就会变得很烦琐且容易出错。此外，rosrun 并不会像 roslaunch 那样在没有主节点的情况下默认自动启动主节点，在 rosrun 前必须保证系统中已经存在启动的主节点。因此，稍复杂的 ROS 项目会使用 launch 文件管理节点的启动配置。节点还监听了一个名为 /change_leaf_size 的服务，我们可以使用 RQT 发送配置网格尺寸的请求，在工作空间中运行：

```
#在 chapter3-3 的文件夹中
source devel/setup.bash
rqt
```

RQT 是 ROS 中的简易调试工具，单击 RQT 菜单中的 Plugins→Services→
Service Caller，Service Caller 工具可以用于发布指定的服务请求，在下拉列表框中
选择服务 /change_leaf_size 并设置 leaf_size 为 0.4，如图 3-7 所示。

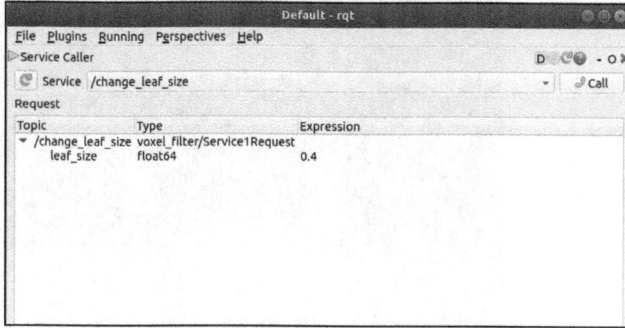

图 3-7 通过服务将降采样的尺度改为 0.4

单击 Call 按钮发送请求，返回 Rviz 界面，可以看到降采样的点云（黄色点云）
密度变高了，但是相比于原始点云仍然较稀疏，如图 3-8 所示。

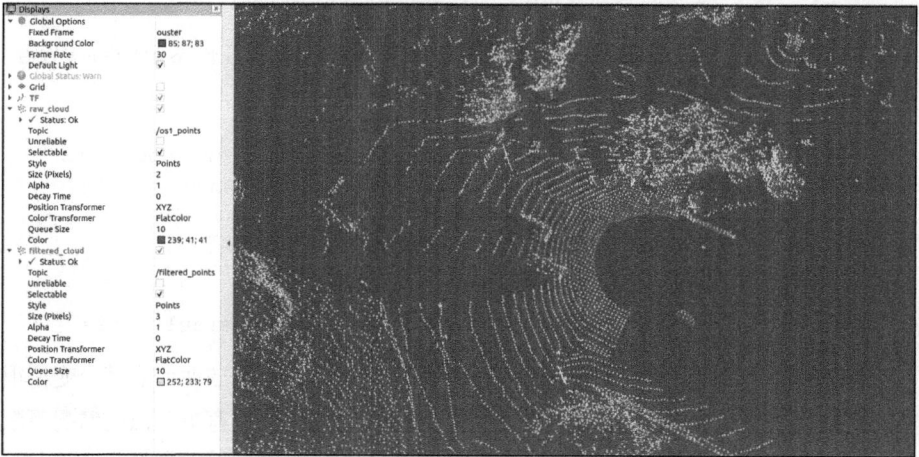

*图 3-8 修改降采样尺度后的效果

至此我们了解了 PCL 和 ROS 编程的基本知识，并且编写了第一个 ROS 节
点，该节点对输入的点云数据进行了基于体素网格滤波的降采样。在后续章节中
会大量应用本章中的知识，读者如果想要深入了解 ROS，可以参考 ROS 官方
文档。

参考文献

[1] CMake 手册详解[EB/OL]. (2012-6-16)[2023-12-16].

[2] GEIGER A, LENZ P, STILLER C, et al. Vision meets robotics: the KITTI dataset[J]. International Journal of Robotics Research, 2013, 32(11):1231-1237.

第4章

点云平面分割、聚类和配准

第 3 章已经介绍了基于 PCL 和 ROS 的点云编程,在后续学习激光雷达的标定、SLAM 以及目标检测之前,我们还需要掌握一些基础的点云算法。这些算法虽然不是目前自动驾驶系统中的核心技术,但它们作为点云处理的基础,被广泛应用于系统的预处理、特征提取、后处理等阶段。因此,本章我们将进一步讨论点云算法中常用的 3 个操作:平面分割(plane segmentation)、聚类(clustering)和配准(registration)。

|4.1 点云平面分割:RANSAC 算法原理和C++实践|

4.1.1 点云分割概述

类似于图像分割将同属性的像素分割出来,点云分割是将同属性的点云物体分割出来,以便单独对物体的点云进行处理,但是由于点云数据是一种高度冗余且不均匀的数据,所以点云分割具有一定挑战性。由于图像具有丰富的色彩、亮度等信息,所以在图像分割中,通常利用图像的色彩语义、对比度、亮度等信息提取特征(即使是深度学习方法,也是如此,只不过提取特征的过程由神经网络自学得到),而在点云分割中,更多是使用同类物体的几何特征、反射强度特征等作为分割的依据。

提示:本章讨论的平面分割和聚类本质上都是点云分割,然而考虑到这两个操作在自动驾驶领域中发挥着不同的作用,故分别进行介绍。

点云分割算法包括传统类算法和深度学习方法,深度学习方法将在本书的后续章节详细介绍，本节主要介绍点云分割算法中传统类算法中的平面分割算法。平面分割即将点云数据中的平面提取出来，这一简单操作在自动驾驶领域中被频繁使用，比如在激光雷达 SLAM 中，利用平面分割快速提取点云中的平面特征和柱状特征，基于这些特征配准点云以实现姿态估计；在激光雷达环境感知中，利用平面分割提取点云中的地面和非地面，排除地面点云对于目标检测的影响等。本节我们将介绍并实践常见的平面分割算法：RANSAC 算法[1]。

4.1.2　RANSAC 算法介绍

随机抽样一致（random sample consensus，RANSAC）算法通过随机采样和迭代的方法用一种模型（如直线模型、平面模型）拟合一组数据。RANSAC 算法是非确定性算法，会产生在一定概率下的合理结果，而更多次的迭代会使这一概率增加。RANSAC 算法在点云处理中通常用于点云数据的分割，以简单的直线拟合为例：如图 4-1 所示，给定平面内存在若干个点的集合 $P_n(\{(x_0, y_0), (x_1, y_1), \cdots, (x_n, y_n)\})$，要求确定一条直线 $L(ax + by + c = 0)$ 使得其拟合尽可能多的点，也就是 n 个点到直线 L 的距离之和最短。RANSAC 算法通过一定的迭代次数（如 1000 次），在每次迭代中随机地在点集 P_n 中选取两个点(x_1, y_1)、(x_2, y_2)，计算 a、b、c：

$$a = y_1 - y_2$$
$$b = x_2 - x_1$$
$$c = x_1 y_2 - x_2 y_1$$

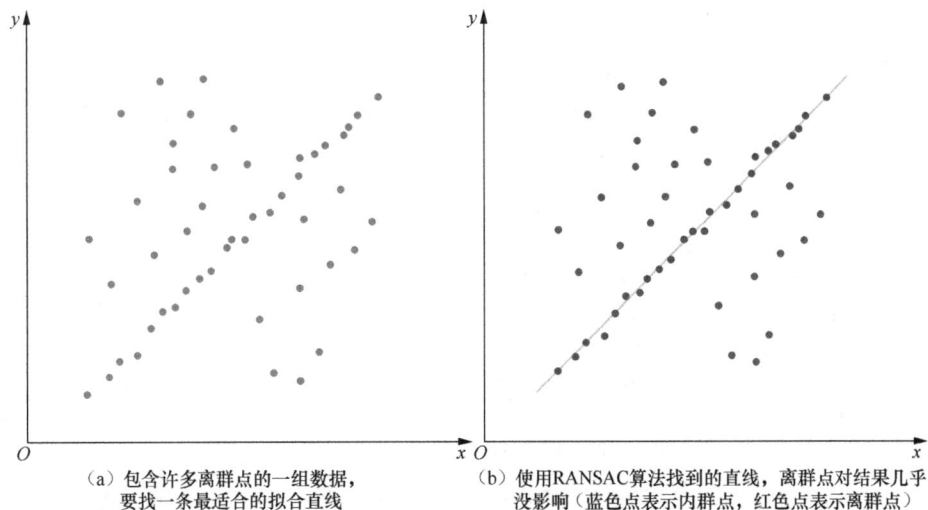

（a）包含许多离群点的一组数据，
要找一条最适合的拟合直线

（b）使用RANSAC算法找到的直线，离群点对结果几乎
没影响（蓝色点表示内群点，红色点表示离群点）

*图 4-1　使用 RANSAC 算法进行直线拟合

接着遍历 P_n 中的每一个点(x_i, y_i) $(i=1, 2, \cdots, n)$到直线 L 的距离 dis：

$$\text{dis} = \frac{|ax_i + by_i + c|}{\sqrt{a^2 + b^2}}$$

当 dis 小于我们给定的距离阈值 $D_{\text{threshold}}$，则认为点在 L 上，穿过点最多的直线即为使用 RANSAC 算法搜索的最优（拟合）直线。以上的选取采样点的方法被称为最小可能点子集采样，如果在平面中对直线进行拟合，那么每次随机采样两个点，如果在三维空间中对平面进行拟合，那么要采样 3 个点以构成一个平面。RANSAC 算法还有其他的采样方法，比如百分比采样，即每次随机采样一定百分比（如 10%）的点，然后进行拟合。下面我们使用 Python 简单实现一个用于直线拟合的 RANSAC 算法，该部分完整代码在本书代码仓库的 chapter4/chapter4-1/src/ground_plane_seg/script/ransac_2d.py 目录中。

首先构造用于拟合的数据，在 main 方法中，初始化一个完美满足线性关系的点集，接着为这个点集添加一定的高斯噪声（即给每一个点的 x 和 y 加一个小的正态分布采样），并且随机选取 50 个点作为离群点：

```
#生成完美的输入数据
n_samples=500
n_inputs=1
n_outputs=1
A_exact=20*numpy.random.random((n_samples,n_inputs))
perfect_fit=60*numpy.random.normal(size=(n_inputs,n_outputs))
#the model
B_exact=scipy.dot(A_exact,perfect_fit)
#添加一些高斯噪声（线性最小二乘法能很好地处理这个问题）
A_noisy=A_exact+numpy.random.normal(size=A_exact.shape)
B_noisy=B_exact+numpy.random.normal(size=B_exact.shape)
#添加一些异常值
n_outliers=50
all_idxs=numpy.arange(A_noisy.shape[0])
numpy.random.shuffle(all_idxs)
outlier_idxs=all_idxs[:n_outliers]
non_outlier_idxs=all_idxs[n_outliers:]
A_noisy[outlier_idxs]=20*numpy.random.random((n_outliers,n_inputs))
B_noisy[outlier_idxs]=50*numpy.random.normal(size=(n_outliers,n
_outputs))
all_data=numpy.hstack((A_noisy,B_noisy))
```

使用添加了噪声和离群点的点集作为 RANSAC 算法的输入，这里的 perfect_fit 是理想的拟合结果（未添加噪声和离群点前点集的实际线性方程）。线性最小二乘法是一种通过最小化观测数据与模型预测之间误差平方和的方法，常用于数据拟合和估计模型参数。它能够有效处理有噪声的数据，提供一个最佳的线性估计。

初始化最小二乘法模型：

```
#setup model
input_columns=range(n_inputs) #数组的第一列
output_columns=[n_inputs+i for i in range(n_outputs)] #the last
columns of the array
model=LinearLeastSquaresModel(input_columns,output_columns)
```

其中，input_columns 和 output_columns 分别用于指定输入数据中 x 和 y 的列序号，最小二乘法模型类的定义如下：

```
class LinearLeastSquaresModel:
    """使用线性最小二乘法处理的系统。这个类作为一个示例，满足 ransac()函
数所需的模型接口.
    """
    def __init__(self,input_columns,output_columns):
        self.input_columns=input_columns
        self.output_columns=output_columns
    def fit(self, data):
        A=numpy.vstack([data[:,i] for i in self.input_columns]).T
        B=numpy.vstack([data[:,i] for i in self.output_columns]).T
        x,resids,rank,s=numpy.linalg.lstsq(A,B)
        return x
    def get_error( self, data, model):
        A=numpy.vstack([data[:,i] for i in self.input_columns]).T
        B=numpy.vstack([data[:,i] for i in self.output_columns]).T
        B_fit=scipy.dot(A,model)
        err_per_point=numpy.sum((B-B_fit)**2,axis=1) #sum squared
error per row
        return err_per_point
```

该类给出了拟合的方法(fit)和求解拟合误差的方法(get_error)，使用 RANSAC 算法对输入数据进行拟合：

```
#运行 RANSAC 算法
ransac_fit, ransac_data=ransac(all_data,model, 5, 5000, 7e4, 50,
return_all=True)
```

RANSAC 算法的定义如下：

```
def random_partition(n,n_data):
    """返回数据的 n 行随机样本[以及其他 len(data)-n 行]"""
    all_idxs=numpy.arange( n_data )
    numpy.random.shuffle(all_idxs)
```

```
        idxs1=all_idxs[:n]
        idxs2=all_idxs[n:]
        return idxs1, idxs2
    def ransac(data,model,n,k,t,d):
        """使用 RANSAC 算法将模型参数拟合到数据
        给定：
            data - 一组观察到的数据点
            model - 可以适配数据点的模型
            n - 适配模型所需的最小数据值数量
            k - 算法允许的最大迭代次数
            t - 确定数据点何时适配模型的阈值
            d - 断定模型很好地适配数据所需的接近数据值数量
        返回：
            bestfit - 最适合数据的模型参数（如果找不到好的模型，则返回 nil）
        """
        iterations=0
        bestfit=None
        besterr=numpy.inf
        best_inlier_idxs=None
        while iterations < k:
            maybe_idxs, test_idxs=random_partition(n,data.shape[0])
            maybeinliers=data[maybe_idxs,:]
            test_points=data[test_idxs]
            maybemodel=model.fit(maybeinliers)
            test_err=model.get_error( test_points, maybemodel)
            also_idxs=test_idxs[test_err < t] #选择具有可接受点的行索引
            alsoinliers=data[also_idxs,:]
            if len(alsoinliers) > d:
                betterdata=numpy.concatenate((maybeinliers, alsoinliers))
                bettermodel=model.fit(betterdata)
                better_errs=model.get_error( betterdata, bettermodel)
                thiserr=numpy.mean( better_errs )
                if thiserr < besterr:
                    bestfit=bettermodel
                    besterr=thiserr
                    best_inlier_idxs=numpy.concatenate((maybe_idxs,
also_idxs))
            iterations+=1
        if bestfit is None:
            raise ValueError("did not meet fit acceptance criteria")
        return bestfit, {'inliers':best_inlier_idxs}
```

对于输入的数据（500 行 2 列），在 k 次迭代中，每次随机选取 n 行，使用最小二乘法拟合，并计算线性方程在剩余的 $500-n$ 行数据上的误差。拟合误差是指观测数据点与拟合模型预测值之间的差异，通常通过计算这些差异的平方和来表示。对于误差小于阈值的点，将其加入采样点集中，再进行最小二乘法拟合并计算误差，对于平均误差小于迭代过程中的最小误差的，记录新的最优线性模型和误差，迭代完成后返回最优拟合和最优拟合的点集。绘制 RANSAC 算法拟合结果的代码如下。

```
sort_idxs=numpy.argsort(A_exact[:,0])
A_col0_sorted=A_exact[sort_idxs] #maintain as rank-2 array
pylab.plot( A_noisy[:,0], B_noisy[:,0], 'k.',label='data')
pylab.plot( A_noisy[ransac_data['inliers'],0],B_noisy[ransac_d
ata['inliers'],0],'gx', label='RANSAC data')
pylab.plot( A_col0_sorted[:,0],numpy.dot(A_col0_sorted,ransac_
fit)[:,0], linewidth=2,label='RANSAC fit')
pylab.plot( A_col0_sorted[:,0],numpy.dot(A_col0_sorted,perfect
_fit)[:,0], linewidth=2,label='Perfect fit' )
pylab.legend()
pylab.show()
```

RANSAC 算法拟合结果如图 4-2 所示，虽然有噪声和离群点的干扰，但是 RANSAC 算法拟合（RANSAC fit）和完美拟合（Perfect fit）基本一致。在 PCL 中，已经成熟地实现了各类模型的 RANSAC 算法拟合。

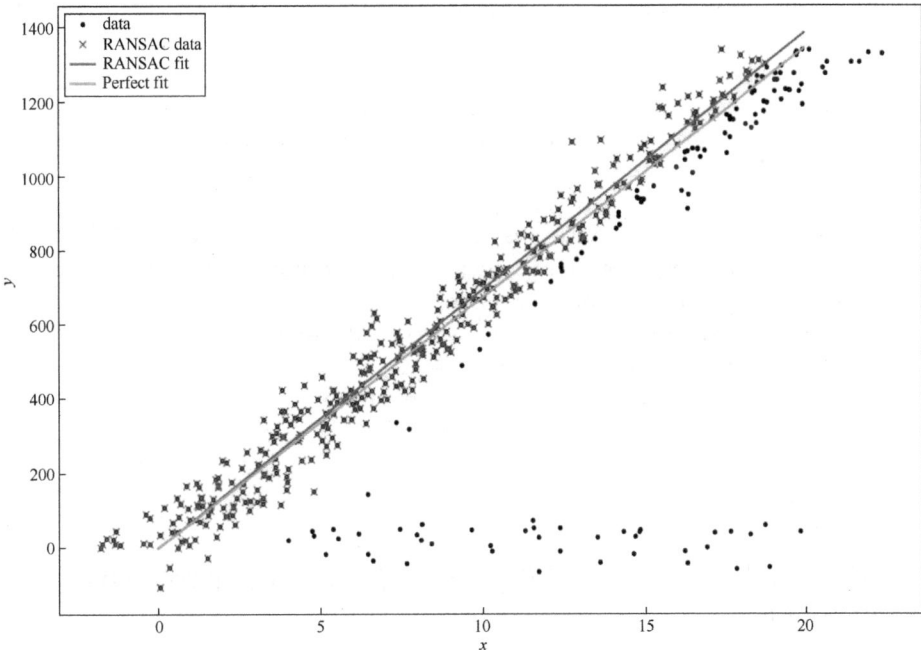

*图 4-2　RANSAC 算法拟合结果

4.1.3 基于 RANSAC 平面拟合的地面点滤除 ROS 实战

传统点云分割算法将点云中的地面点滤除问题简化为对地面平面的拟合，将距离平面模型小于一定阈值的点视作地面点，大于该阈值的点则为非地面点。下面我们基于该思路实现一个 ROS 节点，这个节点读取原始的激光雷达点云输入，并发布两个点云话题，其中一个对应地面点云，另一个对应非地面点云。

本节完整代码位于代码仓库的 chapter4/chapter4-1/src/ground_plane_seg 目录下。

新建一个名为 ground_plane_seg 的 ROS 包，配置 package.xml 如下：

```xml
<?xml version="1.0"?>
<package format="2">
  <name>ground_plane_seg</name>
  <version>0.0.1</version>
  <description>The ground_plane_seg package</description>
  <maintainer email="zebang@todo.todo">zebang</maintainer>
  <license>MIT</license>
  <buildtool_depend>catkin</buildtool_depend>
  <build_depend>PCL</build_depend>
  <build_depend>pcl_conversions</build_depend>
  <build_depend>roscpp</build_depend>
  <build_depend>sensor_msgs</build_depend>
  <build_depend>std_msgs</build_depend>
  <build_export_depend>PCL</build_export_depend>
  <build_export_depend>pcl_conversions</build_export_depend>
  <build_export_depend>roscpp</build_export_depend>
  <build_export_depend>sensor_msgs</build_export_depend>
  <build_export_depend>std_msgs</build_export_depend>
  <exec_depend>PCL</exec_depend>
  <exec_depend>pcl_conversions</exec_depend>
  <exec_depend>roscpp</exec_depend>
  <exec_depend>sensor_msgs</exec_depend>
  <exec_depend>std_msgs</exec_depend>
  <export>
  </export>
</package>
```

编写 CMakeLists.txt 文件，配置依赖的头文件、其他 ROS 软件包以及系统库，配置构建规则：

```
cmake_minimum_required(VERSION 3.0.2)
project(ground_plane_seg)
```

```
add_compile_options(-std=c++11)
find_package(catkin REQUIRED COMPONENTS
  pcl_conversions
  roscpp
  sensor_msgs
  std_msgs
)
find_package(PCL REQUIRED)
catkin_package(
  CATKIN_DEPENDS pcl_conversions roscpp sensor_msgs std_msgs
  DEPENDS PCL
)
include_directories(
  ${catkin_INCLUDE_DIRS}
  ${PCL_INCLUDE_DIRS}
)
add_executable(${PROJECT_NAME}_node src/ground_plane_seg_node.
cpp src/ground_plane_seg.cpp src/ground_plane_seg.h)
  target_link_libraries(${PROJECT_NAME}_node ${catkin_LIBRARIES}
${PCL_LIBRARIES}
)
```

根据构建规则，在 src 目录下编写代码，我们仅在 ground_plane_seg_node.cpp 中定义主函数：

```
#include "ground_plane_seg.h"
int main(int argc, char **argv) {
    ros::init(argc, argv, "ground_plane_seg");
    ros::NodeHandle nh;
    ros::NodeHandle private_nh("~");
    ground_plane_seg::GroundFilter filter(nh, private_nh);
    ros::spin();
    return 0;
}
```

在头文件 ground_plane_seg.h 中定义具体地面滤除的类：

```
#pragma once
#include <ros/ros.h>
#include <pcl/point_cloud.h>
#include <pcl/point_types.h>
#include <pcl/filters/voxel_grid.h>
#include <pcl/filters/crop_box.h>
#include <pcl/filters/extract_indices.h>
#include <pcl/segmentation/sac_segmentation.h>
#include <pcl_conversions/pcl_conversions.h>
```

```cpp
#include <sensor_msgs/PointCloud2.h>
namespace ground_plane_seg {
class GroundFilter {
private:
    ros::NodeHandle nh_, private_nh_;
    ros::Subscriber input_sub_;
    ros::Publisher ground_pub_, no_ground_pub_;
    int max_iters_=50;          //迭代次数
    float dis_thres_=0.4;       //RANSAC 的距离阈值
    float voxel_size_=0.15;     //下采样 leaf 大小
    float height_thres_=0.35;   //高度阈值（米）
public:
    GroundFilter(ros::NodeHandle &nh, ros::NodeHandle &private_
nh);
    ~GroundFilter();
    void callback_pointcloud(const sensor_msgs::PointCloud2::
ConstPtr & input);
    void box_filter(pcl::PointCloud<pcl::PointXYZ>::Ptr &in, pcl::
PointCloud<pcl::PointXYZ>::Ptr &out);
    void rm_ego_reflect(pcl::PointCloud<pcl::PointXYZ>::Ptr &in,
pcl::PointCloud<pcl::PointXYZ>::Ptr &out);
    void voxel_filter(pcl::PointCloud<pcl::PointXYZ>::Ptr &in,
pcl::PointCloud<pcl::PointXYZ>::Ptr &out);
    };
    } //命名空间 ground_plane_seg
```

在源文件 ground_plane_seg.cpp 中，实现地面滤除算法细节，在构造函数中，获取关键参数信息并初始化发布者和订阅者：

```cpp
GroundFilter::GroundFilter(ros::NodeHandle &nh, ros::NodeHandle
&private_nh): nh_(nh), private_nh_(private_nh) {
    std::string input_cloud_topic="os1_points";
    std::string output_ground_topic="ground_points";
    std::string output_no_ground_topic="no_ground_points";
    private_nh_.getParam("input_cloud_topic", input_cloud_topic);
    private_nh_.getParam("output_ground_topic", output_ground_
topic);
    private_nh_.getParam("output_no_ground_topic", output_no_
ground_topic);
    private_nh_.getParam("max_iters", max_iters_);
    private_nh_.getParam("dis_thres", dis_thres_);
    private_nh_.getParam("voxel_size", voxel_size_);
    private_nh_.getParam("height_thres", height_thres_);

    ground_pub_=nh_.advertise<sensor_msgs::PointCloud2>(output_
```

```
ground_topic,10);
    no_ground_pub_=nh_.advertise<sensor_msgs::PointCloud2>(output_
no_ground_topic,10);
    input_sub_=nh_.subscribe(input_cloud_topic, 10, &GroundFilter::
callback_pointcloud, this);
    }
```

该节点的参数列表中，除了输入、输出的话题名以外，还有以下 4 个参数。

- max_inters：RANSAC 最大迭代次数，本例中设置为 50。
- dis_thres：RANSAC 拟合的距离阈值 $D_{threshold}$，本例中设置为 0.4。
- voxel_size：在点云预处理阶段进行体素降采样的尺寸，本例设置为 0.15。
- height_thres：在得到拟合的平面以后，区分地面点和非地面点的高度阈值，本例中设置为 0.35。

该节点监听了原始输入点云话题/os1_points，并且仅有一个回调 callback_pointcloud，在该回调中，首先移除点云中车辆的反射点：

```
    pcl::PointCloud<pcl::PointXYZ>::Ptr in_cloud_ptr(new pcl::
PointCloud<pcl::PointXYZ>);
    pcl::fromROSMsg(*input, *in_cloud_ptr);
    pcl::PointCloud<pcl::PointXYZ>::Ptr rm_ego_points(new pcl::
PointCloud<pcl::PointXYZ>);
    rm_ego_reflect(in_cloud_ptr, rm_ego_points);
```

这里的 rm_ego_reflect 是我们自定义的函数，具体实现如下：

```
    void GroundFilter::rm_ego_reflect(pcl::PointCloud<pcl::PointXYZ>::
Ptr &in, pcl::PointCloud<pcl::PointXYZ>::Ptr &out){
        // 去除车辆自身反射的点
        std::vector<int> indices;
        pcl::CropBox<pcl::PointXYZ> roof(true);
        roof.setMin(Eigen::Vector4f(-1.5, -1.0, -2.0, 1));
        roof.setMax(Eigen::Vector4f(1.0, 1.0, 2.0, 1));
        roof.setInputCloud(in);
        roof.filter(indices);
        pcl::PointIndices::Ptr inliners{new pcl::PointIndices};
        for (int ind: indices){
            inliners->indices.push_back(ind);
        }
        pcl::ExtractIndices<pcl::PointXYZ> extractor;
        extractor.setIndices(inliners);
        extractor.setInputCloud(in);
```

```
        extractor.setNegative(true);
        extractor.filter(*out);
}
```

该函数调用了 PCL 中的 pcl::CropBox 类对点云进行立方体框选和滤除，在 pcl::CropBox 中需要设置立方体的最小点和最大点，使用 Eigen::Vector4f（长度为 4 的浮点型向量 Eigen）构造，前 3 位数分别为点（x, y, z）的坐标，向量的最后一位 恒为 1。pcl::CropBox 的输出为立方体内的点的索引（即 PointCloud vector 中点的索 引）列表，然而我们的目标是滤除车辆的反射点，即获得立方体以外的点，所以需 要借助 pcl::ExtractIndices 对点进行滤除，这里通过设置 extractor.setNegative(true)来 获取立方体以外的点的集合。接着滤除点云中过远、过低和过高的点，同样采用 pcl::CropBox：

```
    void GroundFilter::box_filter(pcl::PointCloud<pcl::PointXYZ>::
Ptr &in, pcl::PointCloud<pcl::PointXYZ>::Ptr &out) {
        // 去除远处的点
        pcl::CropBox<pcl::PointXYZ> crop_box(true);
        Eigen::Vector4f min_point(-50, -10, -3.0, 1);
        Eigen::Vector4f max_point(50, 10, 0.0, 1);
        crop_box.setMin(min_point);
        crop_box.setMax(max_point);
        crop_box.setInputCloud(in);
        crop_box.filter(*out);
}
```

为了降低 RANSAC 算法的计算复杂度，提升地面滤除速度，在对点云使用 RANSAC 算法拟合前通常先做降采样处理，基于体素网格滤波对点云进行降采样：

```
    void GroundFilter::voxel_filter(pcl::PointCloud<pcl::PointXYZ>::
Ptr &in, pcl::PointCloud<pcl::PointXYZ>::Ptr &out) {
        pcl::VoxelGrid<pcl::PointXYZ> v_filter;
        v_filter.setLeafSize(voxel_size_, voxel_size_, voxel_size_);
        v_filter.setInputCloud(in);
        v_filter.filter(*out);
}
```

完成以上预处理步骤后，使用平面模型拟合点云：

```
    pcl::ModelCoefficients::Ptr coefficients(new pcl::
ModelCoefficients ());
    pcl::PointIndices::Ptr inliers(new pcl::PointIndices());
    pcl::SACSegmentation<pcl::PointXYZ> seg;
    seg.setOptimizeCoefficients(true);
```

```
seg.setModelType(pcl::SACMODEL_PLANE);
seg.setMethodType(pcl::SAC_RANSAC);
seg.setMaxIterations(max_iters_);
seg.setDistanceThreshold(dis_thres_);
seg.setInputCloud(filtered);
seg.segment(*inliers, *coefficients);
```

pcl::SACSegmentation 输出两部分内容：分别是平面点的索引（inliers）和平面系数（coefficients）。然而我们并不能直接使用平面点的索引作为最终的地面点，这是因为输入 pcl::SACSegmentation 的点云是降采样后的点云，所以拟合出来的点也是降采样后的点。为了保留原始点云的信息，我们使用平面拟合得到的平面系数，在原始点云中计算地面点和非地面点。使用平面拟合得到的平面系数被输出到结构体 pcl::ModelCoefficients 中，该系数一共有 4 个参数，描述了平面在激光雷达坐标系下的平面方程 $ax+by+cz+d=0$，由此平面方程可以得到平面的法向量：

```
//获取平面的法向量
//ax+by+cz+d=0
float a, b, c, d;
a=coefficients->values[0];
b=coefficients->values[1];
c=coefficients->values[2];
d=coefficients->values[3];
Eigen::Vector4f normal_vec (a, b, c, d);
```

(a, b, c) 为平面的单位法向量，已知平面方程 $ax+by+cz+d=0$，由点到平面的距离公式计算任意点（x_i, y_i, z_i）到平面的距离：

$$\text{dis} = \frac{|ax_i + by_i + cz_i + d|}{\sqrt{a^2 + b^2 + c^2}}$$

由于 (a, b, c) 为单位向量，所以点云中任意点（x_i, y_i, z_i）到平面的距离可以描述为向量（$x_i, y_i, z_i, 1$）与向量（a, b, c, d）的点积。在代码中，我们首先将 pcl:: PointCloud 中的点转换为 Eigen 矩阵，矩阵的行数为 n（n 个点），列数为 4，计算矩阵和向量（a, b, c, d）的点积得到距离，将距离小于高度阈值 height_thres_ 的点划分为地面点，其余点则为非地面点：

```
//点云到矩阵
Eigen::MatrixXf cloud_matrix(rm_ego_points->size(), 4);
for (int i=0; i < rm_ego_points->size(); i++) {
    auto p=rm_ego_points->points[i];
    cloud_matrix.row(i)<<p.x, p.y, p.z, 1;
```

```
    }

    Eigen::VectorXf result=cloud_matrix*normal_vec;
    for (int i=0; i < result.rows(); i++){
        if (result[i] > height_thres_) {
            no_ground_cloud->points.push_back(rm_ego_points->
points[i]);
        }else {
            ground_cloud->points.push_back(rm_ego_points->points[i]);
        }
    }
```

将地面点云数据和非地面点云数据分别发布到话题/ground_points 和/no_ground_points 上：

```
sensor_msgs::PointCloud2 no_ground_msg, ground_msg;
pcl::toROSMsg(*no_ground_cloud, no_ground_msg);
no_ground_msg.header=input->header;
no_ground_pub_.publish(no_ground_msg);
pcl::toROSMsg(*ground_cloud, ground_msg);
ground_msg.header=input->header;
ground_pub_.publish(ground_msg);
```

编写 launch 文件以配置启动信息：

```
<launch>
    <arg name="input_cloud_topic" default="os1_points"/>
    <arg name="output_ground_topic" default="ground_points"/>
    <arg name="output_no_ground_topic" default="no_ground_
points"/>
    <arg name="max_iters" default="50"/>
    <arg name="dis_thres" default="0.4"/>
    <arg name="voxel_size" default="0.15"/>
    <arg name="height_thres" default="0.35"/>

    <node  pkg="ground_plane_seg"  type="ground_plane_seg_node"
name="ground_plane_seg_node" output="screen">
        <param name="input_cloud_topic" value="$(arg input_cloud_
topic)"/>
        <param name="output_ground_topic" value="$(arg output_
ground_topic)"/>
        <param name="output_no_ground_topic" value="$(arg output_
no_ground_topic)"/>
        <param name="max_iters" value="$(arg max_iters)"/>
        <param name="dis_thres" value="$(arg dis_thres)"/>
```

```
        <param name="voxel_size" value="$(arg voxel_size)"/>
        <param name="height_thres" value="$(arg height_thres)"/>
    </node>
    <node pkg="rviz" type="rviz" name="rviz" args="-d $(find
ground_plane_seg)/rviz/default.rviz" />
    </launch>
```

在 launch 文件中，我们启动了两个 ROS 节点，分别是地面滤除节点 ground_plane_seg_node 和 Rviz 可视化节点 rviz，其中 Rviz 的配置文件使用项目 rviz 目录下的配置文件，在 chapter4-1 目录下使用 catkin build 命令构建整个项目，运行项目：

```
#构建项目 catkin build
#运行项目
source devel/setup.bash
roslaunch ground_plane_seg ground_plane_seg.launch
```

仍然使用第 3 章中的数据包（文件名为 kaist02-small.bag，文件在本书资源的 dataset/chapter3/ 目录中）进行验证，在数据包同一个目录下，使用 rosbag 命令配合参数 -l 循环播放：

```
rosbag play kaist02-small.bag -l
```

在图 4-3 中可以看到 Rviz 中的地面滤除效果，其中白色点为使用 RANSAC 算法分割出来的地面点，彩色点为非地面点。通过观察 Rviz 的输出可以看到，该算法基本达到了平坦环境下地面滤除的精度和实时性要求，彩色的非地面点将用于自动驾驶感知流程中的障碍物聚类和检测。

*图 4-3　点云地面分割的可视化效果

使用单个平面模型来拟合地面仅能处理相对平坦的环境，如何进一步提升算法对于各类地形的鲁棒性呢？一种简单、可行的做法是使用多个平面拟合水平方向（ x 轴方向、 y 轴方向）的不同区域，即首先对点云沿着 x 轴方向或者 y 轴方向进行分割，产生一些点云簇，对每一个点云簇单独进行平面拟合，从而提升传统点云滤除算法对陡坡的适应性。更进一步，可以使用深度神经网络对点云直接进行端到端的语义分割，分割出地面、非地面乃至其他各种类别的点云簇，这部分内容我们将在后面的章节中进一步介绍。

|4.2 欧几里得点云聚类算法和 C++实践 |

点云聚类（point cloud clustering）通常指对点云中归属于同一目标的点进行划分和分组，形成一个个单独的点云簇。聚类在点云处理中很常用，如果能够准确地对道路上的目标进行聚类，就可以对活动的人和车辆实现多目标追踪。欧几里得点云聚类算法是一种典型的点云聚类算法，它通过空间上的最近邻搜索对点云进行分组和聚类，本节将介绍该算法的原理，并且使用 C++和 PCL 实践该算法。

4.2.1 k-d 树：一种用于最近邻搜索的数据结构

欧几里得点云聚类算法为了实现高效的最近邻搜索，引入了 k-d 树。在计算机科学中，k-d 树是一种用于在 k 维欧几里得空间（简称欧氏空间）组织点的数据结构。k-d 树是二叉空间剖分树（binary space partitioning tree，BSP-Tree）的一种特殊情况。k-d 树是每个叶子节点都为 k 维点的二叉树。非叶子节点可以视作超平面，把空间分割成两部分，节点的左、右子树分别代表超平面两侧的点。选择超平面的方法如下：每个节点都与 k 维中垂直于超平面的那一维有关。因此，如果选择按照 x 轴划分，所有 x 值小于指定值的节点都会出现在左子树，所有 x 值大于指定值的节点都会出现在右子树。这样，超平面可以用该 x 值来确定，其法线为 x 轴的单位向量。

在点云处理中，k-d 树通过划分点云区域以实现加速，为了方便理解，我们以二维 k-d 树为例进行说明。二维 k-d 树只需考虑 x 和 y 两个轴的划分，划分的依据（超平面）随着树的深度增加在 x 和 y 两个轴间交替，所有的点均处于同一平面上，假定有输入点集如下：

$$\{(7,2),(5,4),(9,6),(4,7),(8,1),(2,3)\}$$

往 k-d 树中插入一个点（7, 2），在 x 轴正方向对平面进行划分（横轴为 x 轴，纵轴为 y 轴），如图 4-4 所示。

接着依次插入第二个点和第三个点，第二个点是（5, 4），第一次划分使用 x 轴所谓超平面。5 小于 7，所以点（5, 4）在父节点的左边，9 大于 7，所以点（9, 6）在父节点的右边。基于 y 对空间进行第二次划分，如图 4-5 所示。

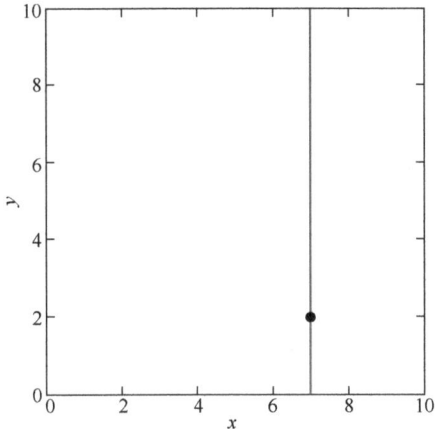

*图 4-4　往 k-d 树上插入第一个点　　　　*图 4-5　往 k-d 树上插入第二个点和第三个点

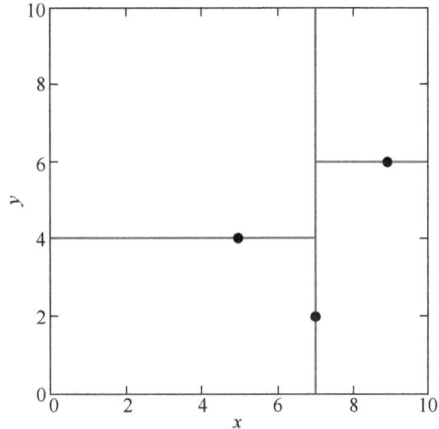

二维 k-d 树的划分顺序为 x 轴→y 轴→x 轴→y 轴……所以到第四个点（4, 7）时，其 x 值小于（7, 2）的 x 值，所以在根节点的左边，其 y 值大于（5, 4）的 y 值，所以在它的右边，依次类推得到对二维空间的划分图，如图 4-6 所示。实际构造的二维 k-d 树的空间划分图如图 4-7 所示。

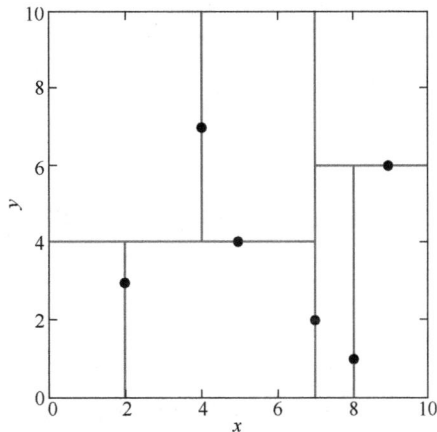

*图 4-6　二维 k-d 树的空间划分图

因为按区域进行了划分，k-d 树显著降低了最近邻搜索所需的步数。以图 4-7 所示为例，假定要搜索出距离点（2,3）小于 4 的点，先从根节点（7,2）开始，算得距离大于 4，类似于插入点的流程，查找左边的点（5,4），算得距离小于 4，得到一个邻近点，接着搜索，点（2,3）在点（5,4）左侧，但无叶子节点，所以左侧搜索结束，再看点（5,4）的右子节点，计算得点（4,7）到点（2,3）的距离大于 4，搜索结束。k-d 树将最近邻搜索的复杂度由 $O(n)$ 降低至 $O[\log(n)]$，在点云处理中，多采用三维 k-d 树。

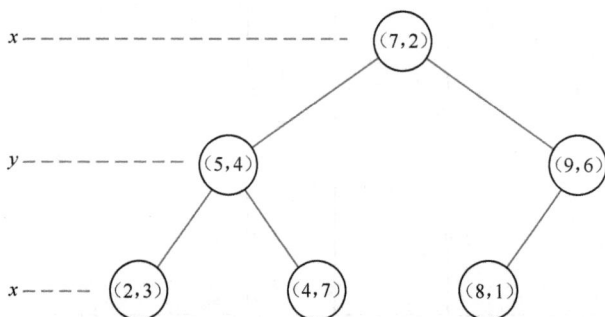

*图 4-7　二维 k-d 树

下面我们使用 C++实现一个二维的 k-d 树，并基于二维 k-d 树实现最近邻搜索。本节代码位于代码仓库的 chapter4/chapter4-2/src/euclidean_clustering/src/mini_cluster 目录下。在名为 kd_tree.h 的头文件中，首先定义节点结构体如下：

```
struct Node{
    std::vector<float> point;
    int id;
    Node*left;
    Node*right;
    Node(std::vector<float> p, int setId):point(p),id(setId),
left(NULL),right(NULL){}
    };
```

构造 k-d 树结构体，主要需要实现节点的插入和搜索，我们均使用递归的方法实现：

```
struct KdTree{
    Node* root;
    KdTree(): root(NULL){}
    void insert(std::vector<float> point, int id){
            recursive_insert(&root, 0, point, id);
    }
```

```
        void recursive_insert(Node **root, int depth, std::vector
<float> point, int id){
            if(*root!= NULL){
                int i=depth%2;
                if(point[i]<(*root)->point[i]){
                    //左
                    recursive_insert(&(*root)->left, depth+1, point,
id);
                }else{
                    //右
                    recursive_insert(&(*root)->right, depth+1, point,
id);
                }
            }else{
                *root=new Node(point,id);
            }
        }
        void recursive_search(Node*node, int depth, std::vector
<int> &ids, std::vector<float> target, float distanceTol){
            if(node != NULL){
                //将当前节点与目标节点进行比较
                if((node->point[0] >= (target[0]-distanceTol))&&
    (node->point[0]<=(target[0]+distanceTol))&&
    (node->point[1] >= (target[1]-distanceTol))&&(node->point[1]<=
    target[1]+distanceTol))){
                    float dis=sqrt((node->point[0]-target[0])*(node->
point[0]-target[0])+(node->point[1]-target[1])*(node->point[1]-
target[1]));
                    if(dis <= distanceTol){
                        ids.push_back(node->id);
                    }
                }
                if((target[depth%2]-distanceTol)<node->point
[depth%2]){
                //向左移动
                recursive_search(node->left, depth+1,ids,target,
distanceTol);
                }
                if((target[depth%2]+distanceTol)>node->point[depth%2]){
                //向右移动
                recursive_search(node->right,depth+1,ids,target,
distanceTol);
                }
```

```
        }
    }
    //返回树中到该点小于距离阈值的所有节点的 id
    std::vector<int> search(std::vector<float> target, float
distanceTol){
        std::vector<int> ids;
        recursive_search(root, 0, ids, target, distanceTol);
        return ids;
    }
};
```

在代码中，如果根节点为空，则将插入的节点作为根节点，对于后续插入的节点，基于深度交替使用父节点的 x 和 y 进行二叉树的左右划分。搜索函数指定目标点以及距离阈值，返回树中到该点小于距离阈值的所有节点的 id。在递归搜索函数中，为了减少搜索过程中的浮点计算，可以先简单比对当前节点的 x、y 是否分别在目标点的距离阈值内，只有通过第一层检查，才计算欧几里得距离（简称欧氏距离），当得到的欧氏距离小于阈值时，则将当前节点的 id 添加到输出的 id 序列中，接着根据当前节点的划分判断是向左搜索还是向右搜索。

使用 k-d 树做最近邻搜索，完整代码见源文件 mini_cluster.cpp。本例使用 pcl::visualization::PCLVisualizer 实现可视化效果，初始化可视化窗口并构造一个测试二维点集：

```
//创建视图
Box window;
window.x_min=-10;
window.x_max= 10;
window.y_min=-10;
window.y_max= 10;
window.z_min= 0;
window.z_max= 0;
pcl::visualization::PCLVisualizer::Ptr viewer=initScene(window,25);
//创建样本数据
std::vector<std::vector<float>> points={ {-6.2,7}, {-6.3,8.4},
{-5.2,7.1}, {-5.7,6.3}, {7.2,6.1}, {8.0,5.3}, {7.2,7.1}, {0.2,-7.1},
{1.7,-6.9}, {-1.2,-7.2}, {2.2,-8.9} };
pcl::PointCloud<pcl::PointXYZ>::Ptr cloud=CreateData(points);
```

实例化我们自定义的 k-d 树并逐个插入点：

```
KdTree* tree=new KdTree;
for (int i=0; i<points.size(); i++) {
    tree->insert(points[i], i);
}
```

逐个插入的过程实际上就是基于点集中的点对欧氏空间进行划分的过程，基于 k-d 树，我们搜索树中距离点（−6, 7）小于 3 的所有节点，搜索如下：

```
std::cout<<"Test Search"<<std::endl;
std::vector<int> nearby=tree->search({-6, 7}, 3.0);
std::cout<<"the points with distance to (-6, 7) less than
3:"<<std::endl;
for(int index : nearby){
    std::cout<<"("<<points[index][0]<<", "<<points[index][1]
<<")"<<std::endl;
}
```

在 mini_cluster 目录下，构建程序：

```
#inside chapter4/chapter4-2/src/euclidean_clustering/src/mini_
cluster
mkdir output
cd output
cmake ..
make
#运行示例应用
./miniCluster
```

程序输入如下：

```
Test Search
the points with distance to (-6, 7) less than 3:
(-6.2, 7)
(-6.3, 8.4)
(-5.2, 7.1)
(-5.7, 6.3)
```

在样例程序中，因为样本点过少以及搜索的次数过少，我们并没有感受到 k-d 树对于最近邻搜索的加速效果。试着构造 100 万个点，分别基于暴力搜索和 k-d 树做 10 次最近邻搜索，看看你的计算机分别需要多久能够搜索完。

4.2.2 欧几里得聚类方法

完成空间点集的 k-d 树构造以后，实现欧几里得聚类就非常简单了。首先遍历点云中的每个点并跟踪哪些点已被处理过。对于没有被处理过的点，将其添加到一个簇（cluster）中，并将点标注为被处理过，然后使用 k-d 树搜索与点邻近（距离小于阈值）的所有点，若邻近点尚未被处理过，则将其添加到同一簇中，并标注为被处理过，递归地调用邻近点搜索。一旦第一个集合递归停止，就继续进行点的遍历并创建新的簇，重复上述过程。处理完所有点后，将找到一定数量的簇，以簇列表的形式返回。欧几里得聚类的伪代码如下：

```
Proximity(point, cluster):
    mark point as processed
    add point to cluster
    nearby points=tree(point)
    Iterate through each nearby point
        If point has not been processed
            Proximity(cluster)
EuclideanCluster():
    list of clusters
    Iterate through each point
        If point has not been processed
            Create cluster
            Proximity(point, cluster)
            cluster add clusters
    return clusters
```

在 mini_cluster.cpp 中实现对应的 C++代码：

```
void Proximity(std::vector<int>&cluster, std::vector<std::vector
<float>> point,std::vector<bool> &processed, float distanceTol,
KdTree* tree,intind) {
    processed[ind]=true;
    cluster.push_back(ind);
    std::vector<int> nearby_points=tree->search(point[ind],
distanceTol);
    for (int i=0; i < nearby_points.size(); ++i){
        if(processed[nearby_points[i]]){
            continue;
        }else{
    Proximity(cluster,point,processed,distanceTol,tree,nearby_poi
nts[i]);
        }
    }
}
    std::vector<std::vector<int>> euclideanCluster(const std::vector
<std::vector<float>>& points,KdTree* tree, float distanceTol){
        std::vector<std::vector<int>> clusters;
        std::vector<bool> processed(points.size(), false);
        for (int i=0; i < points.size(); ++i) {
            if (processed[i]==true) {
                continue;
```

```
        } else {
            std::vector<int> cluster;
            Proximity(cluster, points, processed, distanceTol,
tree, i);
            clusters.push_back(cluster);
        }
    }
    return clusters;
}
```

euclideanCluster 函数的输入为原始点集、构造好的 k-d 树以及距离阈值，输出为聚类后的簇的列表，簇的内容是点在原始点集中的索引。对 4.2.1 节中的数据进行聚类并使用 pcl::visualization::PCLVisualizer 进行可视化：

```
    std::vector<std::vector<int>> clusters=euclideanCluster(points,
tree,3.0);
    //渲染聚类
    int clusterId=0;
    std::vector<Color> colors={Color(1,0,0),Color(0,1,0),Color
(0,0,1)};
    for(std::vector<int>cluster:clusters){
        pcl::PointCloud<pcl::PointXYZ>::Ptr clusterCloud(new pcl::
PointCloud<pcl::PointXYZ>());
        for(int indice: cluster){
    clusterCloud->points.push_back(pcl::PointXYZ(points[indice][0],p
oints[indice][1],0));
        }
        renderPointCloud(viewer, clusterCloud,"cluster"+std::to_
string(clusterId),colors[clusterId%3]);
        ++clusterId;
    }
    if(clusters.size()==0){
        renderPointCloud(viewer,cloud,"data");
    }
    while (!viewer->wasStopped()) {
        viewer->spinOnce();
    }
```

构建 mini_cluster 并运行：

```
#在 output 文件夹中
cmake .. && make
./miniCluster
```

弹出窗口并显示聚类结果如图 4-8 所示。

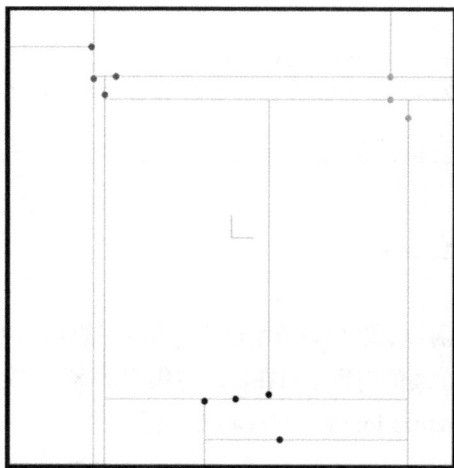

*图 4-8 二维 k-d 树和欧几里得聚类结果

空间上距离相近的点被聚类成簇并以相同的颜色绘制了出来。至此我们自行实现了一个简易版的二维 k-d 树和欧几里得聚类。实际上，激光雷达的点云聚类是在三维空间内进行的，其原理和以上的示例类似，只不过多了 z 轴的信息。下面我们基于 PCL 和 ROS，对真实的激光雷达数据进行三维点云聚类。

4.2.3 点云欧几里得聚类 PCL 与 ROS 实践

PCL 包含完整的欧几里得聚类算法的实现，本节的完整代码在本书代码仓库的 chapter4/chapter4-2/src/euclidean_clustering 目录中。确认系统已经安装了本节代码依赖的 ROS 软件包：

```
sudo apt install ros-melodic-sensor-msgs  ros-melodic-pcl-ros
ros-melodic-pcl-conversions
```

在 ROS 的工作空间下新建一个名为 euclidean_clustering 的 ROS 包：

```
catkin create pkg euclidean_clustering --catkin-deps roscpp rospy
pcl_conversions pcl_ros sensor_msgs std_msgs --system-deps PCL
```

配置 CMakeLists.txt 如下：

```
cmake_minimum_required(VERSION 3.0.2)
project(euclidean_clustering)
##编译为 C++11，支持 ROS Kinetic 及更新版本
add_compile_options(-std=c++11)
find_package(catkin REQUIRED COMPONENTS
```

```
    pcl_conversions
    pcl_ros
    roscpp
    sensor_msgs
)
find_package(PCL REQUIRED)
catkin_package(
 CATKIN_DEPENDS pcl_conversions pcl_ros roscpp sensor_msgs
 DEPENDS PCL
)
include_directories(
  src
  ${catkin_INCLUDE_DIRS}
  ${PCL_INCLUDE_DIRS}
)
add_library(cluster_core src/euclidCluster.cpp src/euclidCluster.h)
target_link_libraries(cluster_core ${catkin_LIBRARIES} ${PCL_
LIBRARIES})
add_executable(euclid_cluster src/main.cpp)
target_link_libraries(euclid_cluster ${catkin_LIBRARIES} cluster_
core)
```

在 src/euclidCluster.h 中定义一个名为 euclidCluster 的类：

```
#pragma once
#include <ros/ros.h>
#include <pcl/point_cloud.h>
#include <pcl/point_types.h>
#include <pcl_conversions/pcl_conversions.h>
#include <sensor_msgs/PointCloud2.h>
#include <pcl/kdtree/kdtree.h>
#include <pcl/segmentation/sac_segmentation.h>
#include <pcl/segmentation/extract_clusters.h>
#include <pcl/common/common.h>
#include <pcl/filters/voxel_grid.h>
class euclidCluster {
private:
    ros::Subscriber sub1_;
    ros::Publisher cluster_pub_;
std::vector<pcl::PointCloud<pcl::PointXYZ>::Ptr>Clustering(pc
l::PointCloud<pcl::PointXYZ>::Ptr cloud,float clusterTolerance,int
minSize,int maxSize);
    public:
        euclidCluster(ros::NodeHandle &nh, ros::NodeHandle &private_
nh);
```

```
    euclidCluster();
    ~euclidCluster();
    void cloudCallback(const sensor_msgs::PointCloud2::ConstPtr
&input);
  };
```

在类的构造函数中，初始化订阅者和发布者，这里我们订阅 4.1 节中地面滤除节点发布的非地面点云话题/no_ground_points：

```
euclidCluster::euclidCluster(ros::NodeHandle &nh, ros::NodeHandle
&private_nh){
    cluster_pub_=nh.advertise<sensor_msgs::PointCloud2>("cluster_
cloud", 10);
    sub1_=nh.subscribe("/no_ground_points", 10, &euclidCluster::
cloudCallback, this);
  }
```

接着在 cloudCallback 函数中定义对点云的处理流程，在将 sensor_msgs::PointCloud2 消息转换为 pcl::PointCloud 结构后，先对输入点云做降采样处理，这样可以降低点云的密度，进而降低最近邻搜索的计算量：

```
pcl::PointCloud<pcl::PointXYZ>::Ptr in_cloud_ptr(new pcl::
PointCloud<pcl::PointXYZ>);
pcl::fromROSMsg(*input, *in_cloud_ptr);
pcl::PointCloud<pcl::PointXYZ>::Ptr filtered(new pcl::PointCloud
<pcl::PointXYZ>);
//在聚类之前，下采样点云
pcl::VoxelGrid<pcl::PointXYZ> filter;
filter.setLeafSize(0.15, 0.15, 0.15);
filter.setInputCloud(in_cloud_ptr);
filter.filter(*filtered);
```

对降采样以后的点云进一步做欧几里得聚类：

```
//执行欧几里得聚类
auto clusters=Clustering(filtered, 0.5, 10, 5000);
```

聚类的函数的定义如下：

```
std::vector<pcl::PointCloud<pcl::PointXYZ>::Ptr>
euclidCluster::Clustering(pcl::PointCloud<pcl::PointXYZ>::Ptr
cloud,
float clusterTolerance, int minSize, int maxSize) {
    std::vector<pcl::PointCloud<pcl::PointXYZ>::Ptr> clusters;
    pcl::search::KdTree<pcl::PointXYZ>::Ptr kd_tree(new pcl::
search::KdTree<pcl::PointXYZ>());
```

```
    kd_tree->setInputCloud(cloud);
    pcl::EuclideanClusterExtraction<pcl::PointXYZ> eu_cluster;
    eu_cluster.setClusterTolerance(clusterTolerance);
    eu_cluster.setMinClusterSize(minSize);
    eu_cluster.setMaxClusterSize(maxSize);
    eu_cluster.setSearchMethod(kd_tree);
    eu_cluster.setInputCloud(cloud);
    std::vector<pcl::PointIndices> cluster_list;
    eu_cluster.extract(cluster_list);
    for(auto cluster_indices: cluster_list) {
        pcl::PointCloud<pcl::PointXYZ>::Ptr  cluster_points(new
pcl::PointCloud<pcl::PointXYZ>());
        for (auto ind: cluster_indices.indices) {
            cluster_points->points.push_back(cloud->points[ind]);
        }
        cluster_points->width=cluster_points->points.size();
        cluster_points->height=1;
        cluster_points->is_dense=true;
        clusters.push_back(cluster_points);
    }
    return clusters;
}
```

在 PCL 中，使用 pcl::search::KdTree<pcl::PointXYZ>构造 k-d 树以及相关的搜索方法，使用 pcl::EuclideanClusterExtraction<pcl::PointXYZ>对点云进行欧几里得聚类，PCL 内置实现的欧几里得聚类方法可配置的参数很多，较为核心的是以下 3 个参数：

```
eu_cluster.setClusterTolerance(clusterTolerance);
eu_cluster.setMinClusterSize(minSize);
eu_cluster.setMaxClusterSize(maxSize);
```

它们分别指定了聚类的距离阈值、聚类的点云簇的最小点数和最大点数，小于最小点数或者大于最大点数的点云簇都会在聚类中被滤除。聚类的输出是点云索引的列表，我们基于点云索引组装整个点云最终返回点云簇列表。

为了可视化，我们将点云簇中的点设置为相同的反射强度，将点云簇合并为一个点云并发布到话题 /cluster_cloud 上：

```
pcl::PointCloud<pcl::PointXYZI>::Ptr pub_cloud(new pcl::PointCloud
<pcl::PointXYZI>);
for (int i=0; i < clusters.size(); ++i) {
    float color=255./clusters.size()*i;
```

```
    auto sub_cloud=clusters.at(i)->points;
    for (auto &j: sub_cloud) {
        pcl::PointXYZI p;
        p.x=j.x;
        p.y=j.y;
        p.z=j.z;
        p.intensity=color;
        pub_cloud->push_back(p);
    }
}
pub_cloud->height=1;
pub_cloud->width=pub_cloud->size();
pub_cloud->is_dense=true;
sensor_msgs::PointCloud2 out;
pcl::toROSMsg(*pub_cloud, out);
out.header=input->header;
cluster_pub_.publish(out);
```

构建项目：

```
#在文件夹 chapter4/chapter4-2 中
catkin build
```

下面我们将点云地面滤除和欧几里得聚类两个节点组合起来运行。首先打开一个终端，运行 roscore，在另一个终端中，循环回放样例 ROS 软件包 kaist02-small.bag：

```
rosbag play kaist02-small.bag -l
```

打开一个终端，在本书资源的 chapter4/chapter4-1 目录中，运行地面滤除节点的代码：

```
#在文件夹 chapter4/chapter4-1 中
source devel/setup.bash
roslaunch ground_plane_seg ground_plane_seg_without_rviz.launch
```

再打开一个终端，在 chapter4/chapter4-2 目录下，运行欧几里得聚类节点的代码：

```
#在文件夹 chapter4/chapter4-2 中
source devel/setup.bash
roslaunch euclidean_clustering euclidean_clustering.launch
```

弹出 Rviz 可视化界面，显示聚类效果如图 4-9 所示，可以看到，点云中同一目标（距离相近）的点被使用同一种颜色可视化出来。在 RQT 中，单击 Plugins →Introspection→Node Graph 查看当前节点和话题数据流。

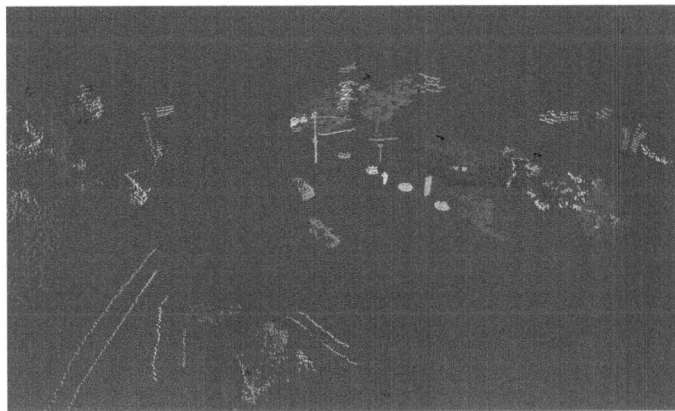

*图 4-9　欧几里得聚类效果

　　对聚类好的点云簇可以进一步使用几何模型进行分类和识别，也可以使用包围盒（bounding box）或者多面体对其轮廓进行拟合，还可以通过点云簇中的点的分布计算出目标的中心，通过绑定连续多帧目标识别结果实现对多目标的追踪和预测。

| 4.3　基于正态分布变换的点云配准 |

　　在自动驾驶系统中，除了感知以外，激光雷达也被广泛应用于定位和高精度制图。定位即确定自身相对于某一坐标系的位置和姿态，对于自动驾驶汽车而言，这个坐标系就是世界坐标系。高精度制图即通过综合各类传感器测量信息，构建出包含丰富道路元素和几何信息的高精度的、厘米级的地图。激光雷达在定位和建图两个处理流程中，主要利用点云数据的配准来获得位姿信息。

4.3.1　点云配准

　　点云配准（point cloud registration）是一个求解两个点云在一共有坐标系下的变换关系（包括平移、旋转和缩放等）的过程，通过这个变换关系可以让两个点云尽可能拟合，有时候也被称为扫描匹配（scan matching）。如图 4-10 所示，通过配准可以将两个独立的坐标系下的点云合并到同一坐标系。

*图 4-10 点云配准示意

提示：激光雷达以固定的频率扫描环境得到一帧一帧的点云，无论是 SLAM、定位还是建图，我们都希望通过当前观测的点云数据确定激光雷达相对于地图或者相对于上一次测量的变换。有了这个相对变换我们就可以叠加邻近帧的数据以构建局部地图，或融合其他传感器数据叠加产生完整地图，之后通过配准激光测量和地图，我们便可以获得激光雷达在坐标系的位置。获得这个相对变换的过程就是配准的过程。

点云配准可以被细分为同源配准和跨源配准[2]。同源配准是指对同一类型的传感器在不同的时间或位姿下获取的点云进行配准；跨源配准则是指对不同类型的传感器的点云（不仅仅只有激光雷达能够产生点云数据，双目相机、毫米波雷达等传感器也可以产生点云数据）进行配准。针对激光雷达在自动驾驶汽车中的使用场景，本书仅讨论同源配准。对于同源配准，目前主要有下面 3 类方法。

- 基于优化的配准方法：使用优化策略迭代地估计点云间的变换关系。
- 基于特征学习的配准方法：采用深度神经网络来学习鲁棒的特征对应关系，然后通过进一步估计（例如采用 RANSAC 算法估计）而无须迭代地确定变换矩阵。
- 基于端到端学习的配准方法：直接利用端到端神经网络解决配准问题，输入是两帧点云，输出是对齐这两帧点云的变换矩阵。

在笔者编写本书时，基于优化的配准方法依然是自动驾驶系统使用的主流配准方法。经典的迭代最近点（iterative closest point, ICP）[3]算法和正态分布变换（normal distribution transform, NDT）算法[4]都属于这一类。我们首先简单介绍 ICP 算法，后续将重点介绍 NDT 算法及其在自动驾驶领域中的应用。

1. ICP 算法简介

对于输入点云 P_A 和目标点云 P_B，ICP 算法将配准问题描述为找到一组最优的变换参数 $T = (R, t)$ 使得 P_A 和 P_B 最拟合。其中，R 表示对点云的旋转变换，t 表示对点云的平移变换。那么 $Rp_A^i + t$ 则表示对于 P_A 中的任意点 p_A^i 应用了变换 T。通过调整变换参数 (R, t) 最小化变换后的点 p_A^i 到目标点云 P_B 中对应的点 p_B^i 的欧氏距离，就可以搜索得到使得两个点云最拟合的变换参数。ICP 的算法最终可以被形式化为

$$R^*, t^* = \underset{R, t}{\mathrm{argmin}} \frac{1}{|P_A|} \sum_{i=1}^{|P_A|} \| p_B^i - \left(Rp_A^i + t \right) \|^2$$

式中，$|P_A|$ 表示输入点云中点的数量。ICP 算法基于最小二乘法进行迭代计算，使得上式的误差平方和达到极小值。

ICP 算法的优点：

- 可以获得非常精确的配准效果；
- 不必对处理的点集进行分割和特征提取；
- 在较好的初值情况下，具有很好的算法收敛性。

ICP 算法的缺点：

- 在搜索对应点的过程中，计算量非常大，这是传统 ICP 算法的瓶颈；
- 使用标准 ICP 算法寻找对应点时，认为欧氏距离最小的点就是对应点，这种假设有不合理之处，会产生一定数量的错误对应点。

2. PCL 库中的 ICP 算法

PCL 库提供了以下 ICP 算法的接口及其变种。

- 点到点：pcl::IterativeClosestPoint<PointSource, PointTarget, Scalar>。
- 点到面：pcl::IterativeClosestPointWithNormals<PointSource, PointTarget, Scalar>。
- 面到面：pcl::GeneralizedIterativeClosestPoint<PointSource, PointTarget>。其中，IterativeClosestPoint 模板类是 ICP 算法的一个基本实现，它使用了奇异值分解（singular value decomposition，SVD）来求解最小二乘问题，算法迭代结束条件如下。
- 最大迭代次数：迭代次数已达到设置的最大迭代次数（通过 setMaximumIterations 方法设置最大迭代次数）。

- 两次变换矩阵之间的差值：前一次优化得到的变换和当前估计的变换之间的差异（epsilon）小于设置的阈值（通过 setTransformationEpsilon 方法设置差异阈值）。
- 均方误差：欧几里得平方误差总和小于设定阈值（通过 setEuclideanFitnessEpsilon 方法设置最大平方误差）。

4.3.2 NDT 算法

由概率论和统计学的知识可知，如果随机变量 X 满足正态分布（即 $X \sim N(\mu,\sigma)$），则它的概率密度函数（probability density function）为

$$f(x) = \frac{1}{\sigma\sqrt{2\pi}} e^{-\frac{(x-\mu)^2}{2\sigma^2}}$$

式中，μ 为正态分布的均值，σ^2 为方差，这是对于维度 D=1 的情况而言的。对于多元正态分布，其概率密度函数可以表示为

$$f(\vec{x}) = \frac{1}{(2\pi)^{\frac{D}{2}}\sqrt{|\boldsymbol{\Sigma}|}} e^{-\frac{(\vec{x}-\vec{\mu})^T \boldsymbol{\Sigma}^{-1}(\vec{x}-\vec{\mu})}{2}}$$

式中，$\vec{x}$ 表示均值向量，D 表示维度，$\boldsymbol{\Sigma}$ 表示协方差矩阵，其对角元素表示的是对应元素的方差，而非对应元素（行与列）的相关性。图 4-11 所示为服从二维正态分布的概率密度及两个边缘分布的概率密度。

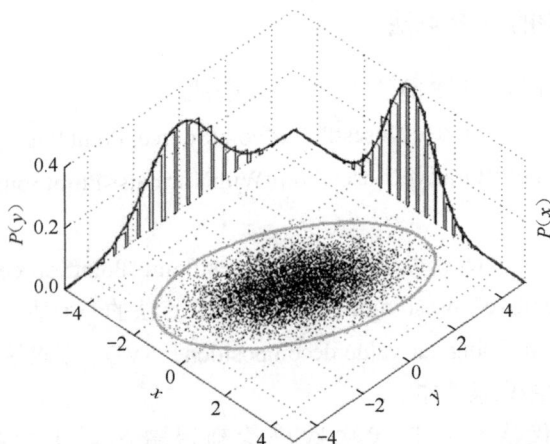

*图 4-11　服从二维正态分布的概率密度及两个边缘分布的概率密度

对于二维正态分布而言，其概率密度函数为钟形曲面，其概率密度函数的等高线是椭圆线，并且二维正态分布的两个边缘分布都是一元正态分布。假定有输入点云 A 和目标点云 B，要把 A 配准到 B 的坐标系。NDT 算法的基本思想是先根据 B 来构建多维变量的正态分布，如果有一套变换参数能使得 A 和 B 匹配得很好，那么意味着使用该变换将 A 变换到 B 的坐标系中的概率密度将会很大。因此，可以考虑用优化的方法求出使得概率密度之和最大的变换参数，此时两组激光点云数据匹配得最好[5]。

具体来讲，令 $P = \{p_i | i = 0,1,\cdots,t-1\} = \{(x_i, y_i, z_i) | i = 0,1,\cdots,t-1\}$ 表示一个包含 t 个点的目标点云 B，NDT 算法首先使用三维的网格（即体素）将点云进行划分，如图 4-12 所示，我们称这类体素为 ND 体素。假定第 k 个 ND 体素中包含 m 个点，那么这个 ND 体素中所有点的均值 $\boldsymbol{\mu}_k$ 和协方差矩阵 $\boldsymbol{\Sigma}_k$ 的计算公式为

$$\boldsymbol{\mu}_k = \frac{1}{m}\sum_{i=0}^{m-1} \boldsymbol{p}_{ki}$$

$$\boldsymbol{\Sigma}_k = \frac{1}{m}\sum_{i=0}^{m-1} \left(\boldsymbol{p}_{ki} - \boldsymbol{\mu}_k\right)\left(\boldsymbol{p}_{ki} - \boldsymbol{\mu}_k\right)$$

式中，$\boldsymbol{p}_{ki}$ 为 ND 体素 k 中的点 i，即 $\boldsymbol{p}_{ki} = \left(x_{ki}, y_{ki}, z_{ki}\right)$，那么该 ND 体素点的概率密度函数 $f(k)$ 可以表示为

$$f(k) = \frac{1}{(2\pi)^{\frac{3}{2}}\sqrt{|\boldsymbol{\Sigma}_k|}} e^{-\frac{(\boldsymbol{p}_k - \boldsymbol{\mu}_k)^{\mathsf{T}} \boldsymbol{\Sigma}_k^{-1}(\boldsymbol{p}_k - \boldsymbol{\mu}_k)}{2}}$$

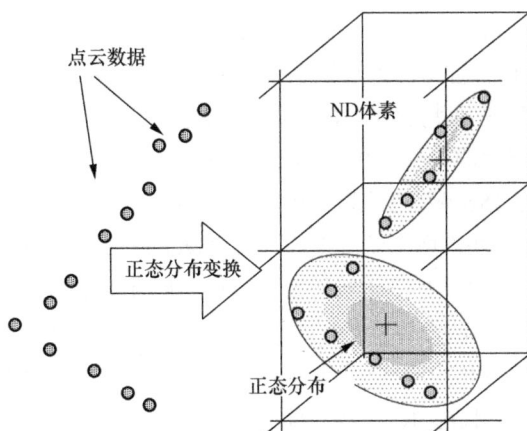

图 4-12　三维 NDT

按照此方法，可以将整个目标点云 B 使用 ND 体素进行划分，并且计算每一

个 ND 体素内的正态分布参数。ND 体素的划分尺寸实际上会影响 NDT 算法的准确度，采用的 ND 体素尺寸越小，相应的 NDT 配准的精度会越高，但是计算量和占用的内存会越大。考虑到自动驾驶系统的激光雷达产生的点云地图均为高密度点云，通常使用较大尺寸的 ND 体素以平衡 NDT 算法的实时性和准确性。

前面提到 NDT 算法的目标是找到一套"最优"的变换参数，使得输入点云 A 在做完此变换后和目标点云 B 最匹配，那么如何定义这一套变换参数呢？NDT 算法定义了两组变换参数，分别是旋转参数向量 $\boldsymbol{r} = (\alpha, \beta, \gamma)^T$ 和平移参数向量 $\boldsymbol{d} = (d_x, d_y, d_z)^T$，旋转参数向量表示变换后的点云相对当前输入点云 A 在姿态角上的旋转量，平移参数向量表示在 x、y、z 这 3 个方向的平移量。那么对于输入点云 A 而言，对任意点 $\boldsymbol{p}_i$ 进行三维坐标转换的计算公式为

$$\boldsymbol{p}_i' = \boldsymbol{R}\boldsymbol{p}_i + \boldsymbol{d}$$

式中，$\boldsymbol{R}$ 为旋转矩阵，其计算公式为

$$\boldsymbol{R} = \begin{pmatrix} \cos\alpha & -\sin\alpha & 0 \\ \sin\alpha & \cos\alpha & 0 \\ 0 & 0 & 1 \end{pmatrix} \begin{pmatrix} \cos\beta & 0 & \sin\beta \\ 0 & 1 & 0 \\ -\sin\beta & 0 & \cos\beta \end{pmatrix} \begin{pmatrix} \cos\gamma & -\sin\gamma & 0 \\ \sin\gamma & \cos\gamma & 0 \\ 0 & 0 & 1 \end{pmatrix}$$

所以对于 NDT 算法而言，配准的目标就是找到一组三维坐标系变换参数向量 $\boldsymbol{\theta} = (\alpha, \beta, \gamma, d_x, d_y, d_z)^T$，使得输入点云 A 在经过这组参数指定的旋转和平移之后，能够和目标点云 B 拟合。我们称参数向量为 NDT 配准参数，接下来，我们介绍一下如何搜索找到这一组参数。

NDT 算法首先对目标点云进行 NDT 配准，得到目标点云的所有 ND 体素，读取输入点云并且获得扫描在目标点云坐标系下的初始位置估计，在自动驾驶系统中，这个初始位置估计通常可通过以下 3 种方法获得。

- 基于运动学或者动力学模型的预测方法。
- 基于车速传感器或者 IMU 的测程方法。
- 基于 GNSS-INS 融合数据的绝对坐标方法。

预测和测程类方法都属于航位推算（dead reckoning），需要全局定位的初值，本节着重介绍配准算法，对于如何初始定位将在后续章节介绍。由于初始位置是输入点云在目标点云中的位置估计，这个估计值可以帮助 NDT 算法中的参数优化方法迅速收敛。在初始位置附近，搜索一组最优的 NDT 配准参数 $\boldsymbol{\theta}$，使得输入点云和目标点云拟合度最高。NDT 算法使用以下公式来描述两个扫描的拟合度：

$$\text{Fitness}(\boldsymbol{P}, \boldsymbol{\theta}) = \sum_{i=0}^{n-1} e^{\frac{-(\boldsymbol{p}_i' - \boldsymbol{\mu}_i)^T \boldsymbol{\Sigma}_i^{-1}(\boldsymbol{p}_i' - \boldsymbol{\mu}_i)}{2}}$$

其中，p_i' 是输入点云在经过 NDT 配准参数 $\boldsymbol{\theta}$ 转换后的点，$\boldsymbol{\mu}_i$ 是与输入点相对应的目标点云的 ND 体素的均值，$\boldsymbol{\Sigma}_i$ 是相应的 ND 体素内的协方差矩阵。拟合度 $\text{Fitness}(\boldsymbol{P},\boldsymbol{\theta})$ 数值越大说明输入点云和目标点云在位置上越匹配。通过搜索参数 $\boldsymbol{\theta}$ 得到最大的拟合度，这是一个典型的非线性最优化问题，我们使用牛顿法来求解最优参数。牛顿法是一种最小化目标函数的方法，所以目标函数可写为

$$f(\boldsymbol{\theta}) = -\text{Fitness}(\boldsymbol{P},\boldsymbol{\theta})$$

通过迭代牛顿法，不断调整参数 $\boldsymbol{\theta}$，使 $f(\boldsymbol{\theta})$ 小于一个阈值，则称 NDT 配准参数优化已经收敛，根据此时的变换参数 $\boldsymbol{\theta}$ 即可确定输入点云在目标点云中的姿态。下面我们基于 PCL 库，使用 NDT 算法对两个点云进行配准。

4.3.3 使用 NDT 算法配准两个点云

本节我们基于 PCL 点云处理库，对两个独立坐标系下的点云进行配准，并将配准后的点云可视化。本节完整代码在本书代码仓库的 chapter4/chapter4-3 目录中。首先新建一个 CMake 项目（CMakeLists.txt）：

```
cmake_minimum_required(VERSION 2.8 FATAL_ERROR)
project(simple_scan_matching)
set(CMAKE_CXX_STANDARD 11)
FIND_PACKAGE(PCL REQUIRED)
include_directories(${PCL_INCLUDE_DIRS})
link_directories(${PCL_LIBRARY_DIRS})
add_definitions(${PCL_DEFINITIONS})
add_executable(simple_scan_matching simple_scan_matching.cpp )
target_link_libraries (simple_scan_matching ${PCL_LIBRARIES})
```

在源文件 simple_scan_matching.cpp 中编写代码，引入相关的头文件：

```
#include <iostream>
#include <string>
#include <pcl/io/pcd_io.h>
#include <pcl/registration/ndt.h>
#include <pcl/filters/approximate_voxel_grid.h>
#include <pcl/visualization/pcl_visualizer.h>
```

PCL 中实现的 NDT 配准被定义在 pcl/registration/ndt.h 中，在 main 函数中读取参数，根据参数中指定的 PCD 点云文件路径加载对应点云：

```
int main(int argc, char **argv) {
    if (argc != 3) {
```

```
        std::cerr<<"bad arguments"<<std::endl;
        std::cout<<"Usage: ./simple_scan_matching path_to_
targetpcd ../room_scan2.pcd"<<std::endl;
        return 0;
    }
    auto target_cloud=read_cloud_point(argv[1]);
    std::cout<<"Loaded "<<target_cloud->size ()<<" data points
from cloud1.pcd"<<std::endl;
    auto input_cloud=read_cloud_point(argv[2]);
    std::cout<<"Loaded "<<input_cloud->size ()<<" data points from
cloud2.pcd"<<std::endl;
    }
```

target_cloud 即我们要配准的目标点云，input_cloud 为输入点云（或者叫源点云），对输入点云进行体素降采样以降低计算量：

```
    pcl::PointCloud<pcl::PointXYZ>::Ptr filtered_cloud (new pcl::
PointCloud<pcl::PointXYZ>);
    pcl::ApproximateVoxelGrid<pcl::PointXYZ>
approximate_voxel_filter;
    approximate_voxel_filter.setLeafSize(0.2, 0.2, 0.2);
    approximate_voxel_filter.setInputCloud(input_cloud);
    approximate_voxel_filter.filter(*filtered_cloud);
    std::cout<<"Filtered cloud contains "<< filtered_cloud->size()
        <<" data points from cloud2.pcd"<<std::endl;
```

这里我们使用一种名为 ApproximateVoxelGrid(近似体素滤波)的降采样方法，该方法是体素网格滤波的一个变种。近似体素滤波企图以更快的速度实现与 VoxelGrid 体素网格滤波相同的降采样效果，它通过散列函数（ hashing function ）快速逼近质心，而不是精细确定质心并对点云进行降采样。

接下来设置初始位置估计，这个初始位置估计是点云配准优化的初始搜索值，好的初始搜索值能够使配准快速收敛。PCL 接受 4×4 的齐次变换矩阵作为初始位置估计，我们将在后续章节中详细介绍齐次变换矩阵，读者在这里将其理解为输入点云在目标点云的坐标系下粗略估计的位置即可。初始位置估计通常通过相对定位或者其他传感器（如 GNSS ）的测量获得。构建初始位置估计：

```
    //初始化位姿估计
    Eigen::AngleAxisf init_rotation(0.6931, Eigen::Vector3f::
UnitZ());
    Eigen::Translation3f init_translation (1.79387, 0.720047, 0);
    Eigen::Matrix4f init_guess=(init_translation*init_rotation).
matrix();
```

构造 NDT 对象并设置配准的参数和点云：

```
pcl::PointCloud<pcl::PointXYZ>::Ptr output_cloud (new pcl::
PointCloud<pcl::PointXYZ>);
    pcl::NormalDistributionsTransform<pcl::PointXYZ,
pcl::PointXYZ> ndt;
    ndt.setTransformationEpsilon(0.01);
    ndt.setStepSize(0.1);
    ndt.setResolution(0.5);
    ndt.setMaximumIterations(35);
    ndt.setInputSource(filtered_cloud);
    ndt.setInputTarget(target_cloud);
```

NDT 算法有 4 个关键参数，分别介绍如下。

- 最大迭代次数：迭代次数已达到设置的最大迭代次数（通过 setMaximumIterations 方法设置最大迭代次数）。
- 两次变换矩阵之间的差值：前一次优化得到的变换和当前估计的变换之间的差异小于设置的阈值（通过 setTransformationEpsilon 方法设置差异阈值）。
- ND 体素尺寸：目标点云体素化阶段的体素尺寸（通过 setResolution 方法设置 ND 体素尺寸）。
- 最大步长：搜索允许的最大步长，搜索算法确定低于此最大值的最佳步长，在接近最佳解时缩小步长（通过 setStepSize 方法设置最大步长）。

接着对输入点云和目标点云做配准，并且获得配准以后的变换矩阵：

```
ndt.align(*output_cloud, init_guess);
std::cout<<"Normal Distribution Transform has converged:"<<
ndt.hasConverged()<<"score: "<<ndt.getFitnessScore()<<std::
endl;
    Eigen::Matrix4f final_tf=ndt.getFinalTransformation();
```

getFitnessScore 描述的是配准后的输入点云与目标点云的相似度，值越小表示越相似，其本质为优化的目标函数值。这里的 output_cloud 为配准后的点云，即输入点云应用了变换 final_tf 的输出点云，显然这个点云是经过了降采样的，我们对原始输入点云应用变换并保存：

```
pcl::transformPointCloud(*input_cloud, *output_cloud,final_tf);
pcl::io::savePCDFileASCII("cloud3.pcd", *output_cloud);
```

pcl::transformPointCloud 是 PCL 库中实现的对点云进行坐标系变换的方法，在这里我们对原始输入点云 input_cloud 应用基于 NDT 算法计算得到的变换矩阵（组合了平移变换和旋转变换的 4×4 矩阵），将原始点云变换到目标点云坐标系，可视化目标点云和变换以后的原始点云：

```
visualizer(target_cloud, output_cloud);
```

可视化的函数：

```
void visualizer(pcl::PointCloud<pcl::PointXYZ>::Ptr target_
cloud, pcl::PointCloud<pcl::PointXYZ>::Ptr output_cloud){
    //初始化点云可视化工具
    boost::shared_ptr<pcl::visualization::PCLVisualizer>
            viewer_final (new pcl::visualization::PCLVisualizer
("3D Viewer"));
    viewer_final->setBackgroundColor (255, 255, 255);
    //着色并可视化目标点云（红色）
    pcl::visualization::PointCloudColorHandlerCustom<pcl::
PointXYZ>
    target_color (target_cloud, 255, 0, 0);
    viewer_final->addPointCloud<pcl::PointXYZ> (target_cloud,
target_color, "target cloud");
    viewer_final->setPointCloudRenderingProperties (pcl::
visualization::PCL_VISUALIZER_POINT_SIZE,2, "target cloud");
    //着色并可视化转换后的输入点云（绿色）
    pcl::visualization::PointCloudColorHandlerCustom<pcl::
PointXYZ>
    output_color (output_cloud, 0, 255, 0);
    viewer_final->addPointCloud<pcl::PointXYZ> (output_cloud,
output_color, "output cloud");
    viewer_final->setPointCloudRenderingProperties (pcl::
visualization::PCL_VISUALIZER_POINT_SIZE,3,"output cloud");
    //启动可视化程序
    viewer_final->addCoordinateSystem (1.0, "global");
    viewer_final->initCameraParameters ();
    //等待直到可视化窗口关闭
    while (!viewer_final->wasStopped ()) {
        viewer_final->spinOnce (100);
        boost::this_thread::sleep (boost::posix_time::microseconds
(100000));
    }
}
```

我们使用 pcl::visualization::PCLVisualizer 对点云进行可视化，构建程序：

```
#chapter4/chapter4-3
mkdir build
cd build
cmake ..
make -j6
```

运行程序，对两个样例 PCD 文件做配准：

```
#在 build 文件夹中
./simple_scan_matching  ../room_scan1.pcd ../room_scan2.pcd
```

在运行一段时间后，程序输出如下：

```
Loaded 112586 data points from cloud1.pcd
Loaded 112624 data points from cloud2.pcd
Filtered cloud contains 12433 data points from cloud2.pcd
Normal Distribution Transform has converged:1score: 0.647734
```

同时弹出 pcl_visualizer 窗口，如图 4-13 所示，可以看到输入点云（绿色点云）和目标点云（红色点云）的配准情况。

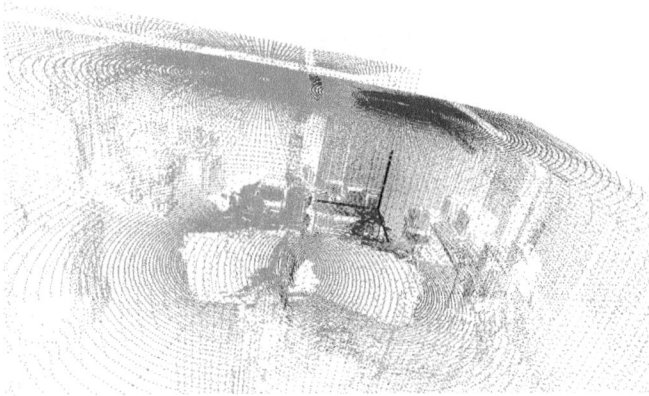

*图 4-13　点云配准效果

图 4-14 所示为缩放后的配准效果，可以发现两帧扫描扫到的室内物体，如墙面、桌椅等都准确贴合。

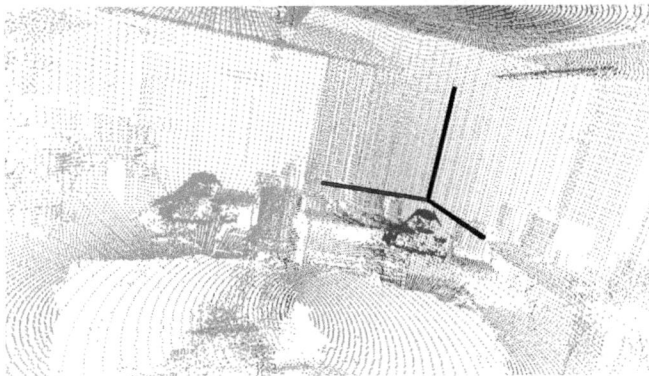

*图 4-14　缩放后的配准效果

107

点云配准在定位、高精度建图等方面都有广泛应用，使用本节的程序配准时间较长，原因有以下几点。

- 直接使用原始的点云（虽然做了降采样，但是点的数量还是有很多），导致配准计算量过大。
- 初始位置估计不够准确，搜索步数增加。
- 单线程计算，没有利用多线程/图形处理单元（graphics processing unit，GPU）做并行加速优化。

在后续的章节中，我们将介绍如何使用 NDT 算法做自动驾驶的连续定位，同时会介绍一些特征提取类的 SLAM 方法以实现较高运行效率的激光里程计。

｜参考文献｜

[1] FISCHLER M A, BOLLES R C. Random sample consensus: a paradigm for model fitting with applications to image analysis and automated cartography[J]. Readings in Computer Vision, 1987: 726-740.

[2] HUANG X, MEI G, ZHANG J, et al. A comprehensive survey on point cloud registration[J]. arXiv preprint, 2021, 2103.02690.

[3] BESL P J, MCKAY N D. A method for registration of 3-D shapes[J]. IEEE Transactions on Pattern Analysis and Machine Intelligence, 1992, 14(2): 239-256.

[4] BIBER P, STRASSER W. The normal distributions transform: a new approach to laser scan matching[C]//2003 IEEE/RSJ International Conference on Intelligent Robots and Systems (IROS 2003). Piscataway, USA: IEEE, 2003(3): 2743-2748.

[5] 申泽邦, 雍宾宾, 周庆国, 等. 无人驾驶原理与实践[M]. 北京: 机械工业出版社, 2019.

第 5 章

激光雷达标定原理与实践

准确标定多传感器是自动驾驶系统使用传感器数据的前提，本章将介绍激光雷达到激光雷达、激光雷达到相机的外参标定方法。当然，在学习外参标定方法前，需要先理解三维刚体的坐标系变换，我们将介绍欧拉角、四元数、旋转矩阵、齐次变换矩阵，并基于 Eigen 实现坐标系变换相关编程。完成本章的学习后，你将能理解激光雷达外参标定的流程，并使用 ROS 实践相关方法。

| 5.1 坐标系变换基础与编程实践 |

无论是在激光雷达标定中，还是在基于点云的 SLAM 中，坐标系变换都是最基本、最常见的一种操作。本节我们将介绍自动驾驶中的各种坐标系、坐标系间的变换及其表征形式，以及 C++ 下齐次变换的编程，并利用 ROS TF2 包对变换进行编程，最后编写 ROS 节点对点云进行变换和拼接。

5.1.1 建图、定位和感知中的坐标系

自动驾驶系统通常包含多个坐标系，行业对于自动驾驶车辆的各坐标系的定义并没有统一的标准，下面介绍一种典型的坐标系描述，需要明确的是，在多数情况下，我们均采用笛卡儿坐标系描述三维坐标。为了描述车辆，我们首先建立车体坐标系（也叫车辆坐标系），该坐标系的原点通常被定义为车辆后轴的中心点，通常 z 轴垂直底盘朝上，x 轴朝向车辆正前方，y 轴朝向车辆左侧。当然，对于 x 轴和 y 轴方向的定义并不是严格的，也可以选取 y 轴朝前、x 轴朝右这样的设定。需要注意的是，机器人领域对坐标轴方向的定义多遵循右手法则，右手拇指朝上

为 z 轴正方向，食指朝前为 x 轴正方向，中指朝左为 y 轴正方向，如图 5-1 所示。

激光雷达也有自身的坐标系，点云中点的坐标值均是激光雷达坐标系下的。此外，还存在一个世界坐标系，车辆定位就是确定车体坐标系在世界坐标系下的位置和姿态。世界坐标系的表征方式有多种，比如 WGS-84 坐标系使用经度、纬度和大地高度构成坐标，然而经度、纬度这样的坐标表征显然不适用于自动驾驶感知和规划控制。为了获得世界坐标系下的笛卡儿坐标，通常会对经度、纬度和大地高度进行投影操作得到对应的 (x, y, z)，最常见的投影操作莫过于通用横

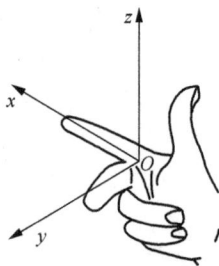

图 5-1　右手法则

墨卡托投影（universal transverse Mercator projection，UTM）。UTM 是一种广泛采用的标准化地图投影法，其采用笛卡儿坐标系，使用方格对南纬 80° 至北纬 84° 之间的区域进行坐标编排[1]，这些网格也叫 UTM 区（UTM zone），经度、纬度被投影为 UTM 分区中的 (x, y)，大地高度通常被直接用作 z 值。

提示：机器人学中也将坐标系称为 "frame"，比如 world frame 指的就是世界坐标系，body frame 指的就是车体坐标系。

多个坐标系的存在使得坐标系变换成为必需的操作，所谓坐标系变换，即将坐标系 A 中的坐标投影到坐标系 B 中，换句话说，就是找到坐标系 A 下的点在坐标系 B 中的坐标，具体而言，就是通过一定的平移和旋转使得坐标系 B 和坐标系 A 的原点和方向完全重合，这被称为坐标系 B 到坐标系 A 的变换。只存在平移和旋转的组合的变换被称为欧氏变换（Euclidean transformation）或刚体变换（rigid transformation），自动驾驶感知和定位领域的变换通常为刚体变换。

提示：为什么叫作坐标系 B 到坐标系 A 的变换？可以这么理解，我们想知道坐标系 A 的某点在坐标系 B 下的坐标，也就是想知道通过怎样的平移和旋转使得坐标系 B 的原点、轴方向和坐标系 A 的原点、轴方向重合，这个变换是将坐标系 B "搬到了"坐标系 A，所以专业地讲是坐标系 B 到坐标系 A 的变换。

5.1.2　三维刚体变换的表征形式

理解了变换的几何意义以后，如何表征三维刚体变换呢？平移的建模是较为简单的，可以用一个向量 $(\Delta x, \Delta y, \Delta z)$ 来表征一个三维坐标系 B 到 A 的平移变换，其中 $(\Delta x, \Delta y, \Delta z)$ 为坐标系 B 的原点在坐标系 A 中的坐标，那么对于坐标系 B 中的任一点 (x_B, y_B, z_B)，其在坐标系 A 中的坐标为

$$x_A = x_B + \Delta x$$

$$y_A = y_B + \Delta y$$

$$z_A = z_B + \Delta z$$

对于旋转变换，常用欧拉角（Euler angle）、四元数（quaternion）和旋转矩阵（rotation matrix）3 种方式表征。

欧拉角用于描述某个物体在坐标系中的姿态。如图 5-2 所示，按照右手法则定义自动驾驶汽车车体坐标系，沿着 x 轴方向的旋转被称为翻滚（roll），沿着 y 轴方向的旋转被称为俯仰（pitch），沿着 z 轴方向的旋转被称为偏航（yaw），由翻滚角、俯仰角和偏航角共同组成的欧拉角能够表征任意刚性物体的旋转变换。

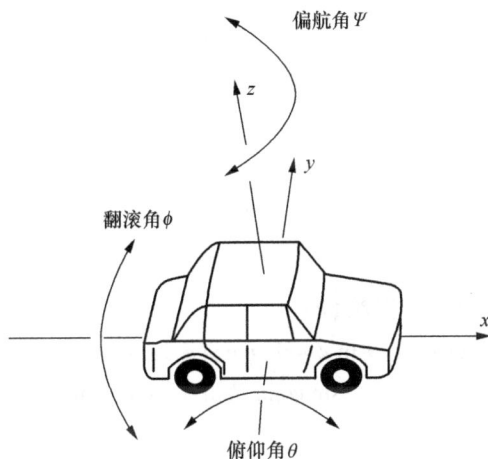

图 5-2 汽车车体坐标系的右手法则

虽然用欧拉角表征旋转变换直观、易懂，但是欧拉角存在万向锁的问题，导致同一种旋转变换的欧拉角的表征可能不唯一。为了解决旋转变换的唯一表征问题，引入了单位四元数来表征旋转变换。单位四元数的定义为

$$q = w + x\mathrm{i} + y\mathrm{j} + z\mathrm{k}$$

式中，

$$\| q \| = x^2 + y^2 + z^2 + w^2 = 1$$

一个四元数拥有一个实部和 3 个虚部，3 个虚部之间满足如下关系：

$$\mathrm{i}^2 = \mathrm{j}^2 = \mathrm{k}^2 = -1$$
$$\mathrm{i} \times \mathrm{j} = \mathrm{k}, \mathrm{j} \times \mathrm{i} = -\mathrm{k}$$

111

$$j \times k = i, k \times j = -i$$
$$k \times i = j, i \times k = -j$$

那么，如何用四元数表征旋转变换呢？如果绕某一固定向量 $\boldsymbol{K} = \left(K_x, K_y, K_z\right)$ 进行了角度为 θ 的旋转，那么利用四元数 (w, x, y, z) 就可以将旋转表示为

$$\begin{cases} x = K_x \sin \dfrac{\theta}{2} \\[2mm] y = K_y \sin \dfrac{\theta}{2} \\[2mm] z = K_z \sin \dfrac{\theta}{2} \\[2mm] w = \cos \dfrac{\theta}{2} \end{cases}$$

关于四元数的更多证明可以参考文献[3]。

也可以通过一个 3×3 的矩阵表征三维空间中绕任意轴的旋转变换，这个矩阵被称为旋转矩阵。三维空间中任意刚体的旋转变换实际上都可以分解为刚体依次绕自身 x 轴、y 轴和 z 轴的 3 个旋转变换（分别对应翻滚、俯仰和偏航），那么旋转矩阵 $\boldsymbol{R}(\psi, \theta, \phi)$ 可以定义为

$$\boldsymbol{R}(\psi, \theta, \phi) = \boldsymbol{R}_z(\psi)\boldsymbol{R}_y(\theta)\boldsymbol{R}_x(\phi)$$
$$= \begin{pmatrix} \cos\psi\cos\theta & \cos\psi\sin\theta\sin\phi - \sin\psi\cos\phi & \cos\psi\sin\theta\cos\phi + \sin\psi\sin\phi \\ \sin\psi\cos\theta & \cos\psi\cos\phi + \sin\psi\sin\theta\sin\phi & \sin\psi\sin\theta\cos\phi - \sin\phi\cos\psi \\ -\sin\theta & \cos\theta\sin\phi & \cos\theta\cos\phi \end{pmatrix}$$

式中，$\boldsymbol{R}_x(\phi)$、$\boldsymbol{R}_y(\theta)$ 和 $\boldsymbol{R}_z(\psi)$ 分别表示刚体翻滚角 ϕ、俯仰角 θ 和偏航角 ψ 的旋转矩阵，它们的定义为

$$\boldsymbol{R}_x(\phi) = \begin{pmatrix} 1 & 0 & 0 \\ 0 & \cos\phi & -\sin\phi \\ 0 & \sin\phi & \cos\phi \end{pmatrix}$$

$$\boldsymbol{R}_y(\theta) = \begin{pmatrix} \cos\theta & 0 & \sin\theta \\ 0 & 1 & 0 \\ -\sin\theta & 0 & \cos\theta \end{pmatrix}$$

$$\boldsymbol{R}_z(\psi) = \begin{pmatrix} \cos\psi & -\sin\psi & 0 \\ \sin\psi & \cos\psi & 0 \\ 0 & 0 & 1 \end{pmatrix}$$

提示：旋转的分解是有序的，$\boldsymbol{R}(\psi, \theta, \phi)$ 描述的是坐标系先翻滚，再俯仰，最

后偏航的变换过程，如果绕轴旋转的顺序变了，那么得到的旋转矩阵就不相同。由表达式可知，单位矩阵 $\boldsymbol{I}$ 表示刚体无旋转。

　　更多关于旋转矩阵的证明和性质可以参考旋转矩阵的相关资料。

5.1.3　齐次变换矩阵

　　既然可以使用一个平移加一个旋转来描述三维坐标系的变换，那么能否使用一个统一的形式来描述三维坐标系的变换呢？齐次变换矩阵（homogeneous transformation matrix）就能描述，其实际上就是将平移向量 $\boldsymbol{p}$ 和旋转矩阵 $\boldsymbol{R}$ 写在一个 4×4 的矩阵内，齐次变换矩阵定义为

$$\boldsymbol{T} = \begin{pmatrix} \boldsymbol{R} & \boldsymbol{p} \\ 0 & 1 \end{pmatrix} = \begin{pmatrix} r_{11} & r_{12} & r_{13} & p_1 \\ r_{21} & r_{22} & r_{23} & p_2 \\ r_{31} & r_{32} & r_{33} & p_3 \\ 0 & 0 & 0 & 1 \end{pmatrix}$$

　　显然，一个平移量和旋转量均不为 0 的齐次变换矩阵可以被分解为一个只包含平移的矩阵（旋转量为 0）和一个只包含旋转的矩阵（平移量为 0）的积：

$$\boldsymbol{T} = \begin{pmatrix} \boldsymbol{I} & \boldsymbol{p} \\ 0 & 1 \end{pmatrix} \begin{pmatrix} \boldsymbol{R} & 0 \\ 0 & 1 \end{pmatrix} = \begin{pmatrix} 1 & 0 & 0 & p_1 \\ 0 & 1 & 0 & p_2 \\ 0 & 0 & 1 & p_3 \\ 0 & 0 & 0 & 1 \end{pmatrix} \begin{pmatrix} r_{11} & r_{12} & r_{13} & 0 \\ r_{21} & r_{22} & r_{23} & 0 \\ r_{31} & r_{32} & r_{33} & 0 \\ 0 & 0 & 0 & 1 \end{pmatrix}$$

　　通过将向量、坐标系乘以齐次变换矩阵，即可得到变换后的向量和坐标系表示，而一旦涉及向量乘，就需要进一步讨论左乘和右乘的问题。

　　左乘——相对于固定坐标系进行变换，即绕固定轴旋转。这里的固定坐标系是指我们选择的参考坐标系，我们潜意识里认为这个坐标系是不变的，比如将坐标系 B 变换到坐标系 A 时，我们可以将坐标系 A 设为固定坐标系，即

　　　　变换后的坐标矩阵 = 齐次变换矩阵 × 坐标矩阵

　　右乘——相对于自身坐标系进行变换。每进行一次变换，下一次都需要以新坐标系为标准进行变换，即

　　　　变换后的坐标矩阵 = 坐标矩阵 × 齐次变换矩阵

　　下面我们具体看一个 SLAM 中常见的例子，如图 5-3 所示，已知一个固定的地图坐标系 M，以及两个点云坐标系 A 和 B。在这个例子中，之所以存在多个点云坐标系，是因为 SLAM 中激光雷达是运动的，它在不同姿态下的数据即形

成那一姿态下的自身坐标系。地图坐标系 M 到点云坐标系 A 和 B 的变换分别用齐次变换矩阵 $\boldsymbol{T}_{\text{MA}}$ 和 $\boldsymbol{T}_{\text{MB}}$ 表示，对于坐标系 A 中任意点 $\boldsymbol{P} = (x_{\text{A}}, y_{\text{A}}, z_{\text{A}})$，其在地图坐标系 M 下的坐标 $\boldsymbol{P}'$ 的求解适用于齐次变换矩阵的左乘，即

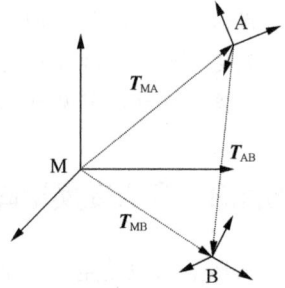

图 5-3　坐标系 M、A、B 之间的变换

$$\boldsymbol{P}' = \boldsymbol{T}_{\text{MA}} \begin{pmatrix} x_{\text{A}} \\ y_{\text{A}} \\ z_{\text{A}} \\ 1 \end{pmatrix} = \begin{pmatrix} x_{\text{M}} \\ y_{\text{M}} \\ z_{\text{M}} \\ 1 \end{pmatrix}$$

理解了齐次变换矩阵的左乘和右乘，我们就可以进一步得到多个坐标系间连续变换的表达式，例如已知 M 到 A 和 M 到 B 的变换矩阵 $\boldsymbol{T}_{\text{MA}}$ 和 $\boldsymbol{T}_{\text{MB}}$，就可以以 M 作为中间状态，将 A 到 M 的变换矩阵 $\boldsymbol{T}_{\text{AM}}$ 左乘 M 到 B 的变换矩阵 $\boldsymbol{T}_{\text{MB}}$，求解得到 A 到 B 的变换矩阵 $\boldsymbol{T}_{\text{AB}}$，即

$$\boldsymbol{T}_{\text{AB}} = \boldsymbol{T}_{\text{AM}} \boldsymbol{T}_{\text{MB}} = \boldsymbol{T}_{\text{MA}}^{-1} \boldsymbol{T}_{\text{MB}}$$

式中，$\boldsymbol{T}_{\text{MA}}^{-1}$ 表示 $\boldsymbol{T}_{\text{MA}}$ 的逆。虽然求任意矩阵的逆比较困难，但是由于齐次变换矩阵的良好性质以及很强的几何特征，它的逆是很容易求解的。对于变换矩阵中的旋转部分 $\boldsymbol{R}_{\text{MA}}$，由于 $\boldsymbol{R}_{\text{MA}}$ 为正交矩阵，所以 $\boldsymbol{R}_{\text{MA}}$ 的转置就是它的逆：

$$\boldsymbol{R}_{\text{AM}} = \boldsymbol{R}_{\text{MA}}^{-1} = \boldsymbol{R}_{\text{MA}}^{\text{T}}$$

接着对变换矩阵中的平移部分求逆，其推导如下：

$$\boldsymbol{T}_{\text{AM}} = \boldsymbol{T}_{\text{MA}}^{-1} = \begin{pmatrix} \boldsymbol{R}_{\text{MA}} & \boldsymbol{p}_{\text{MA}} \\ 0 & 1 \end{pmatrix}^{-1} = \left(\begin{pmatrix} \boldsymbol{I} & \boldsymbol{p}_{\text{MA}} \\ 0 & 1 \end{pmatrix} \begin{pmatrix} \boldsymbol{R}_{\text{MA}} & 0 \\ 0 & 1 \end{pmatrix} \right)^{-1}$$

$$= \left(\begin{pmatrix} \boldsymbol{R}_{\text{MA}} & 0 \\ 0 & 1 \end{pmatrix} \right)^{-1} \left(\begin{pmatrix} \boldsymbol{I} & \boldsymbol{p}_{\text{MA}} \\ 0 & 1 \end{pmatrix} \right)^{-1} = \begin{pmatrix} \boldsymbol{R}_{\text{MA}}^{\text{T}} & 0 \\ 0 & 1 \end{pmatrix} \begin{pmatrix} \boldsymbol{I} & -\boldsymbol{p}_{\text{MA}} \\ 0 & 1 \end{pmatrix} = \begin{pmatrix} \boldsymbol{R}_{\text{MA}}^{\text{T}} & -\boldsymbol{R}_{\text{MA}}^{\text{T}} \boldsymbol{p}_{\text{MA}} \\ 0 & 1 \end{pmatrix}$$

所以在已知变换矩阵 $\boldsymbol{T}_{\text{MA}}$ 的情况下，可以快速求解它的逆 $\boldsymbol{T}_{\text{AM}}$。

在实际的 C++ 编程中，推荐使用 Eigen 以及 ROS 自带的 TF2 中的数据结构来表征变换，在 ROS TF2 中，可以使用如下数据表征变换。

- geometry_msgs::Pose：包含 x、y、z 和四元数。
- geometry_msgs::Transform：包含 x、y、z 和四元数。

在 Eigen 中，通常用 4×4 的矩阵表征变换，也可以用平移向量和旋转向量来表征变换。

- Eigen::Affine3f：仿射变换，3f 表征三维空间的半精度浮点型。
- Eigen::Matrix4f：4×4 的半精度浮点型矩阵，可以表征三维空间下的齐次变换，双精度浮点型矩阵可以使用 Eigen::Matrix4d。
- Eigen::Translation3f+3 个 Eigen::AngleAxisf（roll、pitch 和 yaw）：分别使用 6 个浮点数表征 x、y、z 和欧拉角。

考虑到变换矩阵会在后面定位的相关章节大量使用，下面介绍如何使用 Eigen 在 C++中对矩阵操作编程。

5.1.4　Eigen 编程基础

Eigen 是 C++的一个开源模板库，支持线性代数运算、矩阵和矢量运算、数值分析及其相关算法，目前主流版本是 Eigen3。实践前，确认系统中已安装了 Eigen3，在 Ubuntu 系统中，可以直接使用 apt 命令安装 Eigen3：

```
sudo apt-get install libeigen3-dev
```

Eigen 项目本身只包含头文件，因此它不需要实现编译（只需要使用#include），指定好 Eigen 的头文件路径，编译项目即可，Eigen 在 Ubuntu 系统中头文件的默认安装位置是：

```
/usr/include/eigen3
```

编写 ROS 节点时，我们通常不需要手动在 CMakeList.txt 中指定 Eigen 的 include 路径，这是因为，在通过 find_package 查找到 catkin 包相关变量后，catkin_INCLUDE_DIRS 变量会包含/usr/include/下所有库的路径，所以只需要使用：

```
include_directories(${catkin_INCLUDE_DIRS})
```

即可将 Eigen 相关的头文件路径包含至项目。接下来构造一个四元数：

```
Eigen::Quaternionf quaternionf(0.999906, 0.00157603, 0.000566632, -0.0136036);
```

转换为旋转矩阵：

```
Eigen::Matrix3f ma=quaternionf.toRotationMatrix();
```

构造一个平移向量：

```
Eigen::Translation3f translation(9.16012,-0.0940371,0.113187);
```

由平移向量和旋转矩阵构造一个仿射变换矩阵：

```
Eigen::Affine3f affine3f=translation*quaternionf.
toRotationMatrix();
```

求变换矩阵的逆：

```
Eigen::Affine3f inv=affine3f.inverse();
```

通过调用 Affine 的 matirx()方法获取实际的矩阵：

```
Eigen::Matrix4f mat=affine3f.matrix();
std::cout<<mat<<std::endl;
```

当然，也可以根据四元数或旋转矩阵转换得到欧拉角：

```
float yaw, pitch, roll;
Eigen::Vector3f euler=quaternionf.toRotationMatrix().eulerAngles
(0, 1, 2);
roll=euler[0]; pitch=euler[1]; yaw=euler[2];
std::cout<<"Euler from quaternion in roll, pitch, yaw"<< std::::
endl<<euler<<std::endl;
```

还可以通过欧拉角构造旋转矩阵：

```
Eigen::Matrix3f n;
n=Eigen::AngleAxisf(roll, Eigen::Vector3f::UnitX())
  *Eigen::AngleAxisf(pitch, Eigen::Vector3f::UnitY())
  *Eigen::AngleAxisf(yaw, Eigen::Vector3f::UnitZ());
std::cout<<n<<std::endl;
```

基于齐次变换矩阵的知识和 Eigen 提供的丰富的矩阵运算功能，我们可以通过齐次变换矩阵对任意输入向量进行坐标系变换，本节的完整代码在本书代码仓库的 chapter5/src/transform_learn 目录中。

5.1.5　ROS TF2 编程基础

基于齐次变换矩阵的知识，我们可以使用 Eigen 方便地直接对任意坐标系进行变换，与此同时，ROS 也提供了一套用于变换的库——TF2。TF2 不仅能够维护机器人各个坐标系在空间上的变换关系，还能够维护变换在时间上的关系。我们知道，机器人的坐标系之间的相对关系通常不是静止的，比如机器人车体坐标系相对于世界坐标系的变换会随着机器人的运动而发生变化，所以在感知和定位的实际应用中，开发者通常需要维护时间轴上的变换树（transform tree 或者 TF tree），而 ROS TF2 可提供此功能。

ROS 早期支持变换的库为 TF，TF2 顾名思义就是 TF 的第二代版本，相比于

TF，TF2 具有更好的抽象和依赖隔离。在新版本的 ROS 中均推荐采用 TF2 实现变换树的管理。更多关于 TF 的描述，可以参考论文[2]。

ROS 通常有许多随时间变化的三维坐标系，例如世界坐标系、车体坐标系、激光雷达坐标系等。TF2 随时间跟踪这些坐标系，并允许 ROS 节点向其查询各类变换，如下。

- 5 s 前，激光雷达相对于世界坐标系在哪里？
- 激光雷达检测出来的目标相对于车体坐标系的姿态是什么？
- 车辆当前相对于地图坐标系的位姿是什么？

TF2 可以在分布式系统中运行。这意味着，机器人系统中任意计算机上的 ROS 节点都可以使用有关机器人坐标系的所有信息。TF2 对变换的管理主要通过广播和监听实现。

- 监听 TF：ROS 节点接收并缓冲系统中广播的所有坐标帧，并查询帧之间的特定变换，比如规划模块通过监听 TF，查询当前车辆在世界坐标系下的变换（姿态）。
- 广播 TF：ROS 节点将变换发布出来，供其他模块使用，典型的案例就是自动驾驶定位模块。定位模块通过多种技术（如 GNSS、激光雷达扫描配准、多传感器融合等）计算得到当前车辆在世界坐标系下的姿态，进而将姿态以在当前时间点世界坐标到车体坐标系的变换的形式广播出来，以供其他模块使用。

在 ROS 中使用 TF2 相关功能通常需要引入以下包。

- tf2：TF2 本体。
- tf2_ros：提供 TF2 到 ROS 的接口。
- tf2_geometry_msgs：提供 ROS 消息（主要是 geometry_msgs）到 TF2 消息的互相转换的功能。

首先确保你的系统已经正确安装了 ROS TF2 相关包，在 Ubuntu 18.04 系统中，可以直接使用 apt 命令安装：

```
sudo apt install ros-melodic-tf2 ros-melodic-tf2-geometry-msgs
ros-melodic-tf2-ros ros-melodic-tf2-msgs
```

下面我们看 TF 广播和监听的 C++代码，本节的完整代码在本书代码仓库的 chapter5/src/transform_learn 目录中。使用 TF2 广播一个变换：

```
//初始化一个 tf2 广播器
tf2_ros::TransformBroadcaster tf2_br_;
//使用几何消息表示一个变换
```

```
geometry_msgs::TransformStamped tf_stamped;
//设置源坐标系
tf_stamped.header.frame_id="map";
//设置目标坐标系（也称为子坐标系）
tf_stamped.child_frame_id="lidar1";
//设置时间戳
tf_stamped.header.stamp=ros::Time::now();
//设置平移
tf_stamped.transform.translation.x=10.0889997482;
tf_stamped.transform.translation.y=46.3176994324;
tf_stamped.transform.translation.z=1.90696001053;
//使用四元数设置旋转
tf_stamped.transform.rotation.w=0.71574062109;
tf_stamped.transform.rotation.x=-0.00762364175171;
tf_stamped.transform.rotation.y=0.00601654453203;
tf_stamped.transform.rotation.z=0.698299050331;
//广播（发布）这个变量
tf2_br_.sendTransform(tf_stamped);
```

当 TF 被持续广播后，可以在命令提示符窗口通过 rostopic echo /tf 输出变换树中存在的变换：

```
transforms:
  -
    header:
      seq: 0
      stamp:
        secs: 1633404580
        nsecs: 485135365
      frame_id: "map"
    child_frame_id: "lidar1"
    transform:
      translation:
        x: 10.0889997482
        y: 46.3176994324
        z: 1.90696001053
      rotation:
        x: -0.00762364175171
        y: 0.00601654453203
        z: 0.698299050331
        w: 0.71574062109
---
```

也可以在 RQT 的变换树插件中查看整个变换树的状态，如图 5-4 所示。

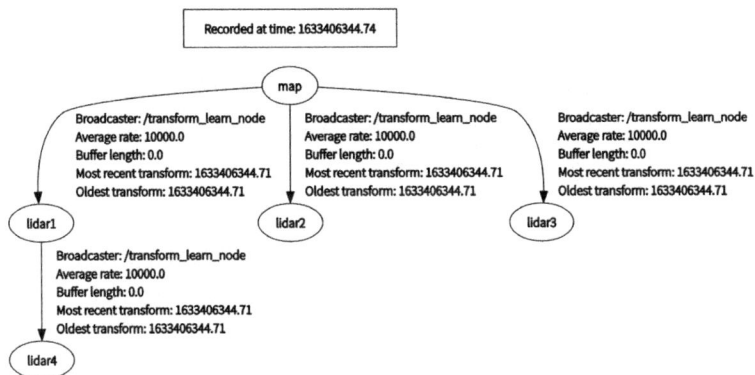

图 5-4　在 RQT 变换树插件中查看整个 ROS 变换树的状态

监听广播并查询 lidar4 坐标系相对于 map 坐标系的变换:

```
tf2_ros::Buffer tf2_buffer_;
tf2_ros::TransformListener tf2_listener_(tf2_buffer_);
geometry_msgs::TransformStamped transformStamped;
try{
    transformStamped=tf2_buffer_.lookupTransform("lidar4",
"map", ros::Time(0));
}
catch (tf2::TransformException &ex){
    ROS_WARN("%s",ex.what());
    return;
}
ROS_INFO_STREAM("The map to lidar4 tf is: ");
ROS_INFO_STREAM(" x: "<< transformStamped.transform.
translation.x <<
                " y: "<< transformStamped.transform.translation.y <<
                " z: "<< transformStamped.transform.translation.z <<
                " rw: "<< transformStamped.transform.rotation.w  <<
                " rx: "<< transformStamped.transform.rotation.x  <<
                " ry: "<< transformStamped.transform.rotation.y  <<
                " rz: "<< transformStamped.transform.rotation.z);
```

在创建一个 TransformListener 对象前,需要先创建一个 tf2_ros::Buffer 对象用于缓存最近 10 s 广播的 TF,也可以通过修改 Buffer 的参数来调整 TF 的缓存时间,比如改成缓存 5 s:

```
tf2_ros::Buffer tf2_buffer_(ros::Duration(5));
tf2_ros::TransformListener tf2_listener_(tf2_buffer_);
```

使用 Buffer 对象的 lookupTransform 方法查询变换树中某个时间点的变换关系，该方法需要输入以下 4 个参数。

- 目标坐标系（target frame）：也叫子坐标系（child frame），是我们希望变换到的坐标系。本例中，我们希望查询 map 坐标系到 lidar4 坐标系的变换，所以目标坐标系为 lidar4 坐标系。
- 源坐标系（source frame）：也叫父坐标系（parent frame），是变换的源。
- 查询变换的时间点，使用 ros::Time(0) 将默认使用缓存中最近的变换。
- 过期时间：可选参数，用于设定缓存过期的时间阈值，默认为 ros::Duration(0.0)。

Rviz 也可以可视化出当前 TF2 维护的所有变换树，在 Rviz 中添加 TF 插件，将 fix frame 调整为 map，如图 5-5 所示。

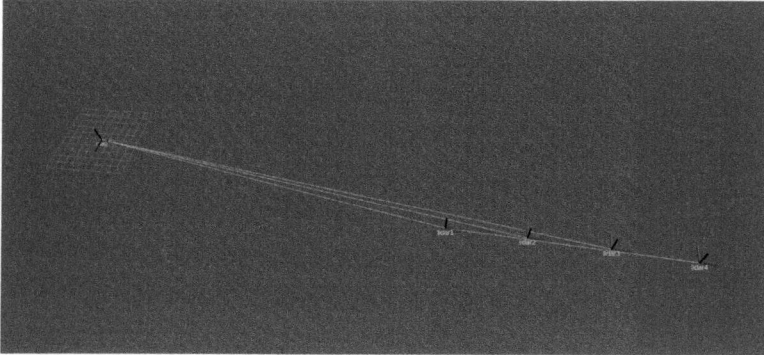

图 5-5　在 Rviz 中可视化变换树

在熟悉了 Eigen 和 ROS TF2 以后，下面我们基于一个激光雷达点云叠加的实例来熟悉坐标系变换。

5.1.6　坐标系变换编程实践

本节的示例代码位于代码仓库的 chapter5/src/transform_learn 目录下，该示例为一个单一的 ROS 节点，可以通过 catkin build 指令构建。构建完成后，运行 roslaunch：

```
roslaunch transform_learn transform_learn.launch
```

此时，会在命令行中输出各种信息，弹出 Rviz 并显示在 map 坐标系下 4 个点云拼接的效果，如图 5-6 所示。下面我们来看一下此示例代码具体做了什么。

图 5-6　通过变换将 4 个点云拼接

从 launch 文件切入。首先，launch 文件将全局参数 use_sim_time 设置为 false，也就是说，直接使用系统时间，接着启动一个 rviz 节点和一个自定义的 transform_learn_node 节点，并给节点输入参数 transform_data_folder，该参数为数据存放的路径，是一个基于 ros package 的相对路径：

```
<launch>
    <!--- Don't use sim time -->
    <param name="/use_sim_time" value="false"/>
    <node pkg="rviz" type="rviz" name="rviz" args="-d $(find
transform_learn)/rviz/default.rviz" />
    <node pkg="transform_learn" type="transform_learn_node" name=
"transform_learn_node" output="screen">
        <param name="transform_data_folder" value="$(find
transform_learn)/data"/>
    </node>
</launch>
```

transform_learn_node 节点的具体实现在类 TransformLearn 中。在类的构造函数中，首先初始化数据路径参数，并初始化 ROS 发布者：

```
//初始化 ROS 参数
std::string transform_data_folder="/home/rdcas/new_book/lidar_
book_code/chapter6/src/transform_learn/data";
    private_nh_.getParam("transform_data_folder", transform_data_
folder);
    ROS_INFO_STREAM("read pcd and transform from folder: "<<transform_
data_folder);
```

```
//初始化发布者
pub1_=nh_.advertise<sensor_msgs::PointCloud2>("added_with_glob
al_tf", 10);
    pub2_=nh_.advertise<sensor_msgs::PointCloud2>("added_in_first_
lidar_frame", 10);
    pub3_=nh_.advertise<sensor_msgs::PointCloud2>("points_in_map_f
rame", 10);
    pub4_=nh_.advertise<sensor_msgs::PointCloud2>("cloud_without_t
ransform", 10);
```

接着，通过自定义的函数 LoadPcdAndPoseData 加载 data 目录下的 4 个 PCD 文件和 4 个文本文件，PCD 文件为 4 帧激光雷达点云数据，文本文件则为激光雷达相对于 map 坐标系的姿态（变换），其中涉及 PCL 的基本 IO 编程和 C++文件流读取，在此不赘述。加载好的数据被依序保存至两个 vector 中：

```
std::vector<pcl::PointCloud<pcl::PointXYZ>> cloud_list;
std::vector<Eigen::Matrix4f> matrix_list;
```

cloud_list 用于存储点云数据，matrix_list 则用于存储 map 坐标系到 lidar 坐标系的齐次变换矩阵，首先试着不做变换，直接叠加 4 个点云：

```
//添加未经变换的点云
pcl::PointCloud<pcl::PointXYZ> no_tf_cloud;
for (size_t i=0; i < 4; i++){
    no_tf_cloud += cloud_list[i];
}
```

点云 no_tf_cloud 在后面的代码中被发布到了话题 cloud_without_transform 上，可以在 Rivz 中可视化不做变换的 4 个点云叠加的效果，如图 5-7 所示。

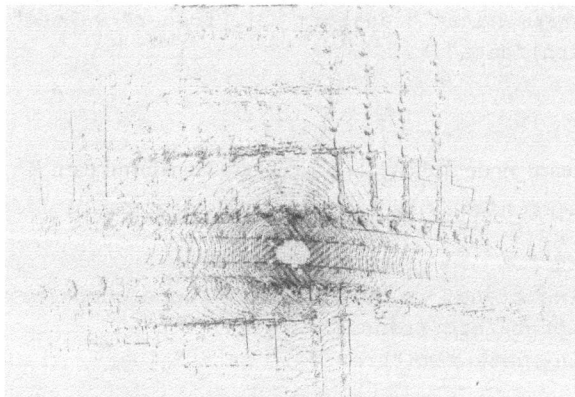

图 5-7　不做变换的 4 个点云叠加的效果

显然，这样叠加出来的点云是混乱的，同一堵墙对应的点云被叠加到了不同的位置。接着我们基于读取文件得到的变换对点云先进行坐标变换，再进行叠加：

```
//将点云转换到地图坐标系
pcl::PointCloud<pcl::PointXYZ> added_cloud1;
for (size_t i=0; i < 4; i++){
    pcl::PointCloud<pcl::PointXYZ> tf_cloud;
    for(pcl::PointXYZ p: cloud_list[i].points){
        Eigen::Vector4f pp;
        pp<<p.x, p.y, p.z, 1;
        //左乘
        Eigen::Vector4f transformed_p=matrix_list[i]*pp;
        pcl::PointXYZ  tf_p(transformed_p[0], transformed_p[1],
transformed_p[2]);
        tf_cloud.points.push_back(tf_p);
    }
    added_cloud1+=tf_cloud;
}
```

如前面提到的，为了将点云变换到目标坐标系，应当左乘齐次变换矩阵。变换后再叠加的点云 added_cloud1 被发布至话题 points_in_map_frame 上，在 Rviz 中可视化该话题，如图 5-8 所示。

图 5-8　变换后叠加的点云

根据可视化的结果，叠加后的点云实现了对环境中车辆、建筑物和路面的准确贴合，反映了真实的环境几何特征。上面我们通过对点云的每一个点使用变换矩阵左乘实现坐标系变换，此外还可以通过 PCL 中现成的方法 transformPointCloud 实现类似的效果：

```
//基于全局变换矩阵添加点云
pcl::PointCloud<pcl::PointXYZ> added_cloud;
for (int i=0; i < 4; ++i) {
    pcl::PointCloud<pcl::PointXYZ> transformed_cloud;
    pcl::transformPointCloud(cloud_list[i], transformed_cloud,
matrix_list[i]);
    added_cloud+=transformed_cloud;
}
```

根据齐次变换矩阵的特性，还可以通过 map 分别到 cloud1 和 cloud2 的变换计算获得 cloud1 到 cloud2 的变换：

```
//获取 cloud1 和 cloud2 之间的变换
Eigen::Matrix4f t01=matrix_list.at(0);
Eigen::Matrix4f t02=matrix_list.at(1);
Eigen::Matrix4f t12=t01.inverse()*t02; //t10*t02=t12
std::cout<<"the transform matrix between 1 & 2 is "<<std::endl;
std::cout<<t12<<std::endl;
```

变换矩阵的第四列的前 3 个元素即为变换的平移向量，前 3 行、3 列构成的矩阵即为旋转矩阵，可以使用 Eigen 的 block 模板获得一个矩阵的子矩阵：

```
//获取 cloud1 和 cloud2 之间的平移向量和旋转矩阵
Eigen::Vector3f xyz;
xyz<<t12(0, 3), t12(1, 3), t12(2, 3);
//使用 eigen 的块方法设置子矩阵
Eigen::Matrix3f rot_matrix=t12.block<3, 3>(0, 0);
std::cout<<"translation between 1 & 2 is: "<<xyz<<std::endl;
std::cout<<"rotation is: "<<rot_matrix<<std::endl;
```

根据旋转矩阵获得对应的欧拉角或者四元数：

```
//从旋转矩阵中获取翻滚角（roll）、俯仰角（pitch）和偏航角（yaw）
Eigen::Vector3f rpy=rot_matrix.eulerAngles(0, 1, 2);
std::cout<<"euler angles is "<< rpy<<std::endl;
//获取四元数
Eigen::Quaternionf q(rot_matrix);
std::cout<<"quaternion is "<< q.x()<<" "<<q.y()<< " "<<q.z() <<"
"<<q.w() <<std::endl;
```

根据计算得到的点云到点云之间的变换关系叠加点云，比如将 cloud2、cloud3 叠加到 cloud1 的坐标系下，如此叠加出来的点云的 frame id 应为 lidar1：

```
pcl::PointCloud<pcl::PointXYZ> add_1_and_2_3, tmp_cloud;
add_1_and_2_3 += cloud_list[0];
pcl::transformPointCloud(cloud_list[1], tmp_cloud, t12);
```

```
add_1_and_2_3 += tmp_cloud;
//添加 cloud3
Eigen::Matrix4f t03=matrix_list.at(2);
Eigen::Matrix4f t23=t02.inverse()*t03; //t23=t20*t03
Eigen::Matrix4f t13=t12*t23;
pcl::transformPointCloud(cloud_list[2], tmp_cloud, t13);
add_1_and_2_3 += tmp_cloud;
pcl::toROSMsg(add_1_and_2_3, pub_msgs_2);
pub_msgs_2.header.frame_id="lidar1";
```

点云 add_1_and_2_3 被发布到了话题 /added_in_first_lidar_frame 上，在 Rviz 中切换 fix frame 到 lidar1（即将可视化坐标系切换到 cloud1 下），图 5-9 所示为点云的可视化效果。

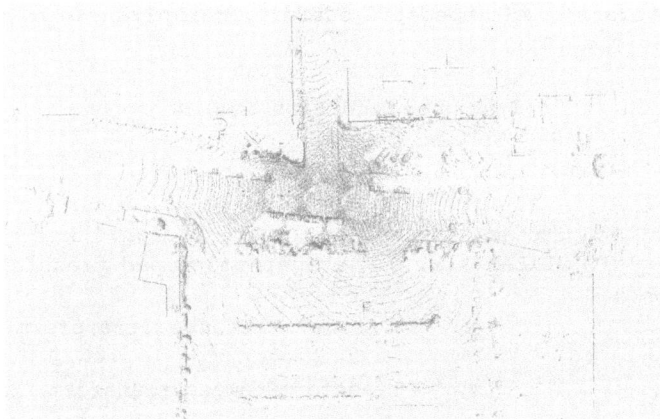

图 5-9　点云的可视化效果

使用 ROS TF2 对 4 个点云和地图间的变换进行广播，广播 map 到 lidar1、lidar2 和 lidar3 的变换，对于 lidar4，我们广播计算得到的 lidar1 到 lidar4 的变换：

```
/**
*使用 ROS tf2 广播变换
 */
void TransformLearn::BroadcastTf(){
      for (int i=0; i < 3; ++i) {
              geometry_msgs::TransformStamped tf_stamped;
              MatrixToTransform(matrix_list[i], "map", "lidar"+
std::to_string(i+1), tf_stamped);
              tf2_br_.sendTransform(tf_stamped);
      }

      //广播 lidar4 相对于 lidar1 坐标系的变换
      Eigen::Matrix4f t_04=matrix_list[3];
```

```
    Eigen::Matrix4f t_01=matrix_list[0];
    Eigen::Matrix4f t_14=t_01.inverse()*t_04;
    geometry_msgs::TransformStamped tf_1_4;
    MatrixToTransform(t_14, "lidar1", "lidar4", tf_1_4);
    tf2_br_.sendTransform(tf_1_4);
}
```

最终，TF2 维护的变换树如图 5-4 所示。虽然变换树中没有直接从 map 到 lidar4 的连接，但是因为它们在变换树上间接的连接性，我们依然可以通过 TF2 的查询功能查询到两者的变换：

```
void TransformLearn::ListenTF(){
    geometry_msgs::TransformStamped transformStamped;
    try{
        transformStamped=tf2_buffer_.lookupTransform("lidar4",
"map", ros::Time(0));
    }
    catch (tf2::TransformException &ex) {
        ROS_WARN("%s",ex.what());
        return;
    }
    ROS_INFO_STREAM("The map to lidar4 tf is: ");
    ROS_INFO_STREAM(" x: "<< transformStamped.transform.
translation.x <<
                " y: "<< transformStamped.transform.
translation.y <<
                " z: "<< transformStamped.transform.translation.
z <<
                " rw: "<< transformStamped.transform.rotation.w  <<
                " rx: "<< transformStamped.transform.rotation.x  <<
                " ry: "<< transformStamped.transform.rotation.y  <<
                " rz: "<< transformStamped.transform.
rotation.z);
    }
```

本节我们熟悉了自动驾驶中常用的变换和相关编程，相关知识将在传感器外参标定、SLAM 中被频繁使用。

5.2 多激光雷达自动标定方法与 ROS 实践

虽然激光雷达是目前自动驾驶系统的核心传感器，但由于其信息密度低、存在垂直盲区等问题，自动驾驶出租车公司大多在其 4 级驾驶系统中搭配多组激光雷达。图 5-10 所示为自动驾驶出租车公司 Cruise 的自动驾驶汽车，其采用了多激光雷达以弥补单激光雷达加相机这类传感器组合的不足。使用多激光雷达进行环境感知、定位和高精度建图的前提是对各雷达的外参进行精准的标定，本节我们基于前面学习的点云配准算法，介绍一种基于 NDT 算法的多激光雷达自动标定方法，并利用 ROS 实践该方法。

图 5-10　自动驾驶出租车公司 Cruise 的自动驾驶汽车

5.2.1　多激光雷达标定和点云配准

传感器外参标定本质上是获得两个传感器之间的位移量（x, y, z）和旋转量（ϕ, θ, ψ），在三维空间中可以用一个齐次变换矩阵来描述这样的变换关系。在三维数据处理领域，我们在第 4 章介绍的点云配准算法就是用于处理两个点云间位姿匹配问题的算法，NDT 算法和 ICP 算法是其中的代表。本节主要基于 NDT 算法介绍多激光雷达外参标定的方法并进行实践。

NDT 算法的原理已经在前面的章节中有详细介绍，在此不再赘述。需要明确的是，基于点云配准算法实现的多激光雷达外参标定，需要两颗激光雷达的点云存在一定的共视区域，所谓共视区域（在很多文献中简称为共视）是指两颗激光雷达捕获到了相同的区域。我们知道，激光雷达可以直接测量周围环境的距离信息，因此多激光雷达间的标定问题可以转换为共视区域的点云配准问题，对于共视区域的配准方法，可以进一步细分为如下两类：

- 对共视区域内的场景特征信息进行配准；
- 对共视区域内的原始点云进行配准。

第一类方法需要提取共视区域内点云的边缘特征、平面特征等信息，第二类方法则是直接运用点云进行点到点的配准。在理解了 NDT 算法后，我们知道这类基于点云配准的多激光雷达标定方法需要给出一个初始姿态估计，这个初始姿态估计要求的精度不高，可以通过简单的测量或者估计得到。下面我们基于 ROS+PCL 库，使用实际的点云数据包实现一个多激光雷达自动外参标定的样例。本节的完整代码在本书代码仓库的 chapter5/src/multi_lidar_calibration 目录中。

5.2.2 用于多激光雷达自动标定的样例数据包

下载本节所需的数据包 multi_lidar.bag，该数据包在本书资源的 dataset/chapter5 目录中。下载完成后，通过 rosbag info 命令查看该数据包包含的内容。

```
path:        multi_lidar.bag
version:     2.0
duration:    37.5s
start:       Apr 13 2020 12:39:34.96 (1586752774.96)
end:         Apr 13 2020 12:40:12.45 (1586752812.45)
size:        289.2 MB
messages:    336
compression: none [256/256 chunks]
types:       sensor_msgs/PointCloud2 [1158d486dd51d683ce2f1be6
55c3c181]
topics:      /hesai/front_high    76 msgs    : sensor_msgs/
PointCloud2
             /hesai/front_low     75 msgs    : sensor_msgs/
PointCloud2
             /hesai/left_front    49 msgs    : sensor_msgs/
PointCloud2
             /hesai/left_rear     59 msgs    : sensor_msgs/
PointCloud2
             /hesai/right_front   32 msgs    : sensor_msgs/
PointCloud2
             /hesai/right_rear    45 msgs    : sensor_msgs/
PointCloud2
```

这个数据包包含 6 颗激光雷达的数据，这些数据都是由禾赛 Pandar40P 激光雷达产生的，它们被分别安装于一台车辆的以下位置。

- 正前方车顶处：话题名为/hesai/front_high。
- 正前方进气格栅处：话题名为/hesai/front_low。
- 车辆左前处：话题名为/hesai/left_front。

- 车辆左后处：话题名为/hesai/left_rear。
- 车辆右前处：话题名为/hesai/right_front。
- 车辆右后处：话题名为/hesai/right_rear。

我们的目标就是将这6颗分布在车辆不同位置的40线激光雷达标定到同一坐标系。

5.2.3　多激光雷达标定代码实例

基于数据包中传感器安装的位置以及传感器间的共视情况，我们选取正前方车顶处的激光雷达作为主雷达，使用主雷达的坐标系标定的目标坐标系（在 ROS 的 TF 中也称为父坐标系），建立其他 5 颗激光雷达的坐标系（在 ROS 的 TF 中也称为子坐标系）到主雷达坐标系的变换关系，即通过算法确定其他 5 颗激光雷达在主雷达坐标系下的准确坐标和朝向，就完成了这 6 颗激光雷达的外参标定。在项目的配置文件 cfg/child_topic_list 中输入其他 5 颗激光雷达到主雷达的变换的粗略估计，作为 NDT 算法的初始姿态估计：

```
5
/hesai/front_low
0.0  0.0 -0.5 0.0 0.0 0.0
/hesai/left_front
1.0  0.0 0.0 1.5 0.0 0.0
/hesai/right_front
-1.0 0.0 0.0 -1.3 0.0 0.0
/hesai/left_rear
1.0  5.0 0.0 1.7 0.0 0.0
/hesai/right_rear
-1.0 5.0 0.0 -1.4 0.0 0.0
```

在该配置文件中，第一行是子坐标系的个数（即其他激光雷达的颗数），之后依次是每颗激光雷达的点云数据话题名称以及该雷达到主雷达变换的初始估计(x, y, z, ψ, θ, ϕ)。为了让读者理解 NDT 算法收敛的过程，笔者有意将初始估计做得非常差（平移量存在 1 m 左右的误差，旋转量普遍存在 $20° \sim 30°$ 的误差）。接着我们看一下 launch/multi_lidar_calibrator.launch 文件中的参数：

```
<launch>
    <arg name="points_parent_src" default="/hesai/front_high" />
    <arg name="points_child_src" default="/hesai/left_front" />
    <arg name="init_params_file_path" default="$(find multi_
lidar_calibrator)/cfg/child_topic_list"/>
```

```
        <arg name="voxel_size" default="0.1" />
        <arg name="ndt_epsilon" default="0.1" />
        <arg name="ndt_step_size" default="0.1" />
        <arg name="ndt_resolution" default="0.5" />
        <arg name="ndt_iterations" default="100" />
        <node pkg="multi_lidar_calibrator" type="multi_lidar_
calibrator" name="lidar_calibrator" output="screen">
            <param name="points_parent_src" value="$(arg points_
parent_src)" />
            <param name="points_child_src" value="$(arg points_child_
src)" />
            <param name="init_params_file_path" value="$(arg init_
params_file_path)" />
            <param name="voxel_size" value="$(arg voxel_size)" />
            <param name="ndt_epsilon" value="$(arg ndt_epsilon)" />
            <param name="ndt_step_size" value="$(arg ndt_step_size)" />
            <param name="ndt_resolution" value="$(arg ndt_resolution)" />
            <param name="ndt_iterations" value="$(arg ndt_iterations)" />
        </node>
</launch>
```

这里的 points_parent_src 即主雷达的话题名，points_child_src 是这一次标定的雷达的话题名，每执行一次程序，即可标定两颗雷达的外参。对于本例而言，执行 5 次程序即可自动完成所有雷达的外参标定，接着是 NDT 算法的配置参数。

- voxel_size：输入点云的降采样尺度，执行 NDT 算法之前，我们通常会对输入点云进行预处理，如基于体素网格滤波的降采样，以加速计算。

- ndt_epsilon：定义了搜索的最小变化量，该参数尺度过大会造成最终的收敛不稳定，过小容易造成收敛速度过慢。

- ndt_step_size：定义了在每次迭代中牛顿法优化允许的最大步长，较长的步长可以加快收敛速度，但如果步长过大，可能会导致跳过最优解或不稳定的收敛。

- ndt_resolution：目标点云的 ND 体素的尺寸，单位为 m。

- ndt_iterations：使用牛顿法优化的迭代次数，迭代次数越多，计算量越大。

主函数定义在源文件 multi_lidar_calibrator_node.cpp 中：

```
int main(int argc, char **argv) {
    ros::init(argc, argv, __APP_NAME__);
    ROSMultiLidarCalibratorApp app;
    app.Run();
    return 0;
}
```

主函数仅对 ROS 进行初始化，其余实现部分定义在一个名为 ROSMultiLidar CalibratorApp 的类中，在类的 Run 函数中，获取 ROS 句柄并使用一个频率为 10 Hz 的 ROS 循环来处理点云：

```
ros::NodeHandle private_node_handle("~");
InitializeROSIo(private_node_handle);
ROS_INFO("[%s] Ready. Waiting for data...",__APP_NAME__);
ros::Rate loop_rate(10);
while (ros::ok()){
    ros::spinOnce();
    //在这里开始 NDT 过程
    PerformNdtOptimize();
    loop_rate.sleep();
}
ros::spin();
ROS_INFO("[%s] END",__APP_NAME__);
```

我们没有通过 ROS 的 callback 机制监听新收集的 ROS 消息来调用相应的标定代码逻辑，而是采用一个固定的循环，从而避免 rosbag 已经回放完毕但是标定还没有收敛的情况。在 InitializeROSIo 函数中读取 launch 文件以及文本配置文件中的参数：

```
std::string initial_pose_topic_str="/initialpose";
std::string calibrated_points_topic_str="/points_calibrated";
//x, y, z, 偏航角(yaw), 俯仰角(pitch), 翻滚角(roll)
std::string init_file_path;
in_private_handle.param<std::string>("init_params_file_path",
init_file_path, " ");
std::ifstream ifs(init_file_path);
ifs >> child_topic_num_;
for (int j=0; j < child_topic_num_; ++j) {
    std::string child_name;
    ifs >> child_name;
    std::vector<double> tmp_transfer;
    for (int k=0; k < 6; ++k) {
        //读取 xyzypr
        double tmp_xyzypr;
        ifs >> tmp_xyzypr;
        tmp_transfer.push_back(tmp_xyzypr);
    }
    transfer_map_.insert(std::pair<std::string, std::vector
<double>>(child_name, tmp_transfer));
}
```

```
    in_private_handle.param<std::string>("points_parent_src",
points_parent_topic_str, "points_raw");
    in_private_handle.param<std::string>("points_child_src", points_
child_topic_str, "points_raw");
    in_private_handle.param<double>("voxel_size", voxel_size_, 0.1);
    in_private_handle.param<double>("ndt_epsilon", ndt_epsilon_, 0.01);
    in_private_handle.param<double>("ndt_step_size", ndt_step_size_,
0.1);
    in_private_handle.param<double>("ndt_resolution", ndt_
resolution_, 1.0);
    in_private_handle.param<int>("ndt_iterations", ndt_iterations_,
400);
```

接着配置节点的订阅者和发布者，我们需要订阅两路点云数据（输入点云和目标点云），并发布标定后的输入点云到话题 points_calibrated 上供可视化。然而，如果多激光雷达没有在时钟源上做硬同步（即没有通过外部时钟脉冲信号触发多颗激光雷达同步产生点云），多激光雷达产生的点云数据通常是不同步的，而我们的配准则期望能够对两个同步的点云做处理，所以需要在软件层面对多路点云数据做同步，这里我们使用 ROS 中的 message_filters 以及 Synchronizer 对两路点云数据做同步。message_filters 是 ROS 自带的消息过滤机制，message_filters（消息过滤器）可以基于一定的规则，确定到达的消息是否应该被"吐出"。其中一种规则就是时间同步器 message_filters::Synchronizer，它接收来自多个源的消息，仅当它们具有相同的时间戳时才输出，我们应用这一规则对输入的多路点云数据做时钟同步和过滤：

```
    cloud_parent_subscriber_=new message_filters::Subscriber<sensor_
msgs::PointCloud2>(node_handle_,
                                    points_parent_topic_str, 1);
    cloud_child_subscriber_=new message_filters::Subscriber<sensor_
msgs::PointCloud2>(node_handle_,
                                    points_child_topic_str, 1);
    calibrated_cloud_publisher_=node_handle_.advertise<sensor_
msgs::PointCloud2>(calibrated_points_topic_str, 1);
    cloud_synchronizer_=new message_filters::Synchronizer
<SyncPolicyT>(SyncPolicyT(100),*cloud_parent_subscriber_,*cloud_ch
ild_subscriber_);
    cloud_synchronizer_->registerCallback(boost::bind(&ROSMultiLid
arCalibratorApp::PointsCallback, this, _1, _2));
```

在点云数据回调 PointsCallback 中获取点云数据并保存于内部成员变量中，同时对输入点云做基于体系网格滤波的降采样：

```
    void ROSMultiLidarCalibratorApp::PointsCallback(const sensor_
msgs::PointCloud2::ConstPtr &in_parent_cloud_msg,
    const sensor_msgs::PointCloud2::ConstPtr &in_child_cloud_msg) {
        pcl::PointCloud<PointT>::Ptr parent_cloud(new pcl::PointCloud
<PointT>);
        pcl::PointCloud<PointT>::Ptr child_cloud(new pcl::PointCloud
<PointT>);
        pcl::PointCloud<PointT>::Ptr child_filtered_cloud(new pcl::
PointCloud<PointT>);
        pcl::fromROSMsg(*in_parent_cloud_msg, *parent_cloud);
        pcl::fromROSMsg(*in_child_cloud_msg, *child_cloud);

        parent_frame_=in_parent_cloud_msg->header.frame_id;
        child_frame_=in_child_cloud_msg->header.frame_id;
        DownsampleCloud(child_cloud, child_filtered_cloud, voxel_
size_);
        in_parent_cloud_=parent_cloud;
        in_child_cloud_=child_cloud;
        in_child_filtered_cloud_=child_filtered_cloud;
    }
```

在函数 PerformNdtOptimize 中实现点云的配准，首先判定成员变量是否已经接收点云数据，接着初始化 NDT 算法的参数、输入点云和目标点云：

```
    if (in_parent_cloud_== nullptr || in_child_cloud_== nullptr){
        return;
    }
    // 初始化正态分布变换 (NDT)
    pcl::NormalDistributionsTransform<PointT, PointT> ndt;
    ndt.setTransformationEpsilon(ndt_epsilon_);
    ndt.setStepSize(ndt_step_size_);
    ndt.setResolution(ndt_resolution_);
    ndt.setMaximumIterations(ndt_iterations_);
    ndt.setInputSource(in_child_filtered_cloud_);
    ndt.setInputTarget(in_parent_cloud_);
    pcl::PointCloud<PointT>::Ptr output_cloud(new pcl::PointCloud
<PointT>);
```

如果没有初始估计，则根据从配置文件中读取的位移量和欧拉角换算齐次变换矩阵：

```
    if(current_guess_==Eigen::Matrix4f::Identity())
    {
```

```
    Eigen::Translation3f init_translation(transfer_map_[points_
child_topic_str][0],
            transfer_map_[points_child_topic_str][1], transfer_
map_[points_child_topic_str][2]);
    Eigen::AngleAxisf init_rotation_x(transfer_map_[points_
child_topic_str][5], Eigen::Vector3f::UnitX());
    Eigen::AngleAxisf init_rotation_y(transfer_map_[points_
child_topic_str][4], Eigen::Vector3f::UnitY());
    Eigen::AngleAxisf init_rotation_z(transfer_map_[points_
child_topic_str][3], Eigen::Vector3f::UnitZ());
    Eigen::Matrix4f init_guess_=(init_translation*init_
rotation_z*init_rotation_y*init_rotation_x).matrix();
    current_guess_=init_guess_;
  }
```

执行 NDT 点云配准，得到新的变换矩阵，基于新的变换矩阵对输入点云进行位姿调整，并发布该点云以在 Rviz 中可视化：

```
ndt.align(*output_cloud, current_guess_);
std::cout<<"Normal Distributions Transform converged:"<<ndt.
hasConverged ()<<" score: "<<ndt.getFitnessScore ()<<" prob:"<<ndt.
getTransformationProbability()<<std::endl;
std::cout<<"transformation from "<<child_frame_<<" to "<<parent_
frame_<<std::endl;
// 使用找到的变换对未过滤的输入点云进行变换.
pcl::transformPointCloud (*in_child_cloud_, *output_cloud, ndt.
getFinalTransformation());
current_guess_=ndt.getFinalTransformation();
Eigen::Matrix3f rotation_matrix=current_guess_.block(0,0,3,3);
Eigen::Vector3f translation_vector=current_guess_.block(0,3,
3,1);
std::cout<<"This transformation can be replicated using:"
<<std::endl;
std::cout<<"rosrun tf static_transform_publisher "<<translation_
vector.transpose()
        <<" "<<rotation_matrix.eulerAngles(2,1,0).transpose()
<<" /"<<parent_frame_
        <<" /"<<child_frame_<<" 10"<<std::endl;
std::cout<<"Corresponding transformation matrix:"<<std::endl
        <<std::endl<<current_guess_<<std::endl<<std::endl;
PublishCloud(calibrated_cloud_publisher_, output_cloud);
```

根据求得的齐次变换矩阵换算 TF，使用 TF Broadcaster 发布该 TF：

```
tf::Transform t_transform;
MatrixToTranform(current_guess_,t_transform);
tf_br.sendTransform(tf::StampedTransform(t_transform,
ros::Time::now(), parent_frame_, child_frame_));
```

5.2.4　使用测试数据实践 6 颗激光雷达的标定

在本书代码仓库的 chapter5/目录中，构建整个 ROS 软件包：

```
catkin build
```

编译完成后启动 roscore：

```
roscore
```

在一个终端中使用本项目的 Rviz 配置文件启动 Rviz：

```
#在文件夹 chapter5 中
cd src/multi_lidar_calibration
rviz -d rviz/multi_lidar_calibration.rviz
```

在另一个终端上运行激光雷达标定程序：

```
source devel/setup.bash
roslaunch multi_lidar_calibrator multi_lidar_calibrator.launch
```

再开启一个终端，运行 rosbag：

```
rosbag play multi_lidar.bag
```

通过 Rviz 可以看到两颗激光雷达的点云逐渐拟合，当点云完全拟合时，这两颗激光雷达的外参标定完成，如图 5-11 所示。在 Rviz 中，改变可视化视角并缩放，可以看到两颗激光雷达的坐标变换示意，如图 5-12 所示。ROS 程序在终端中的输出如下：

```
Normal  Distributions  Transform  converged:1  score:  19.4946
prob:0.433616
transformation from lf to fh
This transformation can be replicated using:
rosrun tf static_transform_publisher  1.00938 -0.478343 -0.442721
1.36447 0.0686235 -0.080712 /fh /lf 10
Corresponding transformation matrix:
    0.20438  -0.976737 -0.0649128   1.00938
   0.976487   0.198784  0.0834137  -0.478343
-0.0685697 -0.0804346   0.994399  -0.442721
          0          0          0          1
```

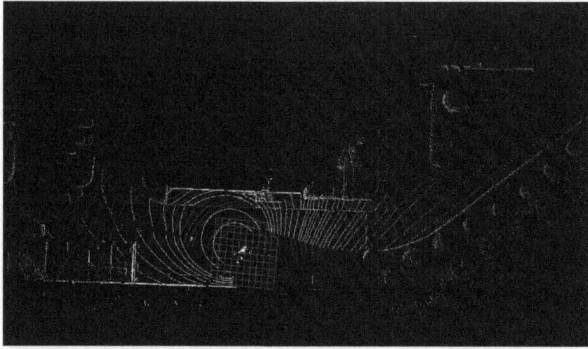

图 5-11　两颗激光雷达标定后的点云拟合情况

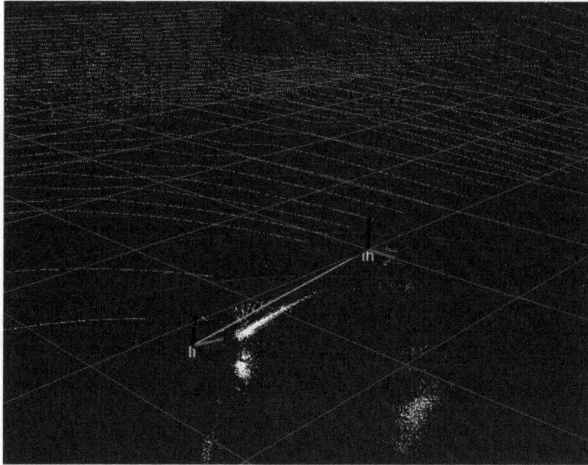

图 5-12　标定后的坐标变换示意

由于我们编写的 ROS 程序将 TF 广播了出来，所以可以在终端中使用 rostopic echo /tf 查看 TF 广播的结果：

```
---
transforms:
  -
    header:
      seq: 0
      stamp:
        secs: 1588649248
        nsecs: 552209442
      frame_id: "fh"
    child_frame_id: "lf"
    transform:
      translation:
```

```
    x: 1.00938165188
    y: -0.478343397379
    z: -0.442720860243
rotation:
    x: -0.0529087069262
    y: 0.00118085502996
    z: 0.63072089591
    w: 0.774203090781
```

　　将收敛后程序的输出结果中的 1.00938 −0.478343 −0.442721 1.36447 0.0686235 −0.080712 /fh /lf 10 复制到文件 launch/tf.launch 的 args 中。将 multi_lidar_calibrator. launch 中的 points_child_src 名称修改为其他 data 的 topic，执行 5 次程序即可完成所有 lidar 的标定，得到 5 组外参（齐次变换矩阵、TF、平移量和四元数）。之后将结果添加到 tf.launch 文件中，tf.launch 文件的作用本质上是使用 ros tf 包中的 static_transform_publisher 节点将 6 颗激光雷达的数据融合在一个坐标系下。这样我们就可以通过 Rviz 看到 6 颗激光雷达的标定结果了，执行 tf.launch 并运行数据包：

```
roslaunch multi_lidar_calibrator tf.launch
rosbag play multi_lidar.bag -l --clock
```

　　最终，6 颗激光雷达的点云均被转换到主雷达坐标系下，效果如图 5-13 所示。至此，我们就完成了这 6 颗激光雷达的外参标定，这些数据虽然来源于安装在车辆不同位置的激光雷达，但是通过标定，我们将它们的点云都转换到了统一的坐标系下，这样自动驾驶系统的感知、规划、定位等模块就可以像使用一颗激光雷达的数据那样使用这 6 颗激光雷达的数据了。

图 5-13　6 颗激光雷达点云融合的效果

| 5.3 激光雷达−相机联合标定 ROS 实践 |

自动驾驶汽车的感知和高精度制图需要对多种传感器进行融合，其中激光雷达和相机的融合是最普遍的，而准确的内外参标定是这两类传感器融合的必要条件。通常而言，激光雷达和相机固定安装于自动驾驶汽车上，其相对关系一定，变换关系为三维刚体变换，获得准确的齐次变换矩阵或者$(x, y, z, \psi, \theta, \phi)$变化量即可完成传感器的外参标定。然而，自动驾驶汽车安装的传感器数量较多，高效且自动化地完成多传感器标定对于自动驾驶汽车研发而言非常关键，本节将介绍一种自动化标定相机-激光雷达的方法，并且给出相对完整的 ROS 实践以供读者参考。

5.3.1 相机参数标定

要标定相机到激光雷达的外参，首先需要对相机本身的内参进行准确标定。在图像测量以及机器视觉应用中，为确定空间中物体表面某点的三维几何位置与其在图像中对应点之间的相互关系，必须建立相机成像的几何模型，几何模型的参数就是相机参数。在大多数条件下，这些参数必须通过实验与计算才能得到，求解参数的过程称为相机参数标定（简称相机标定）。无论是在图像测量中还是在机器视觉应用中，相机参数的标定都是非常关键的环节，其标定结果的精度直接影响相机的工作结果。图 5-14 所示为针孔相机模型，其涉及的坐标系通常包括如下类型。

- 世界坐标系 $O_w xyz$，也称为测量坐标系，是三维直角坐标系，以其为基准可以描述相机和待测物体的空间位置。世界坐标系的位置可以根据实际情况自由确定。
- 相机坐标系 $O_c x_c y_c z_c$，也是三维直角坐标系，原点位于镜头光心处，x_c 轴、y_c 轴分别与成像平面的两边平行，z_c 轴为镜头光轴，与成像平面垂直。
- 像素坐标系 $O_1 uv$，从小孔向投影面方向看，投影面的左上角为原点，u 轴、v 轴和投影面两边重合，也就是图像的左上角为原点，像素列方向为 u 轴，行方向为 v 轴。
- 图像坐标系 $O_p xy$，原点是相机光轴与成像平面的交点（称为主点），即图像的中心点，x 轴、y 轴平行于投影面。由于 x 轴和 y 轴分别与 u 轴和 v 轴平行，所以像素坐标系和图像坐标系实际上是平移关系，即可以通过平移变换得到。

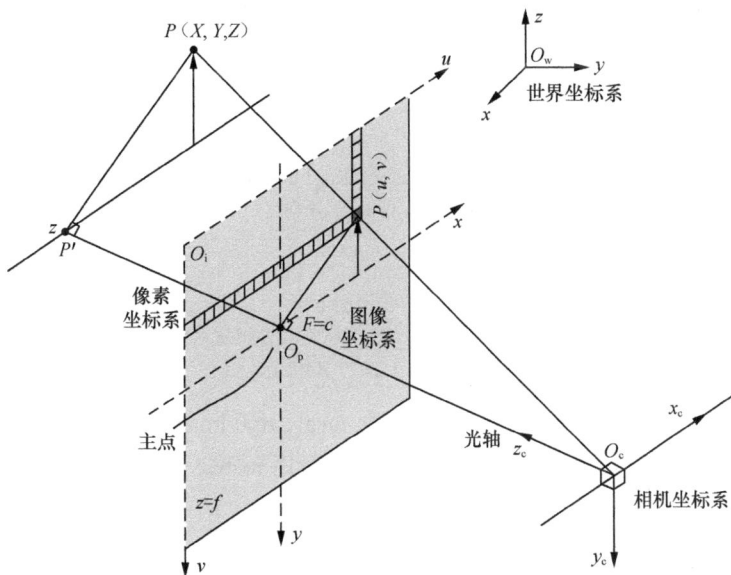

图 5-14　针孔相机模型

使用针孔相机获取三维空间的图像信息时需要经历以下几个过程。

- 首先将三维空间中的一点 $P(X,\ Y,\ Z)$ 从世界坐标系通过刚体变换到相机坐标系，需要的参数为旋转矩阵 $\boldsymbol{R}$ 和平移向量 $\boldsymbol{t}$，称为相机的外参；
- 获得了点 P 在相机坐标系下的坐标后，通过针孔相机模型变换为成像平面上的点 $p(x,y)$；
- 将点 p 从成像平面通过缩放和平移变换变换为像素坐标系上的点 $p(u,v)$。

ROS 官方提供了用于单目相机参数标定或者双目相机参数标定的软件包，名为 camera_calibration。ROS 官方也给出了单目相机参数和双目相机参数的标定教程，下面我们基于该软件包对车上的一个单目相机的参数进行标定。首先安装该 ROS 软件包：

```
sudo apt install ros-melodic-camera-calibration
```

下载本节使用的 ROS Bag 数据包，数据在本书资源的 dataset/chapter5/camera_intrinsics/目录中，用于相机内参标定的数据包如下：

```
camera_intrinsics/
├──── cam_calibration_0.bag
├──── cam_calibration_1.bag
├──── cam_calibration_2.bag
├──── cam_calibration_3.bag
└──── cam_calibration_4.bag
```

使用 rosbag info 查看 cam_calibration_0.bag 的信息：

```
path:        cam_calibration_0.bag
version:     2.0
duration:    26.3s
start:       Apr 25 2020 14:33:02.18 (1587796382.18)
end:         Apr 25 2020 14:33:28.46 (1587796408.46)
size:        2.0 GB
messages:    347
compression: none [347/347 chunks]
types:       sensor_msgs/Image [060021388200f6f0f447d0fcd9c64743]
topics:      /usb_cam0/image_raw  347 msgs   : sensor_msgs/Image
```

可以看到数据包内有一组话题名称为 /usb_cam0/image_raw 的图像数据，其消息类型为 sensor_msgs/Image。运行 roscore 并使用 rosbag play 播放：

```
#在一个终端执行
roscore
#在另一个终端执行
rosbag play rosbag play cam_calibration_*
```

可以在 RQT 的 Image View 插件中查看对应的图像数据，在终端使用 RQT，在 Plugins 菜单中选择 Visualization，再选择 Image View，下拉订阅的话题名称，选择对应的图像话题名称/usb_cam0/image_raw，这样就可以在 RQT 中看到数据包中的图像数据了，如图 5-15 所示。

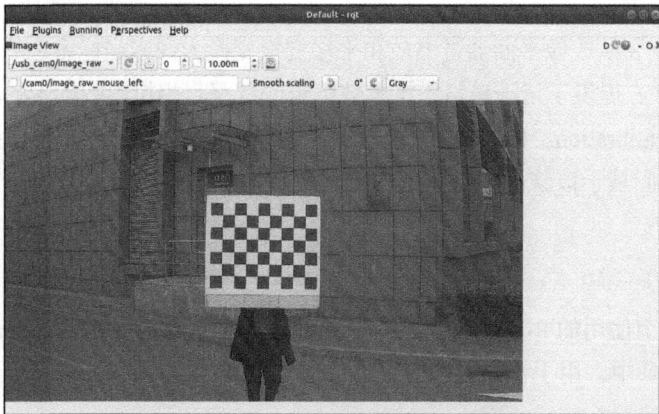

图 5-15 在 RQT 中查看数据包中的图像数据

camera_calibration 工具主要使用棋盘格标定板进行相机内参标定，棋盘格主要有两个关键属性：棋盘格内的黑白对角数量和每个格子的边长。这两个属性用于描述棋盘格标定板的大小。从制作的角度来讲，标定用的棋盘格需要保证每个格子的比例、边长一致，标定板的表面平整，无内凹、外凸等弯曲现象。

读者可以从相关网站下载各种尺寸的棋盘格素材。

如图 5-15 所示，本例的棋盘格内黑白对角数量为 8×6，每个格子的长度为 0.108 m，运行 camera_calibration 工具对示例数据包进行内参标定：

```
rosrun camera_calibration cameracalibrator.py --size 8x6 --square
0.108 image:=/usb_cam0/image_raw
```

其中，--size 用于指定标定板中棋盘格内的黑白对角数量，--square 用于设定每个格子的边长，单位为 m，image 用于指定输入图像的话题。如果你此时还运行着数据包，那么 camera_calibration 工具会弹出窗口呈现标定的过程，如图 5-16 所示。

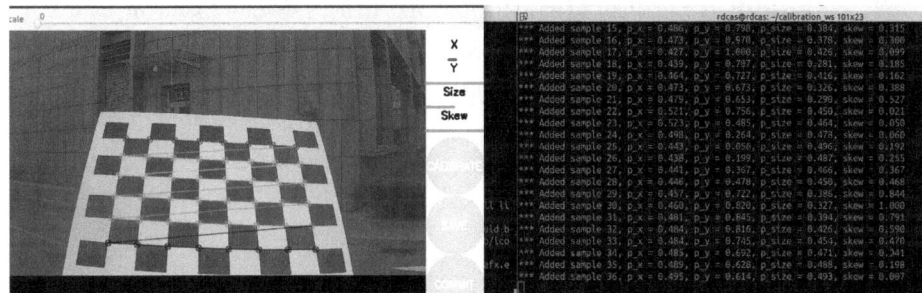

图 5-16　camera_calibration 工具标定过程

该工具通过订阅图像数据话题对相应的相机做标定，可以对实时相机数据流做在线标定，也可以使用录好的数据做离线标定。为了供读者复现，我们采用离线的方式实践。如果读者自行录制数据或者做在线标定，在采集相机内参标定数据的时候有以下几个注意事项。

- 应当在光线充足的情况下开展标定，尽量避免在过暗或者暴晒的场景下标定相机参数，过暗会造成棋盘格成像模糊、识别不准确、不稳定，从而影响标定的精度；暴晒易形成阴影和反光，会影响标定效率。

- 对于标定板的位置和姿态，可以先朝向镜头由远及近地采集不同距离情况下的位于不同高度和不同姿态的标定板的数据，不同的姿态主要通过调整棋盘格的俯仰角和偏航角来实现。这么做的目的是让棋盘的网格能够尽可能覆盖图像的每一个区域。调整过程中标定板到相机的距离不应过远或者过近，过远会造成棋盘格的像素占比过小，程序无法识别完整的棋盘内对角；过近会造成棋盘格成像模糊（车载相机通常为固定焦距相机，标定板距离小于相机焦距最佳成像距离时会出现成像模糊的现象），不利于内对角格的准确识别。

- 可以在最佳成像距离下对棋盘格的位置、高度和姿态做调整，采集更多样本数据。

当采集的样本数据足够多的时候，标定工具的 CALIBRATE 按钮会变亮，单击 CALIBRATE 按钮让程序运行内参标定。当标定程序运行结束后，标定工具的 SAVE 按钮会变亮，此时命令行会输出最终的相机内参标定结果，单击 SAVE 按钮，标定结果将默认保存至系统路径/tmp/calibrationdata.tar.gz，解压缩该压缩包到当前目录：

```
tar -vxzf /tmp/calibrationdata.tar.gz
```

解压缩得到输入标定程序的样本图像和最终的标定结果，标定结果被输出成两种格式：文本格式和.yaml 格式，分别写入文件 ost.txt 和 ost.yaml。以文本格式为例，标定结果包含相机的分辨率、相机类型、相机内参矩阵（camera matrix）、相机畸变系数（distortion）、校正矩阵（rectification，一般是单位矩阵）、世界坐标到像平面的投影矩阵（projection）等信息：

```
[image]
width
1920
height
1080
[narrow_stereo]
camera matrix
1980.419103 0.000000 916.316859
0.000000 1972.701183 596.930682
0.000000 0.000000 1.000000
distortion
-0.546687 0.337506 0.002990 0.006806 0.000000
rectification
1.000000 0.000000 0.000000
0.000000 1.000000 0.000000
0.000000 0.000000 1.000000
projection
1705.022949 0.000000 919.183345 0.000000
0.000000 1884.496948 603.655841 0.000000
0.000000 0.000000 1.000000 0.000000
```

至此，我们完成了对相机参数的标定，下面我们将对相机和激光雷达做联合标定，以得到相机坐标系到激光雷达坐标系的变换关系。

5.3.2　相机–激光雷达联合标定算法介绍

本节我们介绍一种基于三维点–平面对应关系优化的相机–激光雷达标定算

法[3]，该算法通过提取棋盘格标定板在点云和图像中的角点、中心点和法向量等特征，使用遗传算法优化特征对应关系从而得到相机坐标系到激光雷达坐标系的变换关系。下面我们结合代码对该标定算法进行介绍。本节所有代码均在本书代码仓库的 chapter5/src/cam_lidar_calibration 目录中。

　　首先准备用于标定的数据，读者可以直接使用本书第 5 章的数据包。下载本书资源 dataset/chapter5/目录下的 camera_lidar.tar.gz 文件并解压缩：

```
tar -vxzf camera_lidar.tar.gz
```

解压缩后得到名为 camera_lidar.bag 的数据包，使用 rosbag info 查看数据包信息：

```
rosbag info camera_lidar.bag
path:         camera_lidar.bag
version:      2.0
duration:     2:01s (121s)
start:        Apr 03 2020 17:11:43.66 (1585905103.66)
end:          Apr 03 2020 17:13:45.01 (1585905225.01)
size:         14.3 GB
messages:     3645
compression:  none [2434/2434 chunks]
types:        sensor_msgs/Image       [060021388200f6f0f447d0fcd9c64743]
              velodyne_msgs/VelodyneScan [50804fc9533a0e579e6322c0
4ae70566]
topics:       /left_front              1211 msgs    : velodyne_msgs/
VelodyneScan
              /usb_cam0/image_raw  2434 msgs    : sensor_msgs/Image
```

　　可以看到该数据包包含两个话题，分别为激光雷达和相机数据。需要注意的是这个数据包的激光雷达为 velodyne_msgs/VelodyneScan 格式消息，而非我们之前使用的 sensor_msgs/PointCloud2，这么做的目的主要是压缩数据包，velodyne_msgs/VelodyneScan 消息可以使用 Velodyne 官方的驱动解析为 sensor_msgs/PointCloud2 格式，本书源码和 launch 文件已经包含相关驱动。当然，读者也可以自行采集数据，只需采集数据格式为 sensor_msgs/Image 和 sensor_msgs/PointCloud2 的 rosmsg：

- 准备一块标定板，木板或者纸板都行，注意为平板，标定板的尺寸不受限制，但是为了使激光雷达的反射线束尽可能多，建议做大一些，作为参考，本节所采用的是一块 110 cm×90 cm 的木板；
- 打印一张和标定板尺寸相当的棋盘格作为参考，本节采用的是 8×6 的棋盘格；
- 将自动驾驶汽车（或机器人）摆在一个相对空旷的地方，采集相机和激光雷达的数据，采集的方法可以参考文末的数据包，相机的标定数据可以由远及近、从各个角度采集，对于激光雷达−相机联合标定的 bag，建议将标定板 45° 斜立，由近及远从 9 个位置进行采集。

1. 特征提取

由于棋盘格能够使用 OpenCV 进行准确的检测，所以 camera-lidar 标定的特征提取的难点实际是激光雷达的特征提取。三维点云数据稀疏，对于小的棋盘格实际上很难像图像那样使用角点进行特征点定位，为了简化问题并加速标定流程，厂商通常会采用标定车间或者空地进行多传感器标定。本项目中，我们在 rqt_reconfigure 中动态配置点云的 ROI，如图 5-17 所示。如果使用本书提供的样例数据包，代码仓库已经默认配置好了 ROI 参数，读者直接使用即可。使用 rviz -d rviz/cam_lidar_calibration.rviz 查看 ROI 内的点云，如图 5-18 所示。

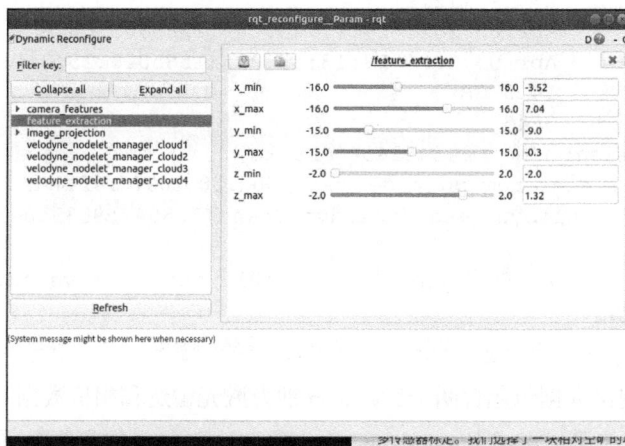

图 5-17　使用 RQT 动态配置点云的 ROI

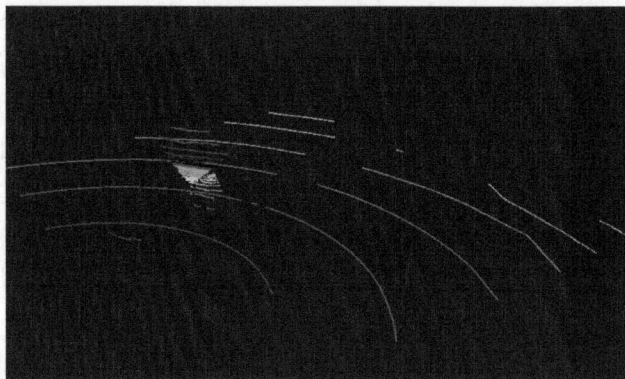

图 5-18　在 Rviz 中查看 ROI 内的点云

截取 ROI 以后，对目标的标定板的分割就相对简单了。获取点云中最高的点的坐标 z_{max}，已知标定板的长和宽，可计算对角线长度 diagonal，得到最低点的坐标 $z_{min} = z_{max} -$ diagonal，以 z_{max} 和 z_{min} 作为上下限截取整个点云，基本能够滤除地面点。此时点云中只剩代表标定板和举标定板的人的点了，通过 RANSAC 算法对其进行平面拟合，代码如下：

```
//通过标点板点云拟合一个平面
coefficients_.reset(new pcl::ModelCoefficients());
pcl::PointIndices::Ptr inliers(new pcl::PointIndices());
int i=0, nr_points=static_cast<int>(cloud_filtered->points.
size());
pcl::SACSegmentation<pcl::PointXYZIR> seg;
seg.setOptimizeCoefficients(true);
seg.setModelType(pcl::SACMODEL_PLANE);
seg.setMethodType(pcl::SAC_RANSAC);
seg.setMaxIterations(1000);
seg.setDistanceThreshold(plane_dist_threshold_);
pcl::ExtractIndices<pcl::PointXYZIR> extract;
seg.setInputCloud(cloud_filtered);
seg.segment(*inliers, *coefficients_);
//平面法向量的大小
pc_plane_mag_=sqrt(pow(coefficients_->values[0], 2)+pow
(coefficients_->values[1], 2)
                +pow(coefficients_->values[2], 2));
pcl::PointCloud<pcl::PointXYZIR>::Ptr cloud_seg(new pcl::
PointCloud<pcl::PointXYZIR>);
extract.setInputCloud(cloud_filtered);
extract.setIndices(inliers);
extract.setNegative(false);
extract.filter(*cloud_seg);
```

我们采用 SACMODEL_PLANE 模型，这里的距离阈值 plane_dist_threshold_ 可以在 launch 文件中指定，分割完的点的 index 赋给 inliers。因为激光雷达存在测量误差，平面拟合分割出来的点的实际坐标并不严格在一个平面上，这给后面的直线拟合、相交点计算造成了麻烦。可以使用 PCL 内置的方法将分割出来的点投影到拟合得到的平面上（该平面由系数 coefficients 确定），从而得到一个理想平面，结果如图 5-19 所示。

```
//将内点投影到拟合的平面上
pcl::PointCloud<pcl::PointXYZIR>::Ptr cloud_projected(new pcl::
PointCloud<pcl::PointXYZIR>);
```

```
pcl::ProjectInliers<pcl::PointXYZIR> proj;
proj.setModelType(pcl::SACMODEL_PLANE);
proj.setInputCloud(cloud_seg);
proj.setModelCoefficients(coefficients_);
proj.filter(*cloud_projected);
```

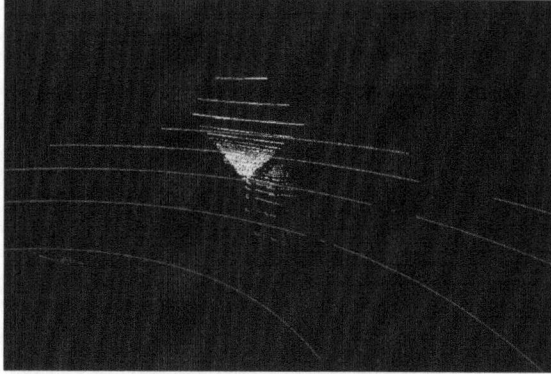

*图 5-19　分割标定板平面

图中白色的点即我们拟合并分割出来的标定板的反射点。寻找到每一个 ring 的起点和终点，一般来说激光雷达是正常平放的话，可以简单地选取 x 或者 y 的最大值、最小值的点作为每根线条的端点，我们通过比较每个 ring 的两端点距离大小确定 ring 中位数，以 ring 中位数分界可以得到 4 条边（左上、右上、左下和右下）的点，如图 5-20 所示。

*图 5-20　基于点的分布对标定板的角点进行提取

根据各条边的端点我们可以用 RANSAC 算法做直线拟合，获得标定板的 4 条边，最后使用 pcl::lineWithLineIntersection 方法得到 4 个角的坐标值 $\overline{\boldsymbol{O}}_{1k}^{i}\,(k=1,2,3,4)$。计算左右两个角的中心点作为标定板的中心点坐标 $\boldsymbol{O}_{1}^{i}$，前面我们使用 RANSAC 算法做了平面拟合，得到了标定板的法向量 $\overrightarrow{\mathbf{mag}}$，所以可以得到平面的朝向向量 $\boldsymbol{n}_{1}^{i}$，即图 5-20 中所示的蓝色箭头。

以上的符号中，i 均表示第 i 个样本，标定过程中需要采集多组样本用于优化目标函数。

至此，我们能够自动地提取出三维点云中标定板的 4 个角 $\overline{\boldsymbol{O}}_{1k}^{i}$、中心点 $\boldsymbol{O}_{1}^{i}$ 和朝向向量 $\boldsymbol{n}_{1}^{i}$。接下来进行图像的棋盘格特征点提取：

```
cv::Mat gray;
std::vector<cv::Point2f> corners, corners_undistorted;
std::vector<cv::Point3f> grid3dpoint;
cv::cvtColor(cv_ptr->image, gray, CV_BGR2GRAY);
ROS_INFO_STREAM("cols: "<<gray.cols<<" rows: "<<gray.rows);
//在图像中找到棋盘格模式
bool patternfound=cv::findChessboardCorners(gray, patternNum,
corners,CALIB_CB_ADAPTIVE_THRESH+CALIB_CB_NORMALIZE_IMAGE);

cornerSubPix(gray, corners, Size(11, 11), Size(-1, -1),
TermCriteria(CV_TERMCRIT_EPS+CV_TERMCRIT_ITER, 30, 0.1));
```

将图像转换为灰度图，使用 cv::findChessboardCorners 找到内部对角点，然后使用 cornerSubPix 进行亚像素优化，得到每个角点在图像坐标系下的坐标（像素位置）corners。由于已知棋盘格每个格子的实际尺寸（边长），我们可以计算出每个角点在三维坐标系下相较于棋盘中心点的坐标 grid3dpoint：

```
double tx, ty; //平移值
//棋盘格内部左下角到板框架原点的位置
tx=(patternNum.height - 1)*patternSize.height/2;
ty=(patternNum.width - 1)*patternSize.width/2;
//棋盘格角点相对于板框架的位置
for (int i=0; i < patternNum.height; i++) {
    for (int j=0; j < patternNum.width; j++) {
        cv::Point3f tmpgrid3dpoint;
        //将原点从左下角移动到棋盘格中心
        tmpgrid3dpoint.x=i*patternSize.height - tx;
        tmpgrid3dpoint.y=j*patternSize.width - ty;
        tmpgrid3dpoint.z=0;
        grid3dpoint.push_back(tmpgrid3dpoint);
    }
}
```

其中，patternNum 为 8×6 的棋盘，本实例中的标定板的格子边长为：

```
patternSize.height=patternSize.width=108cm
```

根据标定板格子的边长可以算出标定板 4 个角相对于棋盘中心点的坐标。根据角点的像素坐标 corners 和三维坐标 grid3dpoint，可以使用透视 n 点算法（perspective-n-point algorithm）得到两个坐标系的变换矩阵，在 OpenCV 中，通过函数 cv::solvePnP 来调用该算法：

```
cv::solvePnP(grid3dpoint, corners, i_params.cameramat, i_params.
distcoeff, rvec, tvec);
```

其中，i_params.cameramat 为相机矩阵，i_params.distcoeff 为畸变系数，它们都是通过相机的标定得到的相机参数。rvec 和 tvec 分别为求得的变换的旋转向量和平移向量。我们将这两个向量用一个齐次变换矩阵来表示：

```
// chessboardpose 是一个 3×4 的变换矩阵，用于将棋盘格坐标系中的点转换到
相机坐标系中，包含旋转矩阵 R 和平移向量 T
cv::Mat chessboardpose=cv::Mat::eye(4, 4, CV_64F);
cv::Mat tmprmat=cv::Mat(3, 3, CV_64F); //旋转矩阵
cv::Rodrigues(rvec, tmprmat); //欧拉角到旋转矩阵

for (int j=0; j < 3; j++) {
    for (int k=0; k < 3; k++) {
        chessboardpose.at<double>(j, k)=tmprmat.at<double>(j, k);
    }
    chessboardpose.at<double>(j, 3)=tvec.at<double>(j);
}
```

从而得到相机中的标定板的朝向向量（标定板平面的法向量）n_c^i：

```
chessboard_normal.at<double>(0)=0;
chessboard_normal.at<double>(1)=0;
chessboard_normal.at<double>(2)=1;
chessboard_normal=chessboard_normal*chessboardpose(cv::Rect(0,
0, 3, 3)).t();
```

同时，可以根据齐次变换矩阵换算出标定板的中心点和 4 个角点在相机坐标系下的三维坐标 o_c^i 和 $\bar{o}_{ck}^i (k=1,2,3,4)$，将相机坐标系下的角点和中心点反投影到图像坐标系，如图 5-21 所示。

总结一下，通过自动特征提取算法，可以分别得到标定板在激光雷达坐标系下的中心点坐标、4 个角点坐标和朝向向量，以及相机坐标系下的中心点坐标、4 个角点坐标和朝向向量。

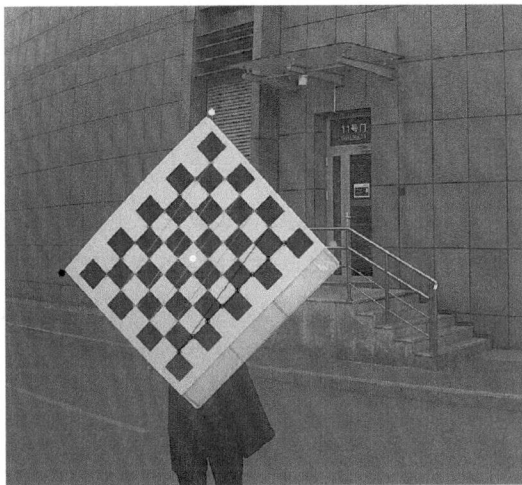

图 5-21 将相机坐标系下的角点和中心点反投影到图像坐标系

- 激光雷达坐标系下的特征向量：n_1^i、o_1^i 和 $\overline{o}_{1k}^i$ ($k=1,2,3,4$)。
- 相机坐标系下的特征向量：n_c^i、o_c^i 和 $\overline{o}_{ck}^i$ ($k=1,2,3,4$)。

采集若干组特征，在本例中，我们采集 9 组特征，优化构造目标函数，最终得到传感器外参。

2. 优化目标函数

在该问题中优化的目标主要为以下两个向量。

- 从激光雷达到相机坐标系的旋转量（欧拉角）：$\theta_1^c=[\theta_x,\theta_y,\theta_z]$。
- 从激光雷达到相机坐标系的平移量：$t_1^c=[x,y,z]$。

为了约束搜索空间，使用以下方法获得初始变换的估计 $\left(\tilde{R}_1^c\left(\tilde{\theta}_1^c\right),\tilde{t}_1^c\right)$：

$$\tilde{R}_1^c N_1 = N_c$$

$$N_1^{\mathrm{T}}\left(\tilde{R}_1^c\right)^{\mathrm{T}} = N_c^{\mathrm{T}}$$

$$N_1 N_1^{\mathrm{T}}\left(\tilde{R}_1^c\right)^{\mathrm{T}} = N_1 N_c^{\mathrm{T}}$$

$$\left(\tilde{R}_1^c\right)^{\mathrm{T}} = \left(N_1 N_1^{\mathrm{T}}\right)^{-1}\left(N_1 N_c^{\mathrm{T}}\right)$$

$$\tilde{R}_1^c = \left(\left(N_1 N_1^{\mathrm{T}}\right)^{-1}\left(N_1 N_c^{\mathrm{T}}\right)\right)^{\mathrm{T}}$$

由于采集了 $i=1,2,\cdots,N$ 个样本，N_1、N_c、O_1、O_c 均表示相应的由 n_1^i、n_c^i、o_1^i、o_c^i 等特征向量构成的 $3\times N$ 的特征矩阵。

旋转角优化的目标函数由两项构成，第一项 e_d 为向量 $\left(o_c^i - \tilde{o}_{c1}^i\right)$（也就是标定板的对角线上的一个向量）和旋转后的法向量 $n_{1,c}^i$ 的点积：

$$e_d = \frac{1}{N}\left\{\sum_{i=1}^{N}\left(\left(o_c^i - \overline{o}_{c1}^i\right) \cdot n_{1,c}^i\right)^2\right\}$$

式中，$n_{1,c}^i = R_1^c n_1^i$ 表示激光雷达提取的法向量 n_1^i 在经过旋转量为 R_1^c 的变换以后在相机坐标系下的法向量。很明显，这两个向量实际是相互垂直的，所以点积为 0，也就可以优化 R_1^c 使其最小化。第二项 e_r 则表示向量 $n_{1,c}^i$ 和 n_c^i 的距离：

$$e_r = \frac{1}{N}\left\{\sum_{i=1}^{N}\left(\sqrt{\sum\left(n_{1,c}^i - n_c^i\right)^2}\right)\right\}$$

最终旋转量的目标函数为

$$\tilde{R}_1^c\left(\tilde{\theta}_1^c\right) = \underset{R_1^c\left(\theta_1^c\right)}{\operatorname{argmin}}\, e_d + e_r$$

通过优化该目标函数，可以得到一个相对较好的旋转量的初始估计 $\tilde{R}_1^c$，接着优化目标函数得到一个相对较好的平移量估计：

$$\tilde{t}_1^c = \operatorname{mean}\left(O_c - \tilde{R}_1^c O_1\right)$$

式中，mean 表示按行求均值，在得到初始估计 $\tilde{R}_1^c$ 和 $\tilde{t}_1^c$ 以后，可以组合旋转量和平移量进行优化，在 e_d 和 e_r 的基础上，再新增两项：一项为

$$e_t = \frac{1}{N}\left\{\sum_{i=1}^{N}\left(\sqrt{\sum\left(o_c^i - o_{1,c}^i\right)^2}\right)\right\}$$

显然，e_t 表示中心点旋转平移以后的欧氏距离，其中 $o_{1,c}^i = R_1^c o_c^i + t_1^c$，表示 o_1^i 经过旋转平移以后在相机坐标系下的坐标；另一项为该欧氏距离在所有样本中的方差 v_t：

$$v_t = \frac{1}{N}\left\{\sum_{i=1}^{N}\left(\sqrt{\sum\left(o_c^i - o_{1,c}^i\right)^2} - e_t\right)^2\right\}$$

e_t 和 v_t 两项考虑了变换在三维笛卡儿坐标系下的误差和方差，为了将变换在二维图像平面上的误差和方差考虑进来，还需要最小化 $o_{1,c}^i$ 投影到图像坐标系上以后的误差，定义为 $e_{t,I}$：

$$e_{t,I} = \max\left\{\sqrt{\sum\left(o_{c,I}^i - o_{1,c,I}^i\right)^2}\right\}$$

最终目标函数为

$$\left(\tilde{R}_1^c\left(\tilde{\theta}_1^c\right), \tilde{t}_1^c\right) = \underset{R_1^c\left(\theta_1^c\right), t_1^c}{\operatorname{argmin}}\, e_t + v_t + e_d + e_r + k e_{t,I}$$

其中，对于旋转量和平移量的约束，我们限制在初始估计 ± 10° 和 ± 0.05 m：

$$\theta_1^c \in \tilde{\theta}_1^c \pm \frac{\pi}{18} , \quad t_1^c = \tilde{t}_1^c \pm 0.05$$

5.3.3 相机−激光雷达联合标定工具构建和使用

本节所有代码均在本书代码仓库的 chapter5/src/cam_lidar_calibration 目录中，要构建项目，在本书的基础环境下，还需要安装第三方库：

```
sudo apt install ros-melodic-nodelet ros-melodic-nav-msgs
```

在 chapter5 目录下使用 catkin tools 构建整个工作空间的软件包：

```
catkin build
```

构建完成后，打开配置文件配置 cam_lidar_calibration/cfg/initial_params.txt 相应参数：

```
/usb_cam0/image_raw
/velodyne/left_front
0
32
8 6
108
1100 900
0 0
1980.419103 0.000000 916.316859
0.000000 1972.701183 596.930682
0.000000 0.000000 1.000000
5
-0.546687 0.337506 0.002990 0.006806 0.000000
1920 1080
```

关于配置文件的说明：
- 第 1、2 行分别指定图像和点云数据的话题名称；
- 第 3 行指定相机类型，为 0 表示普通相机，为 1 表示鱼眼相机；
- 第 4 行指定激光雷达的线数，本节的样例数据采用的激光雷达的线数为 32；
- 第 5 行指定棋盘格内黑白对角数量；
- 第 6 行指定标定板每个格子的实际边长（单位为 mm）；
- 第 7 行指定标定板的宽和高（单位为 mm）；
- 第 8 行指定棋盘格到标定板边缘的白边的长度（单位为 mm）；

- 第 9 ~ 11 行指定相机矩阵（通过相机内参标定获得，本例的参数已给出）；
- 第 12 行指定相机的畸变系数个数，如果为普通相机，通常有 5 个畸变系数，鱼眼相机则为 4 个；
- 第 13 行指定相机的畸变系数，由相机内参标定获得；
- 第 14 行指定相机宽和高的像素数量。

启动标定程序的 launch 文件：

```
roslaunch cam_lidar_calibration cam_lidar_calibration.launch
```

运行样例 rosbag，由于过程中需要交互地采集标定样本数据，建议使用一个较低的频率播放数据包：

```
rosbag play cam_lidar.bag -r 0.5
```

在运行 cam_lidar_calibration.launch 的命令行中输入 i 采集一个样本，输入 i 以后暂停 rosbag 以观察特征提取效果，如图 5-22 所示，可以在 Rviz 中看到特征检测的效果，确定这一样本可用的话，在命令行中按 Enter 键，并继续播放 rosbag。采集样本时，确保棋盘格在图像和点云的画面内，否则特征提取失败。采集 8 ~ 9 个合适的样本（注意每次只有按 Enter 键样本才会被用于后续的目标函数优化）后可以开始优化，在命令行中按 O 键，程序将进入自动的优化流程。

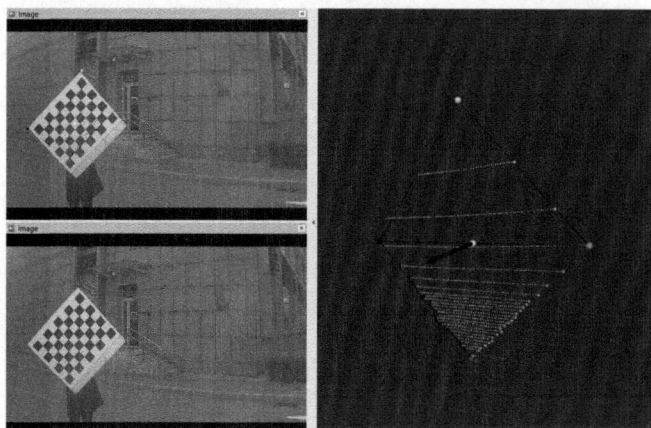

图 5-22　使用 Rviz 查看特征提取效果

最终优化得到的平移量和旋转欧拉角会被输出到命令行中，如下所示：

```
finish Analytical rotation matrix [-1.036126022403965,
-0.1638794527757443, 0.008845283766657015;
  -0.04286490916356046, 0.1569642781584801, -0.9734963378954911;
  -0.05223954254647389, -0.9267763676301324, -0.007819553145415839]
```

```
Analytical Euler angles -1.57923 0.0563054 -3.10025
Rotation and Translation after first optimization -1.58894
0.0406462 -3.09517 -0.925397 0.829087 0.41448
Extrinsic Parameters  -1.58567 0.00236683 -3.09016 -0.958068
0.876605 0.412671
The problem is optimized in 17.5892 seconds.
```

那么，最终的外参为旋转量（roll, pitch, yaw，单位为弧度）为：

```
-1.58567  0.00236683  -3.09016
```

平移量（x, y, z，单位为 m）为：

```
-0.958068   0.876605   0.412671
```

将这些参数填入 cam_lidar_calibration/launch/project_img.launch 文件中：

```
    <node pkg="cam_lidar_calibration" type="projector" name=
"projector" output="screen">
        <param name="roll" value="-1.58567"/>
        <param name="pitch" value="0.00236683"/>
        <param name="yaw" value="-3.09016"/>
        <param name="x" value="-0.958068"/>
        <param name="y" value="0.876605"/>
        <param name="z" value="0.412671"/>
    </node>
```

运行数据包并且运行 project_img.launch：

```
roslaunch cam_lidar_calibration project_img.launch
```

能够在 Rviz 中查看到点云投影到图像坐标系的效果（即标定的效果），如图 5-23 所示。

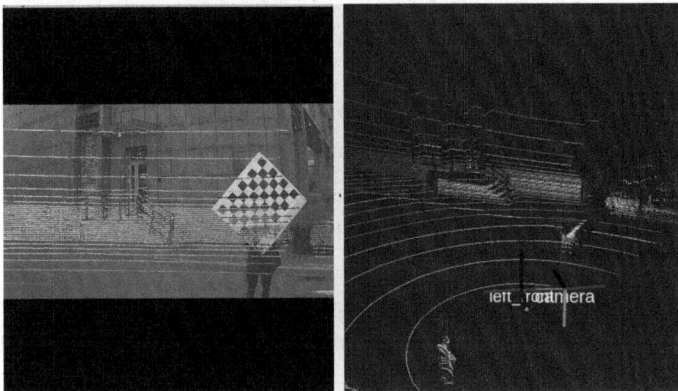

图 5-23　将激光雷达的点云投影至图像坐标系

此时，可以通过 rostopic echo /tf 查看相机到激光雷达的坐标变换：

```
transforms:
  -
    header:
      seq: 0
      stamp:
        secs: 1587721262
        nsecs: 562099592
      frame_id: "left_front"
    child_frame_id: "camera"
    transform:
      translation:
        x: -0.958068013191
        y: 0.87660497427
        z: 0.412670999765
      rotation:
        x: -0.0174866063579
        y: 0.712131134959
        z: -0.701574418226
        w: 0.0188891744494
```

至此，我们完成了相机到激光雷达的外参标定，多传感器标定可以指传感器本身到车体坐标系的变换关系，也可以指传感器间的变换关系。利用多传感器标定的外参，可以将任意传感器检测的目标投影到其他传感器坐标系下，或投影到车体坐标系下。根据我们在 5.1 节中学习的坐标系变换的知识，在已知车体坐标系到世界坐标系的变换关系的条件下，我们甚至可以将检测的目标投影到世界坐标系。

| 参考文献 |

[1] HAGER J W, BEHENSKY J F, DREW B W. The universal grids: Universal Transverse Mercator (UTM) and Universal Polar Stereographic(UPS)[J]. DMA Technical Manual, 1989: 1-64.

[2] FOOTE T. tf: The transform library[C] // 2013 IEEE Conference on Technologies for Practical Robot Applications (TePRA). Piscataway, USA: IEEE, 2013. DOI: 10.1109/ TePRA.2013.6556373.

[3] VERMA S, BERRIO J S, WORRALL S, et al. Automatic extrinsic calibration between a camera and a 3D Lidar using 3D point and plane correspondences[C]//2019 IEEE Intelligent Transportation Systems Conference (ITSC). Piscataway, USA: IEEE, 2019. DOI: 10.1109/ IROS.2018.8593660.

第 6 章

激光雷达 SLAM

本章我们将介绍一种主流的激光雷达 SLAM 方法，使用激光雷达 SLAM 方法构建点云地图。同时我们将介绍建图过程中的闭环检测，使用激光雷达测量的点云数据进行闭环检测，以及使用闭环检测的结果对全局图做优化。最后，我们将利用构建好的点云地图，基于前面章节介绍的 NDT 配准方法，实现自动驾驶汽车在点云地图内的高精度定位。在本章的学习中，你将理解并实践自动驾驶中的激光雷达 SLAM、构建高精度点云地图以及实现高精度定位。

|6.1 激光雷达 SLAM 简介|

6.1.1 SLAM 简介

SLAM 技术希望机器人从未知环境的未知地点出发，在运动过程中通过传感器重复观测到的地图特征（如墙角、柱子等）确定自身位置和姿态，再根据自身位置的航迹推算数据（如轮速计数据、IMU 数据）构建地图，从而达到即时定位和地图构建的目的。该技术兴起于 20 世纪 90 年代，最先主要用于机器人（尤其是室内机器人）领域，随着自动驾驶的兴起，SLAM 技术被进一步推广到自动驾驶的高精度地图构建、众包地图构建、多传感器标定和高精度定位等方面，成为智慧交通领域的研究热点。

显然，SLAM 是系统层次的概念，并不特指具体的算法。完整的 SLAM 系统通常包括传感器数据输入、前端数据处理（关键帧匹配）、后端数据优化（滤波）、闭环检测、建图等相关模块。图 6-1 所示为一个室内机器人使用二维激光雷达构建的 SLAM 地图，图中黑色边界是激光雷达探测到的障碍物边缘，表示此路不通，灰白色区域是可行驶的自由区域，放射线一样的线条表示此处可能有窗户或门，激光雷达部分点散射了出去。通过扫描整个环境空间，可以形成二维的激光雷达视角的地图。通过对环境的匹配对比，机器人能判断自身目前在地图中所处的位置。绿色线条表示机器人规划和行驶的路线。

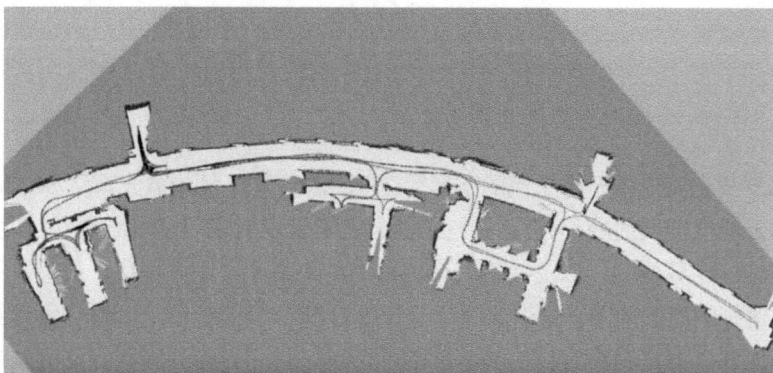

*图 6-1　一个室内机器人使用二维激光雷达构建的 SLAM 地图

目前，主流的 SLAM 技术主要采用两种技术路线：激光雷达 SLAM 和视觉 SLAM。激光雷达 SLAM 基于二维/三维激光雷达点云数据的连续测量来估算机器人相对于之前的位置的变化，然后叠加点云数据构建平面点云地图（即图 6-1 所示的二维点云地图）或者三维点云地图。激光雷达 SLAM 产生的三维点云地图能够对环境的三维信息进行准确的还原和重建，建图精度较高，且建图不受环境光线条件影响，适用于大规模、道路级高精度地图构建场景。但激光雷达成本过高（即使是室内用的二维激光雷达，其成本也远高于摄像头的），使得激光雷达 SLAM 一般不用于低成本室内机器人（如扫地机器人）。视觉 SLAM 主要使用单目或者双目摄像头作为环境测量传感器，公开的视觉 SLAM 算法框架有 ORB-SLAM2、ORB-SLAM3、MonoSLAM、PTAM、LSD-SLAM、DSO 等。视觉 SLAM 的优点在于传感器成本低，是低成本、小范围机器人定位导航的首选。其缺点也很显著，视觉 SLAM 的建图精度较低，建图和定位的过程受光线、环境的干扰较大。

6.1.2　自动驾驶中的激光雷达 SLAM

作为 SLAM 技术的一种，高线数激光雷达 SLAM 技术是自动驾驶建图能够高精度化、大规模化的重要原因之一，为什么这么说呢？首先我们需要理解室内机

器人和自动驾驶汽车在建图和定位层面的巨大差异。

室内机器人通常有以下特点。

- 工作环境小：室内机器人应用的环境面积小。
- 安全性要求相对较低：多数室内机器人允许一定程度的碰撞。
- 低速。
- 工作环境平坦，无显著起伏。
- 工作环境的光线条件良好、单一。
- 价格敏感：传感器单价不能过高。

正是因为这些特点（或者说限定条件），使用 SLAM 方法，尤其是视觉 SLAM 和二维激光雷达 SLAM 能够很好地解决室内机器人的定位导航问题。但是单纯靠 SLAM 方法，远远不能解决自动驾驶汽车的定位和导航问题，这是因为相比于室内机器人，自动驾驶汽车有以下特点。

- 工作范围巨大：城市级路网和全国高速。
- 安全性要求极高：自动驾驶汽车的行车安全关系到乘员和其他交通参与人员的生命安全，任何碰撞都是不被允许的。
- 高速。
- 工作环境起伏不定，存在显著高度差。
- 工作环境的光线条件不定：不同地点、不同时间的环境的光线条件可能完全不同。

为了确保行车的安全，自动驾驶汽车要求极高的定位精度和可靠性，单纯的 SLAM 方法是一个实时的建图和定位过程，随着距离的增大，误差总会产生和累积，汽车动辄几十上百公里的行驶里程，会使 SLAM 的定位结果与实际位置产生巨大的偏差。由于建图和定位是实时、同步进行的，SLAM 建图的不确定性也是极大的，不满足自动驾驶汽车对定位可靠性的需求。所以，自动驾驶系统并不单纯依赖 SLAM 来实现高精度定位。目前，3 级及以上的驾驶系统通常依赖于预先构建的高精度地图以及多传感器的融合来实现高精度定位。不同于标准精度电子导航地图，高精度地图是一类专用于自动驾驶、包含丰富道路元素、精度达到厘米级的一类地图。不同于 SLAM 地图，高精度地图不是实时构建的，为了做到城市级、高精度、要素丰富等，高精度地图的建图流程通常包含一系列复杂的计算和处理，这一流程包含自动化的步骤（程序对传感器采集的数据进行一定的处理），也包含人工的步骤（纯人工标注或人工对建图程序产生的结果进行检查和校正）。激光雷达 SLAM 主要应用于高精度地图底图构建阶段，依赖于激光雷达的三维测量，高精度地图在建图流程中能够重构数据采集车通过的环境道路，准确地还原道路标志标线、道路边界、信号灯等交通要素的三维坐标。

激光雷达 SLAM 和激光定位技术也被应用于 4 级及以上的驾驶系统的定位中，依赖预先构建的高精度点云地图，可以使用激光雷达实际测量的点云数据配准到地图中，得到汽车在点云地图中的位置和朝向信息，再通过地图到世界坐标系的转换（固定的刚体变换）得到自动驾驶汽车在世界坐标系的准确坐标。显然，基于高精度地图配准的定位方法的稳定性远高于 SLAM 的，因为地图是事先"精心"构建的"完美"地图，不会出现 SLAM 中建图失败的情况。地图内定位也规避了长距离 SLAM 的误差累积的问题，降低了定位失败的可能性。

总的来说，SLAM 技术虽然不是自动驾驶的主要技术，却是高精度建图和定位的基础技术之一。下面我们将介绍目前主流的激光雷达 SLAM 方法 LeGO-LOAM[1]，该方法是 LOAM 算法[2]的一种变体。基于 LeGO-LOAM 算法构建的点云地图，我们将介绍并实践基于 Scan Context 的激光雷达闭环检测方法，对点云地图做进一步的优化。

|6.2 LeGO-LOAM 算法详解和 ROS 实践|

4 级驾驶系统中，我们所说的高精度地图通常包含两类：语义地图（也称为矢量地图）和点云地图。语义地图就是自动驾驶感知规划重度依赖的地图，包含大量的路网和交通静态信息，是结构化数据；点云地图，通常为定位模块中的雷达配准定位所使用，是高精度定位的基础，是非结构化的数据。点云地图本质上是图商用于构建语义地图的底图之一，所以构建大规模点云地图是高精度制图和定位的基础。本节将详细解析 LeGO-LOAM 算法，并且介绍如何使用 SC-LeGO-LOAM 框架构建包含闭环检测和优化的较大规模点云地图，最后我们将使用 ROS 数据包构建一个较大城区的三维地图。本节完整代码位于本书代码仓库的 chapter6/src/SC-LeGO-LOAM 目录中。

6.2.1 LeGO-LOAM 算法简介

LeGO-LOAM 算法是一种使用激光雷达进行实时姿态估计和制图的算法。ICP 算法是目前常用的点云配准算法，通过在两个点云之间逐点查找对应关系来对齐两组点云，直到满足停止条件为止，所以使用 ICP 算法处理密度较大的点云配准问题时会产生计算复杂度大的问题。相比之下，一些基于特征的匹配方法具有更高的计算效率，但是需要设计能够满足配准要求的特征描述符，常见的方法包括点特征直方图（point feature histogram，PFH）和视点特征直方图（viewpoint feature histogram，VFH）。基于特征的配准方法的另一个代表就是 LOAM 算法，该算法通过计算点在其局部区域的粗糙度值（roughness value）来提取特征，选择具有高粗糙度值的点作为边缘特征，选择具有低粗糙度值的点作为平面特征，通过匹配边缘特征和平面特征完成配准。LeGO-LOAM 算法在 LOAM 算法的基础上使用更轻量化的方法实现了相似的性能，是目前应用于大规模点云 SLAM 的主流方法之一。

6.2.2　LeGO-LOAM 算法流程

图 6-2 所示为 LeGO-LOAM 算法的大致流程：第一步是将点云投影到一个深度图中，用于分割（segmentation），分割完后的点云被输入特征提取（feature extraction）模块，接着激光雷达里程计（lidar odometry）模块使用提取的特征计算当前扫描到前一扫描的变换，特征在激光雷达地图构建（lidar mapping）模块被进一步用于全局地图的构建，这一步将当前扫描配准到全局的点云地图中，最终变换整合（transform integration）模块融合来自激光雷达里程计模块和激光雷达地图构建模块的姿态估计结果得到最终的姿态估计。

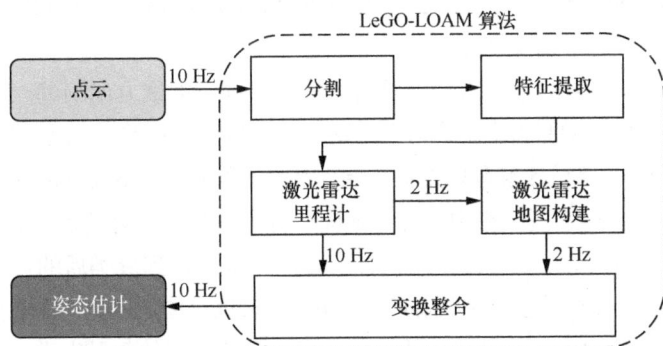

图 6-2　LeGO-LOAM 算法的大致流程

1. 分割

分割这一步实际上包含若干预处理，在预处理中对原始点云 [见图 6-3（a）] 先进行平面投影，行数为激光雷达的线数，列数则为点云的横向分辨率，从而得到一个二维深度图。具体到代码实现上，对于行索引（row index），如果激光雷达的点云包含环（ring）的信息（一般机械旋转式激光雷达都包含环信息），则直接使用环作为点在深度图中的行索引，否则根据点的俯仰角算出行索引。代码如下：

```
if (useCloudRing==true){
    rowIdn=laserCloudInRing->points[i].ring;
}
else{
    verticalAngle=atan2(thisPoint.z, sqrt(thisPoint.x*thisPoint.x+
    thisPoint.y*thisPoint.y))*180/M_PI;
    rowIdn=(verticalAngle+ang_bottom)/ang_res_y;
}
```

其中，ang_bottom 为激光雷达最低线束的俯仰角，ang_res_y 为激光雷达在纵向的线束分辨率（大约多少度有一根线束），以 VLP-16 激光雷达为例，该激光雷达的数据的纵向俯仰角度是 ±15°，所以将 ang_bottom 设定为 15.0，该激光雷达有 16 根激光线束，所以 ang_res_y 约为 2.0。显然投影的精度不会理想（激光雷达的线束并不都是均匀分布的），所以精确的方法是使用激光雷达自身的环信息（或者自行根据激光雷达的标定内参解析环信息）。对于列索引（column index），其计算方式如下：

```
horizonAngle=atan2(thisPoint.x, thisPoint.y)*180/M_PI;
columnIdn=-round((horizonAngle-90.0)/ang_res_x)+Horizon_SCAN/2;
```

其中，Horizon_SCAN 为每根激光线束横向的点数，ang_res_x=360.0/Horizon_SCAN 为横向的分辨率。得到深度图以后对地面进行分割，对地面进行分割的方法是根据每条射线的相邻点的坡度来判断是否为地面（同一射线方向相邻点的坡度大于设定阈值，则认为不是地面），该地面分割方法的鲁棒性较差，所以在具体实现中，可以设定 groundScanInd 参数来设置考虑为地面的线数，如果 groundScanInd=10，表示仅使用环为 0 ~ 9 的线束中的点做地面分割。分割出地面以后，使用非地面的点做进一步分割，这一步分割主要对点云进行聚类，得到聚类后的点云簇，为了进一步提升点云聚类的速度并且减少噪声的影响，LeGO-LOAM 算法只考虑点的数量大于 30 个的聚类簇。接着，使用聚类目标横跨线束的数量来进一步滤聚类的点云簇，代码中通过设定 segmentValidLineNum 参数指定聚类跨越的线束，我们设定只有至少跨越 3 个环的目标才是合法聚类，至此可以得到图 6-3（b）所示的聚类之后的点云，即分割结果（彩色部分）。

可见只有地面以上的较大的，并且跨越多个环的目标才会被进一步聚类，聚类出来的点云作为边缘特征（edge feature）被用于后续的 SLAM。

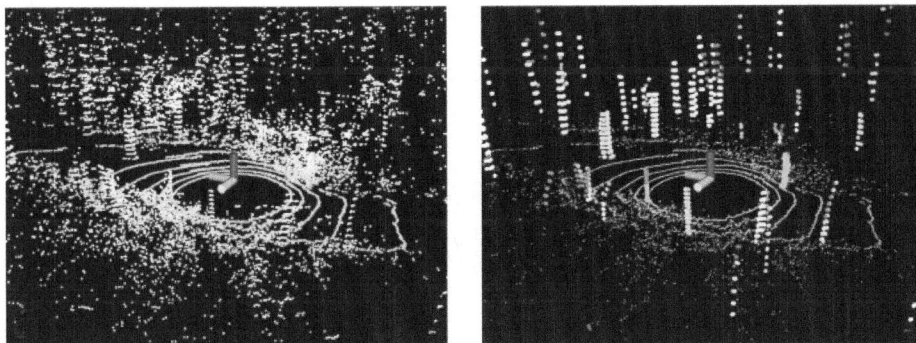

（a）原始点云　　　　　　　　　　　　　（b）聚类之后的点云

*图 6-3　LeGO-LOAM 算法

2. 特征提取

LeGO-LOAM 算法仅从分割出来的聚类以及地面聚类提取特征，计算分割后的点云中每一个点的粗糙度，具体实现代码如下：

```
void calculateSmoothness()
{
    int cloudSize=segmentedCloud->points.size();
    for (int i=5; i<cloudSize-5; i++)
{
float diffRange=segInfo.segmentedCloudRange[i-5]+
segInfo.segmentedCloudRange[i-4]+segInfo.segmentedCloudRange[i-3]+
segInfo.segmentedCloudRange[i-2]+segInfo.segmentedCloudRange[i-1]-
segInfo.segmentedCloudRange[i]*10+segInfo.segmentedCloudRange[i+1]+
segInfo.segmentedCloudRange[i+2]+segInfo.segmentedCloudRange[i+3]+
segInfo.segmentedCloudRange[i+4]+segInfo.segmentedCloudRange[i+5];
        cloudCurvature[i]=diffRange*diffRange;
        cloudNeighborPicked[i]=0;
        cloudLabel[i]=0;
        cloudSmoothness[i].value=cloudCurvature[i];
        cloudSmoothness[i].ind=i;
    }
}
```

粗糙度被定义为深度图中每个点与前后各 5 个点的距离和的平方（$|S|=10$ 即取前后各 5 个点），显然越粗糙这个数值就越大。将整个深度图横向等分成 6 个子图（sub image），由于原深度图的横向分辨率为 Horizon_SCAN，所以等分后的子图的分辨率为 N_SCAN(行)*Horizon_SCAN/6。对于一个 16 线激光雷达，定义横

向像素数量为 1800 的话，那么每个子图的分辨率为 16 像素 × 300 像素。

使用阈值 c_{th} 来划分一个点是边缘特征还是平面特征，在代码实现中，这个阈值设置为 0.1：

```
extern const float edgeThreshold=0.1;
extern const float surfThreshold=0.1;
```

选取粗糙度大于 c_{th} 并且不属于地面的点作为边缘特征，取每个子图中粗糙度最大的 40 个边缘特征点加到集合 $\mathbb{F}_e$ 中，同时选取粗糙度小于 c_{th} 的点作为平面特征（这些点可以是地面点也可以不是地面点），取每个子图中最小的 80 个平面特征点加到集合 $\mathbb{F}_p$ 中，最终得到图 6-4 所示的特征点，其中绿点组成的点集为点集 $\mathbb{F}_e$，粉点组成的点集为点集 $\mathbb{F}_p$。

接着进一步在每个子图中选取粗糙度最大且不属于地面的 2 个边缘特征作为突出边缘特征（sharp edge feature），放入集合 F_e 中；选取粗糙度最小且属于地面的 4 个平面特征作为扁平平面特征，放入集合 F_p 中。如图 6-5 所示，蓝点组成的点集为点集 F_e，点的数量少于 $\mathbb{F}_e$，黄点组成的点集为点集 F_p，黄点均为地面点。

*图 6-4 利用 LeGO-LOAM 算法提取的特征点

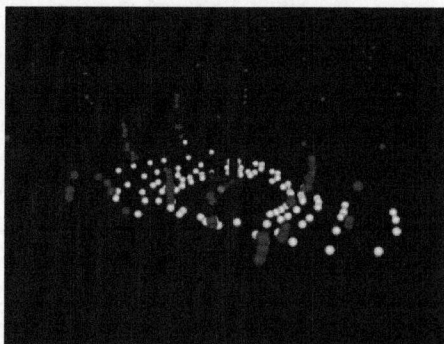

图 6-5 突出边缘特征和扁平平面特征点

至此，对于一帧点云数据，可以得到下面 4 个特征点集合：

- 边缘特征点集合 $\mathbb{F}_e$；
- 平面特征点集合 $\mathbb{F}_p$；
- 更突出的边缘特征点集合 F_e；
- 更扁平的并且必然为地面的平面特征点集合 F_p。

这 4 个特征点集合将分别被发布在以下话题中，以用于在 Rviz 中可视化，具体代码如下：

```
pubCornerPointsSharp=nh.advertise<sensor_msgs::PointCloud2>
("/laser_cloud_sharp", 1);
```

```
    pubSurfPointsFlat=nh.advertise<sensor_msgs::PointCloud2>("/la
ser_cloud_flat", 1);
    pubCornerPointsLessSharp=nh.advertise<sensor_msgs::PointCloud
2>("/laser_cloud_less_sharp", 1);
    pubSurfPointsLessFlat=nh.advertise<sensor_msgs::PointCloud2>
("/laser_cloud_less_flat", 1);
```

3. 获得激光雷达里程计

获得激光雷达里程计，从而得到前后两帧数据变换关系以实现 SLAM 建图，LeGO-LOAM 算法中激光雷达里程计主要通过点到边和点到面的配准得到，配准当前扫描的 F_e^t、F_p^t 与上一帧扫描的 $\mathbb{F}_e^{t-1}$ 和 $\mathbb{F}_p^{t-1}$ 可以获得相应的变换关系。LeGO-LOAM 算法使用两步 L-M（Levenberg-Marquardt）优化方法以配准当前点云和前一帧点云，优化对象为平移量 $[x, y, z]$ 和旋转量 $[\phi, \theta, \psi]$，步骤如下。

步骤 1：通过配准 F_p^t 和 $\mathbb{F}_p^{t-1}$ 得到 $[z, \phi, \theta]$ 的估计。

步骤 2：以 $[z, \phi, \theta]$ 为约束通过配准 F_e^t 和 $\mathbb{F}_e^{t-1}$ 得到 $[x, y, \psi]$ 的估计。

在代码实现中，激光雷达里程计在 FeatureAssociation.cpp 的 FeatureAssociation 类中实现，最终激光雷达里程计信息被发布至话题/laser_odom_to_init：

```
    pubLaserOdometry=nh.advertise<nav_msgs::Odometry> ("/laser_odom_
to_init", 5);
```

4. 建图和优化

获得激光雷达里程计只是得到前后两帧激光雷达测量的变换的粗略估计，为了获得更优的位姿变换，需要将当前扫描的特征点集合 F_e^t、F_p^t 与周围点云（历史累积的一段点云）进行配准，这一部分代码在 mapOptimization.cpp 的 mapOptimization 类中实现。如何获得周围点云呢？首先需要建立历史所有点云的描述，令 $M^{t-1} = \left\{ \left\{ F_e^1, F_p^1 \right\}, \cdots, \left\{ F_e^{t-1}, F_p^{t-1} \right\} \right\}$ 表示到第 t 帧数据时历史点云的特征点集合，由于 LeGO-LOAM 包含闭环检测（代码中称为 RC 闭环检测），历史关键帧实际上是以位姿图结构进行组织的，历史关键帧被表示为位姿图中的节点。由于我们的目标是将当前扫描和建图过程中"附近的"环境进行配准以优化当前位姿，可以通过在位姿图中搜索最近的 k 个节点对应的扫描的特征点集 $Q^{t-1} = \left\{ \left\{ F_e^{t-k}, F_p^{t-k} \right\}, \cdots, \left\{ F_e^{t-1}, F_p^{t-1} \right\} \right\}$ 作为周围环境，在代码中，k 被定义为 50：

```
    extern const int   surroundingKeyframeSearchNum=50; //检测时的子
图大小
```

pose-graph，即位姿图，是 graph SLAM 的基本表示方法，该图的节点表示机器人在不同时间点对应的姿态，节点间的连接（边）表示姿态间的约束。

将在位姿图中搜索得到的最近的 50 个位姿对应的特征点集合加到局部地图中，代码如下：

```
for (int i=0;i<recentCornerCloudKeyFrames.size(); ++i){
    *laserCloudCornerFromMap += *recentCornerCloudKeyFrames[i];
//边缘特征局部地图
    *laserCloudSurfFromMap += *recentSurfCloudKeyFrames[i];
//平面特征局部地图
    *laserCloudSurfFromMap += *recentOutlierCloudKeyFrames[i];
//其余的点局部地图
    }
```

为了加速配准，对边缘特征和平面特征局部地图进行降采样：

```
// 对周围的角关键帧（或地图）进行下采样
downSizeFilterCorner.setInputCloud(laserCloudCornerFromMap);
downSizeFilterCorner.filter(*laserCloudCornerFromMapDS);
laserCloudCornerFromMapDSNum=laserCloudCornerFromMapDS->points.
size();
// 对周围的表面关键帧（或地图）进行下采样
downSizeFilterSurf.setInputCloud(laserCloudSurfFromMap);
downSizeFilterSurf.filter(*laserCloudSurfFromMapDS);
laserCloudSurfFromMapDSNum=laserCloudSurfFromMapDS->points.size();
```

使用 VoxelGrid 降采样，对边缘特征局部地图进行降采样的 leaf_size 是 0.2，对平面特征局部地图进行降采样的 leaf_size 是 0.3：

```
float leaf_size;
leaf_size=0.2
downSizeFilterCorner.setLeafSize(leaf_size,leaf_size,leaf_size);
//边缘特征下采样
    leaf_size=0.5;
downSizeFilterScancontext.setLeafSize(leaf_size, leaf_size,
leaf_size);
    leaf_size=0.3;
downSizeFilterSurf.setLeafSize(leaf_size, leaf_size, leaf_size);
//平面特征下采样
downSizeFilterOutlier.setLeafSize(0.4,0.4,0.4);
```

接着仍然使用 L-M 两步优化法将当前扫描的 $\{F'_e, F'_p\}$ 配准到局部地图 Q^{t-1}，得到优化后的变换，将该变换作为约束添加到位姿图中并且做平滑化（LeGO-LOAM 中位姿图的组织和平滑化主要使用 GTSAM）。在制图的同时，闭环检测会在另一个线程中执行，但是执行的频次要比制图低：

```
void loopClosureThread(){
    if (loopClosureEnableFlag==false)
        return;
    ros::Rate rate(1);
    while (ros::ok()){
        rate.sleep();
        performLoopClosure();
    }
} //loopClosureThread
```

在函数 performLoopClosure 中同时执行两种闭环检测方法——RS 和 SC，RS 即 radius search（半径搜索），是指在固定半径范围内搜索关键帧，将搜索得到的关键帧的点云与当前测量的点云做匹配以确定是否为闭环，该闭环检测方法是 LeGO-LOAM 算法实现的一种基于激光雷达点云的简单闭环检测方法。SC 闭环检测方法是 6.3 节将介绍的 Scan Context 闭环检测方法。找到的闭环最终被更新于位姿图中以优化地图。

6.2.3　使用 LeGO-LOAM 算法构建点云地图

LeGO-LOAM 算法依赖于 GTSAM 项目，GTSAM 项目全称为 georgia tech smoothing and mapping library，是佐治亚理工学院开源的用于平滑化和制图的库。

编译并安装好 GTSAM 后，编写本节的代码：

```
#进入第 6 章的 code 文件夹
cd chapter6
catkin build
```

编写完成后，使用 MulRan[3]数据集来构建一个点云地图，本节我们使用 MulRan 数据集的子集 KAIST02 中的激光雷达数据作为点云数据。读者可以在 MulRan 数据集的官方页面下载数据，如果无法访问官方页面，也可以在本书资源的 dataset/chapter6/slam_dataset 目录中下载数据。下载完成后，确保文件目录结构如下：

```
slam_dataset
|---global_pose.csv
|---sensor_data
    |---Ouster
    |---data_stamp.csv
    |---navtech_top_stamp.csv
    |---ouster_front_stamp.csv
```

其中，Ouster 文件夹是由数据集中的 Ouster.tar.gz 压缩文件解压缩得到的，可以在图形化界面解压缩压缩包，也可以使用如下命令：

```
#在 sensor_data 文件夹
tar vxzf Ouster.tar.gz
#获得名为 Ouster.tar 的压缩包，进一步解压缩
tar -xvf Ouster.tar
#获得名为 Ouster 的文件夹，该文件夹包含激光雷达数据
```

MulRan 数据集中的数据可以通过软件包 file_player 的 ROS 包将数据集发布到 rostopic 上，该软件包原始代码在本书代码仓库的 chapter6/src/file_player_mulran 目录中，在第 6 章的 ROS 工作空间内运行 catkin build 就会自动构建该项目。file_player 软件包会将离散的点云数据文件按照时间戳顺序发布至话题 /os1_points，配置好数据以后，在 ros workspace 中运行 file_player：

```
#在 chapter6 文件夹中
catkin build
source devel/setup.bash
roslaunch file_player file_player.launch
```

启动 file_player. launch 后会弹出图 6-6 所示的窗口。

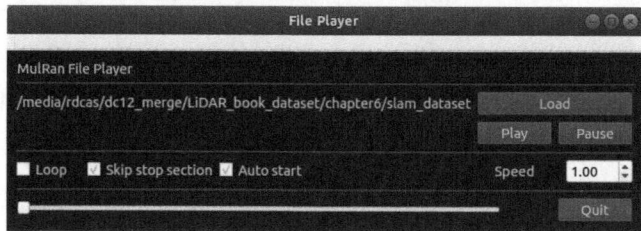

图 6-6　MulRan 数据集 File Player 窗口

单击 Load 按钮，选择数据集文件夹 slam_dataset 的路径，加载成功后单击 Play 按钮，就可以通过 rostopic list 看到激光雷达点云的 topic: /os1_points。运行 LeGO_LOAM 开始建图：

```
roslaunch lego_loam run.launch
```

图 6-7 所示为 LeGO-LOAM 的建图过程。

在环绕一圈后，车辆回到了原来出发的位置（同方向），程序对重复出现的场景执行了闭环检测和全局图优化，如图 6-8 所示。

运行完后按 Ctrl+C 组合键结束 LeGO-LOAM 的 ROS 程序，能够看到 map 目录下生成了一个名为 finalMap.pcd 的文件，运行 map_loader.launch 加载并可视

化最终的 map：

```
roslaunch lego_loam map_loader.launch
```

图 6-7　LeGO-LOAM 的建图过程

图 6-8　闭环检测和全局图优化后的点云地图

　　得到最终的点云地图，如图 6-9 所示。至此，我们基于 LeGO-LOAM 算法，使用一颗 64 线激光雷达，构建了一个较大室外区域的点云地图，并且使用半径搜索+ICP 算法找到了数据中的闭环，通过添加闭环约束对全局图做了优化。然而，对于大规模建图，基于半径搜索的闭环检测方法鲁棒性不高，当闭环里程较大时，如果没有 GNSS 全局坐标的校正，激光雷达里程计产生的累积误差会越来越大，累积误差会在闭环处产生一个巨大的空隙，这个时候就需要引入更加鲁棒的闭环检测方法，以识别整个数据采集过程中重复穿过的区域。在 6.3 节，我们将详细介绍一种基于 Scan Context 的闭环检测方法，该方法使用点云数据作为闭环的特征数据，从而避免环境光线变化对闭环检测的影响。

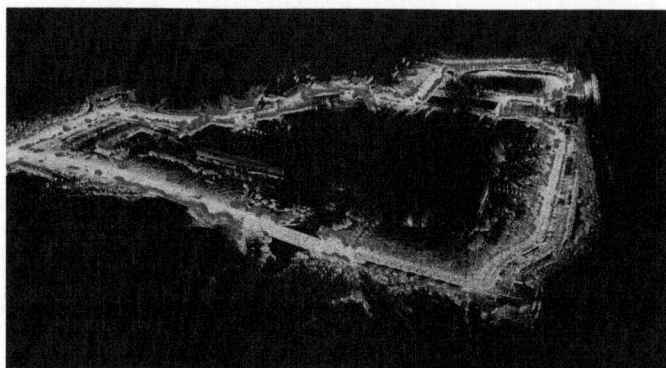

图 6-9　最终的点云地图

|6.3　基于 Scan Context 的激光雷达闭环
检测方法实践 |

闭环检测是 SLAM 中非常关键的一部分，也是自动驾驶高精度地图构建的关键技术之一。采用闭环检测，自动驾驶车辆能够识别出 SLAM 构图过程中形成的闭环，从而优化由观测（如 LiDAR SLAM、IMU、GNSS 等算出的里程计）累积的误差，使得 SLAM 地图在闭环的"缝合处"能够准确对接、在同一路段的重复测量（主要是激光点云、图像等）能够准确拟合。显然，闭环检测对于大面积、大场景的地图构建非常必要。

在闭环检测中，场景识别是关键步骤之一，场景识别即自动驾驶车辆匹配当前场景和历史场景的过程，如果当前场景和历史中的某些场景吻合，自动驾驶车辆才知道自己"来过"这个地方，从而进行闭环的位姿优化。场景识别中常见的是基于图像的识别，但是基于图像的识别方法容易受到场景光照条件变化以及移动目标的影响。

基于点云的三维场景识别方法受光照、季节等环境条件的影响较小，和基于图像的识别方法类似，在点云中也可以使用设计的描述符（descriptor）来定义三维模型用于场景识别。设计描述符需要满足两个要求：第一是旋转不变性，同一场景不能因为视角的切换而表现为不同的描述符；第二是减少噪声对这类空间描述符的影响，点云数据密度相较于图像低很多，并且距离越大数据越稀疏，噪声的影响越大。一种有效的方法是使用直方图描述，但是直方图只能表达统计特征，很难反映点云的三维结构特征。本节介绍一种基于 Scan Context[4]描述符的三维点云闭环检测方法，使用该方法能够有效解决上述问题。

6.3.1 Scan Context 闭环检测方法介绍

Scan Context 闭环检测方法的流程如图 6-10 所示，该方法包含以下 3 部分。

- Scan Context 描述符构建：使用 SLAM 过程中的关键帧的点云构建 Scan Context 描述符以表示帧点云的环境特征。
- Scan Context 描述符之间的距离计算：该部分主要定义如何计算两个 Scan Context 间的相似性。
- 搜索算法：该部分定义了如何在历史帧中快速搜索得到与当前帧相似的场景。

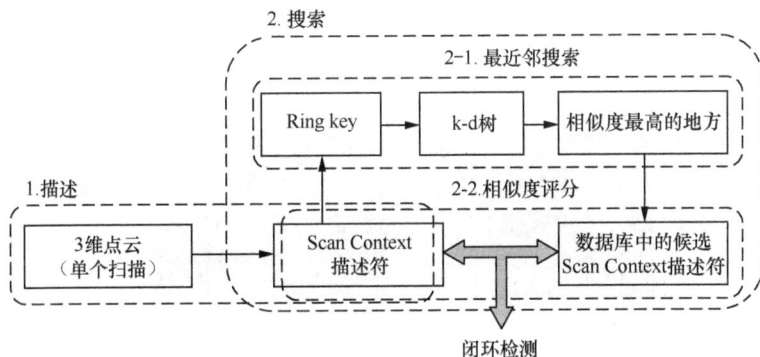

图 6-10 Scan Context 闭环检测方法的流程

1. Scan Context 描述符构建

构建 Scan Context 描述符的第一步是使用基于环（ring）和扇形（sector）的方法重新组织点云，将三维点云使用二维特征图表示，特征图如图 6-11 所示。

在鸟瞰视角下，将点云使用一圈圈环分割 [见图 6-11（a）中的黄色环]，同时使用小扇形 [见图 6-11（a）中的绿色部分] 进一步分割，那么环和扇形就能唯一索引点云的任意区域 [见图 6-11（a）中的黑色色块]，使用二维特征图表示该索引关系，行为环，列为扇形，特征图的数值取对应一块内的最高反射点的高度，那么在保留了点云的空间结构特征的同时，使用该方法就提取了一个相对简单的二维特征图，该特征图是一个环境描述符，被称为 Scan Context 描述符。

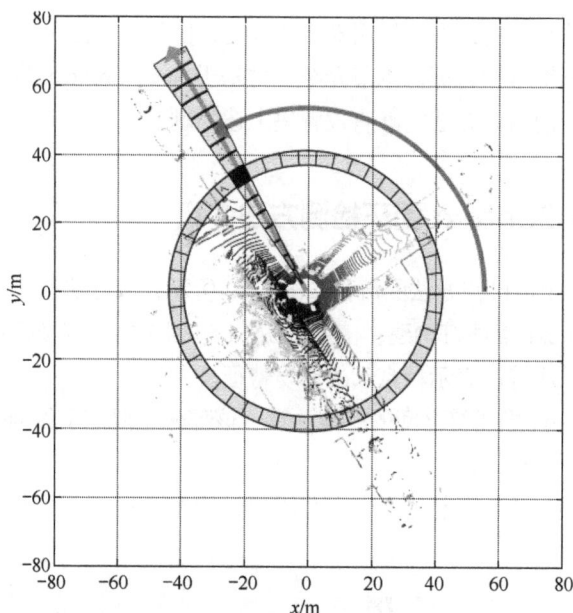

（a）沿方位角和径向方向的分区

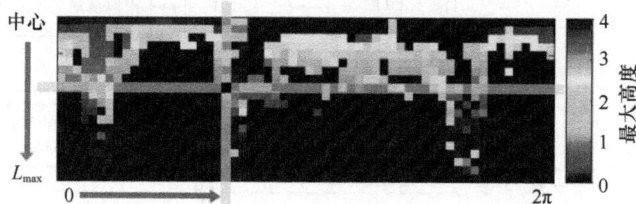

（b）Scan context

*图 6-11　将三维点云使用二维特征图表示

令 N_s 和 N_r 分别表示扇形和环的数量，设置点云数据的最大截取距离为 L_{max}，那么每个环之间的距离为 $\dfrac{L_{max}}{N_r}$，每个扇形的角度为 $\dfrac{2\pi}{N_s}$，选取 $N_s = 20$，$N_r = 60$。选择每一个块内的 z 的最大值作为矩阵的数值，至此，一个 Scan Context 描述符可以用一个 $N_r \times N_s$ 的矩阵描述。为了提高场景识别的鲁棒性，可以使用 root shifting 对 Scan Context 描述符进行扩充，即在点云中以固定的间隔移动 Scan Context 描述符的中心从而得到临近当前位置的 Scan Context 描述符[4]。

2. Scan Context 描述符之间的距离计算

从点云中提取出 Scan Context 描述符后，接着定义两个 Scan Context 描述符之间的距离计算公式，以比较它们之间的相似性。给定两个点云的 Scan Context 描述符为 I^q 和 I^c，首先计算两个特征矩阵的列向量余弦距离作为距离，并且将总和除以 N_s 以进行归一化，即

$$d\left(I^q, I^c\right) = \frac{1}{N_s} \sum_{j=1}^{N_s} \left(1 - \frac{c_j^q c_j^c}{\left\|c_j^q\right\| \left\|c_j^c\right\|}\right)$$

式中，c_j^q 和 c_j^c 分别是两个 Scan Context 描述符的第 j 列的列向量。

提示：余弦距离也称为余弦相似度，其使用向量空间中两个向量夹角的余弦值作为衡量两个个体间差异的大小的度量。给定两个属性向量 A 和 B，其余弦相似性 θ 由点积和向量长度给出：

$$\text{similarity} = \cos\left(\theta\right) = \frac{A \cdot B}{\|A\| \ \|B\|} = \frac{\sum_{i=1}^{n} A_i \times B_i}{\sqrt{\sum_{i=1}^{n} \left(A_i\right)^2} \times \sqrt{\sum_{i=1}^{n} \left(B_i\right)^2}}$$

这里的 A_i 和 B_i 分别代表向量 A 和 B 的各分量。给出的相似性范围为从−1 到 1：−1 意味着两个向量指向的方向正好截然相反，1 表示它们指向的方向是完全相同的，0 通常表示它们之间是独立的，而在这之间的值则表示两个向量之间的相似性或相异性。

然而，单纯计算列向量的距离对于某些情况可能不适用（比如重访某个位置，但是朝向和上次相反），在这种情况下，Scan Context 描述符矩阵存在列特征的平移性，如图 6-12 所示。

图 6-12 所示的 KITTI 数据集中的同一地方（但是不同时间访问）的 Scan Context 特征图，虽然是同一位置，但是列向量存在明显的平移，所以仅按照列索引计算 Scan Context 描述符距离是不恰当的。为了解决列向量特征的平移问题，这里计算两个 Scan Context 描述符的所有列向量之间的距离，并取最小值作为最终的距离，那么列平移的最佳匹配关系就可以定义为

$$n^* = \underset{n \in [N_s]}{\text{argmin}} \, d\left(I^q, I^c\right)$$

最小距离就可以定义为

$$D\left(I^q, I^c\right) = \min_{n \in [N_s]} d\left(I^q, I^c\right)$$

3. 搜索算法

定义好 Scan Context 描述符和相似性（距离）计算公式以后，需要设计一种

方法，在所有历史场景特征的描述符数据库中高效地搜索相似场景特征的描述符。在场景识别的上下文中进行搜索时，通常有 3 个主要步骤：相似性评分、最近邻搜索（nearest neighbor search，NNS）以及稀疏优化（sparse optimization）。

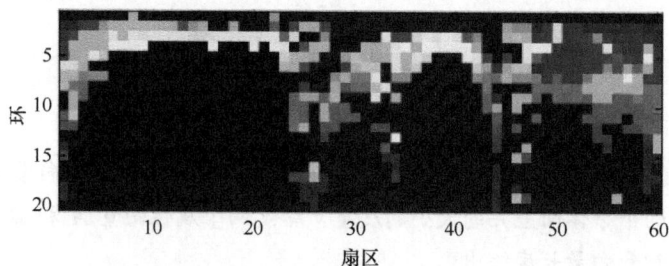

（a）查询 Scan Context（3280 次扫描，KITTI00）

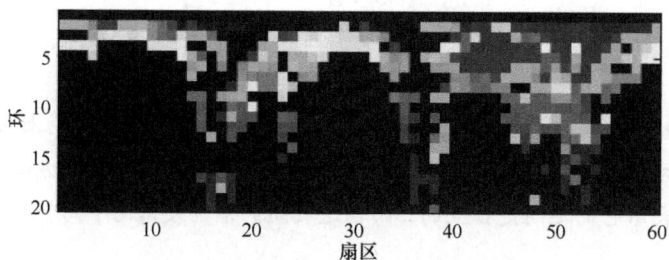

（b）查询 Scan Context（2345 次扫描，KITTI00）

图 6-12　朝向相反带来的特征平移性

为了更快地进行搜索，Scan Context 描述符将第 1 步和第 2 步合为一步，首先引入 ring key 的概念，ring key 是对旋转不敏感的描述符，从 Scan Context 描述符的行向量中可以通过函数 ψ 求得该描述符，给定一个环向量 r_i，使用 L_0 范数计算 $\psi(r_i)$：

$$\psi(r_i) = \frac{\|r_i\|_0}{N_s}$$

对 Scan Context 描述符中每一个行向量都求该函数，得到完整的 ring key，所以 ring key 实际是 N_r 维的向量：

$$k = \left(\psi(r_1), \cdots, \psi(r_{N_r})\right)$$

由于环的特征和车辆的姿态无关，所以 ring key 是一个对传感器旋转不敏感的描述符。虽然相比于完整的 Scan Context 描述符来说，ring key 包含的信息较少，但是将其用于候选帧的搜索能够获得更快的速度。向量 k 被用作 k-d 树的键，选取和当前场景的 ring key 最相似的若干历史 ring key 对应的 Scan Context 描述符，使用前文提到的距离计算公式计算当前场景和候选场景的 Scan Context 描述符距离以算出最邻近历史场景，满足以下阈值的候选场景被认为是重访问场景（即闭环）：

$$c^* = \underset{c_k \in C}{\arg\min} D(\boldsymbol{I}^q, \boldsymbol{I}^{c_k}), \ D < \tau$$

其中，C 是从 k-d 树中搜索出来的候选场景的 Scan Context 描述符矩阵，τ 是设定的判断两个场景是否相似的距离阈值，c^* 是最终检测出来的和当前场景一致的历史场景（即三维制图中的闭环）。

综上所述，Scan Context 点云闭环检测方法首先从点云中提取 Scan Context 描述符，接着从 Scan Context 描述符中提取 ring key 特征，基于该特征使用 k-d 树收缩找到最邻近的候选帧，在候选帧中基于定义的距离公式和阈值选出最大可能的相似场景，完成闭环检测。

6.3.2　Scan Context 闭环检测 C++实例

本节完整代码位于代码仓库的 chapter6/src/SC-LeGO-LOAM 目录下，Scan Context 闭环检测主要实现在 chapter6/src/SC-LeGO-LOAM/LeGO-LOAM/src/Scancontext.cpp 和 chapter6/src/SC-LeGO-LOAM/LeGO-LOAM/include/Scancontext.h 中，并作为 LeGO-LOAM 的闭环检测方法以优化 SLAM 图结构。头文件 Scancontext.h 定义了该方法的参数列表：

```
const double LIDAR_HEIGHT=2.0;//LIDAR 高度
const int    PC_NUM_RING=20;
const int    PC_NUM_SECTOR=60;
const double PC_MAX_RADIUS=80.0;//最大范围为 80 m
const double PC_UNIT_SECTORANGLE=360.0/double(PC_NUM_SECTOR);
const double PC_UNIT_RINGGAP=PC_MAX_RADIUS/double(PC_NUM_RING);
//树
const int    NUM_EXCLUDE_RECENT=50;
const int    NUM_CANDIDATES_FROM_TREE=10;
//循环阈值
const double SEARCH_RATIO=0.1;
const double SC_DIST_THRES=0.13;
const int    TREE_MAKING_PERIOD_=50;
```

其中，环的数量（PC_NUM_RING）为 20，扇区的数量（PC_NUM_SECTOR）为 60，只考虑半径 80 m 范围内的点，这 3 个参数可以根据具体的激光雷达类型而定。对于 k-d 树的设置，只有缓存中的帧的数量大于 NUM_EXCLUDE_RECENT 时才会进行闭环检测。通过 NUM_CANDIDATES_FROM_TREE 设定 k 近邻（k-nearest neighbor，KNN）算法在 k-d 树中搜索的候选帧的数量，通常来说，使用 10 个候选帧已经完全足够了。SC_DIST_THRES 为设定的最终 Scan Context 描述符相似性阈值，当两帧场景的相似性得分小于该阈值时，认为这两帧场景为同一场景。并不是每一次闭环检测都需要重构 k-d 树，为了节省计算时间，可以设置 TREE_MAKING_PERIOD_来指定重构 k-d 树的频率。

Scancontext.h 和 Scancontext.cpp 中实现的类 SCManager 完整定义了描述符提取、相似性计算和搜索 3 部分，首先进行点云特征的提取：

```
void SCManager::makeAndSaveScancontextAndKeys( pcl::PointCloud
<SCPointType> & _scan_down )
{
    Eigen::MatrixXd sc=makeScancontext(_scan_down); //v1
    Eigen::MatrixXd ringkey=makeRingkeyFromScancontext(sc);
    Eigen::MatrixXd sectorkey=makeSectorkeyFromScancontext(sc);
    std::vector<float> polarcontext_invkey_vec=eig2stdvec
(ringkey);
    polarcontexts_.push_back(sc);
    polarcontext_invkeys_.push_back(ringkey);
    polarcontext_vkeys_.push_back(sectorkey);
    polarcontext_invkeys_mat_.push_back(polarcontext_invkey_vec);
    //cout <<polarcontext_vkeys_.size()<<endl;
} //SCManager::makeAndSaveScancontextAndKeys
```

从该流程中可以看出，首先从点云中提取出 Scan Context 描述符：

```
MatrixXd SCManager::makeScancontext(pcl::PointCloud<SCPointType>
&_scan_down )
{
    TicToc t_making_desc;
    int num_pts_scan_down=_scan_down.points.size();
    //主程序
    const int NO_POINT=-1000;
    MatrixXd desc=NO_POINT*MatrixXd::Ones(PC_NUM_RING, PC_NUM_
SECTOR);
    SCPointType pt;
    float azim_angle, azim_range; //在二维平面内
    int ring_idx,sctor_idx;
    for (int pt_idx=0;pt_idx<num_pts_scan_down;pt_idx++)
    {
        pt.x=_scan_down.points[pt_idx].x;
        pt.y=_scan_down.points[pt_idx].y;
        pt.z=_scan_down.points[pt_idx].z+LIDAR_HEIGHT; //简单加法
即可（所有点应该大于 0）
```

```
//将 xyz 坐标转换为环（ring），扇区（sector）
azim_range=sqrt(pt.x*pt.x+pt.y*pt.y);
azim_angle=xy2theta(pt.x,pt.y);
//如果超出感兴趣区域（ROI），则跳出
if( azim_range>PC_MAX_RADIUS)
      continue;
ring_idx=std::max(std::min(PC_NUM_RING,int(ceil((azim_range/PC
_MAX_RADIUS)*PC_NUM_RING))),1);
sctor_idx=std::max(std::min( PC_NUM_SECTOR,int(ceil( (azim_ang
le/360.0)*PC_NUM_SECTOR))),1);
      // z 取最大值
      if ( desc(ring_idx-1,sctor_idx-1)<pt.z)//-1 意味着 C++从 0 开始
    desc(ring_idx-1,sctor_idx-1)=pt.z;//更新以获取最大值
}
//将没有点的值重置为零（用于后续的余弦距离计算）
for(int row_idx=0;row_idx<desc.rows();row_idx++ )
    for (int col_idx=0;col_idx<desc.cols();col_idx++)
        if(desc(row_idx,col_idx)==NO_POINT)
            desc(row_idx,col_idx)=0;
t_making_desc.toc("PolarContext making");
return desc;
} //SCManager::makeScancontext
```

这里的 Scan Context 描述符是一个二维的矩阵，使用 Eigen::MatrixXd 数据结构来定义，得到当前的点云的 Scan Context 描述符后，求 ring key 向量：

```
MatrixXd SCManager::makeRingkeyFromScancontext(Eigen::MatrixXd
&_desc )
{
    /*
    *总结:按行求均值向量
    */
    Eigen::MatrixXd invariant_key(_desc.rows(),1);
    for (int row_idx=0; row_idx < _desc.rows();row_idx++ )
    {
        Eigen::MatrixXd curr_row=_desc.row(row_idx);
        invariant_key(row_idx, 0)=curr_row.mean();
    }
    return invariant_key;
} //SCManager::makeRingkeyFromScancontext
```

得到 ring key 向量以后，提取 Scan Context 描述符的 sector key：

```
MatrixXd SCManager::makeSectorkeyFromScancontext(Eigen::MatrixXd
&_desc)
{
```

```
    /*
    *总结：按列求均值向量
    */
    Eigen::MatrixXd variant_key(1, _desc.cols());
    for ( int col_idx=0; col_idx < _desc.cols();col_idx++ )
    {
        Eigen::MatrixXd curr_col=_desc.col(col_idx);
        variant_key(0,col_idx)=curr_col.mean();
    }
    return variant_key;
}//SCManager::makeSectorkeyFromScancontext
```

对于每一帧用于制图的点云，都提取上述特征并加到队列中，接着进行闭环检测：

```
    std::pair<int, float> SCManager::detectLoopClosureID(void)
    {
    int loop_id{-1}; //初始化为 -1，-1 表示没有闭环 (等同于 LeGO-LOAM
中的变量 closestHistoryFrameID)
    auto curr_key=polarcontext_invkeys_mat_.back();//当前观测 (查询)
    auto curr_desc=polarcontexts_.back();//当前观测 (查询)
    /*
    *步骤 1: 从 ringkey tree 中获取候选项
    */
    if(polarcontext_invkeys_mat_.size()<NUM_EXCLUDE_RECENT+1)
    {
        std::pair<int,float>result {loop_id,0.0};
        return result;//提前返回
    }
    if(tree_making_period_conter % TREE_MAKING_PERIOD_==0)//为了
节省计算成本
    {
        TicToc t_tree_construction;
        polarcontext_invkeys_to_search_.clear();
        polarcontext_invkeys_to_search_.assign(polarcontext_invkeys_
mat_.begin(),polarcontext_invkeys_mat_.end()-NUM_EXCLUDE_RECENT);
        polarcontext_tree_.reset();
        polarcontext_tree_=std::make_unique<InvKeyTree>(PC_NUM_
RING/*dim*/, polarcontext_invkeys_to_search_,10/*max leaf*/);
        t_tree_construction.toc("Tree construction");
    }
    tree_making_period_conter=tree_making_period_conter+1;
    double min_dist=10000000;//用一个较大的值初始化
    int nn_align=0;
    int nn_idx=0;
```

```
    //利用 KNN 算法搜索
    std::vector<size_t>candidate_indexes(NUM_CANDIDATES_FROM_
TREE);
    std::vector<float>out_dists_sqr(NUM_CANDIDATES_FROM_TREE);
    TicToc t_tree_search;
  nanoflann::KNNResultSet<float>knnsearch_result(NUM_CANDIDATES_
FROM_TREE);
    knnsearch_result.init(&candidate_indexes[0],&out_dists_
sqr[0]);
    polarcontext_tree_->index->findNeighbors(knnsearch_result,
&curr_key[0] /* query */, nanoflann::SearchParams(10));
    t_tree_search.toc("Tree search");
    /*
    *步骤 2：成对距离 (使用余弦距离找到最佳列方向的最优拟合)
     */
    TicToc t_calc_dist;
    for(int candidate_iter_idx=0;candidate_iter_idx<
  NUM_CANDIDATES_FROM_TREE; candidate_iter_idx++ )
    {
        MatrixXd polarcontext_candidate=polarcontexts_[candidate_
indexes[candidate_iter_idx]];
        std::pair<double, int> sc_dist_result=distanceBtnScanContext
( curr_desc,polarcontext_candidate);
        double candidate_dist=sc_dist_result.first;
        int candidate_align=sc_dist_result.second;
        if(candidate_dist<min_dist)
        {
            min_dist=candidate_dist;
            nn_align=candidate_align;
            nn_idx=candidate_indexes[candidate_iter_idx];
        }
    }
    t_calc_dist.toc("Distance calc");
    /*
    *闭环阈值检查
     */
    if(min_dist<SC_DIST_THRES)
    {
        loop_id=nn_idx;
        //std::cout.precision(3);
        cout<<"[Loop found] Nearest distance:"<<min_dist<<"btn"<<
    polarcontexts_.size()-1<<" and "<<nn_idx<<"."<<endl;
        cout <<"[Loop found] yaw diff: "<<nn_align*PC_UNIT_
SECTORANGLE<<
    "deg."<<endl;
```

```
    }
    else
    {
        std::cout.precision(3);
        cout<<"[Not loop] Nearest distance:"<<min_dist<<"btn
"<<polarcontexts_.size()-1<<" and "<<nn_idx<<"."<<endl;
        cout<<"[Not loop] yaw diff:"<<nn_align*PC_UNIT_SECTORANGLE
<<" deg."<<endl;
    }
    //To do: 还要返回 nn_align(即偏航角差异)
    float yaw_diff_rad=deg2rad(nn_align*PC_UNIT_SECTORANGLE);
    std::pair<int, float> result {loop_id,yaw_diff_rad};
    return result;
}//SCManager::detectLoopClosureID
```

在闭环检测过程中，首先取得当前帧的 Scan Context 描述符和 ring key，达到条件（间隔条件和缓存数）后才构建新的 k-d 树。注意使用的是队列中第 0 帧到 size-NUM_EXCLUDE_RECENT 帧的 ring key 构建 k-d 树，使用 KNN 算法在 k-d 树中搜索出 NUM_CANDIDATES_FROM_TREE 个候选帧的索引，在得到 10 个候选帧以后，根据前面提到的距离公式计算每个候选帧与当前帧的差异得到相似性得分，求得得分的最小值和对应的帧。如果得分小于设定的阈值 SC_DIST_THRES，则认为该历史场景和当前场景为同一场景，完成场景识别并将相同的场景对返回。

该示例项目的构建和运行方法和 6.2 节中的 LeGO-LOAM 算法完全一致（实际上 Scan Context 描述符已经被集成至 LeGO-LOAM 算法中）：

```
cd chapter6
catkin build
source devel/setup.bash
roslaunch lego_loam run.launch
```

在另一个终端运行 file_player，并加载数据集 chapter6/slam_dataset：

```
cd chapter6
source devel/setup.bash
roslaunch file_player file_player.launch
```

如 6.2 节所述，播放数据集开始 SLAM，在 SLAM 闭环处，当闭环检测和全局优化没有生效时（见图 6-13），点云拼接处存在较大偏差。此时，Scan Context 闭环检测到当前帧（帧 ID 为 837）和历史中的 ID 为 7 的关键帧为相似场景，可以在终端看到类似的输出信息：

```
[SC] ICP fit score: 0.0592
[SC] The detected loop factor is added between Current [837] and
```

```
SC nearest [7]
   [Loop found] Nearest distance: 0.137 btn 837 and 7.
   [Loop found] yaw diff: 0 deg.
```

图 6-13　没有闭环检测的误差

　　LeGO-LOAM 基于检测到的闭环，将当前帧和历史帧附近的局部图进行 ICP 配准，得到修正后当前帧到历史帧的变换关系，将该变换关系作为约束添加到全局图中，使用 GTSAM 更新全局图，从而产生闭环优化后的点云地图，如图 6-14 所示。

图 6-14　闭环优化后的点云地图

　　在程序运行终端，按 Ctrl+C 组合键终止程序，在终止过程中程序会将 SLAM 的点云地图保存为 PCD 格式并输出到路径 chapter6/src/SC-LeGO-LOAM/LeGO-LOAM/map 下，使用 pcl_viewer 工具查看 PCD 地图：

```
#在本书代码库的根目录
cd chapter6/src/SC-LeGO-LOAM/LeGO-LOAM/map
pcl_viewer finalCloud.pcd
```

图 6-15 所示为添加了 Scan Context 闭环检测和全局优化功能后 SLAM 产生的点云地图。该地图描述了道路的三维结构信息，将实时的激光雷达点云数据和该地图进行配准，是目前自动驾驶汽车中使用激光雷达进行高精度定位的主要方法。6.4 节我们将使用本节构建的 PCD 地图，基于 NDT 算法来实践自动驾驶中的激光雷达定位。

图 6-15　添加了 Scan Context 闭环检测和全局优化功能后 SLAM 产生的点云地图

|6.4　基于 NDT 算法的自动驾驶定位和 ROS 实践|

对于高级自动驾驶系统而言，定位模块通常会融合 IMU、轮速计（车辆底盘）、激光雷达里程计、视觉里程计等多种测量模块，使用滤波算法（如 EKF、UKF 等）以获得平滑、厘米级的绝对定位。其中基于高精度点云地图和激光雷达的配准定位因其精度高、可靠性好，在整个融合定位中通常占很大的权重，是自动驾驶系统定位模块中相对可靠的绝对定位数据来源。本节我们介绍如何使用 NDT 算法配准实现自动驾驶汽车的高精度定位，并且结合前面章节中使用 LeGO-LOAM 算法生成的点云地图，实现一个单纯基于 NDT 算法的高精度定位 ROS 案例。本节完整代码在本书代码仓库的 chapter6/src/ndt_localizer 目录中。

6.4.1　地图数据准备

4.3 节详细介绍了 NDT 算法和点云配准的相关知识，但是并没有完整介绍如

何使用点云地图和 NDT 算法配准完成自动驾驶汽车定位，本节主要介绍使用基于
NDT 算法实现自动驾驶车辆激光雷达定位的完整脉络。NDT 算法是 Autoware 自
动驾驶开源项目的核心定位算法，然而 Autoware 1.x 的代码中各个模块耦合度较
强，如果单纯是为了学习激光雷达配准定位，可能需要编译整个 Autoware 项目才
能测试并实践 NDT 算法定位功能。另外，Autoware 1.x 中实现的 NDT 算法采用面
向过程编程，代码相当难以理解，因此，本节中，我们将基于 Autoware 1.x 中的
NDT 算法配准定位思路，实现一个相对干净、清晰的 ROS 项目。在实践前，需要
准备地图数据，4 级驾驶系统的激光雷达定位通常依赖于提前离线构建好的高精度点
云地图数据，原因有以下几个方面：

- 4 级以上的驾驶系统对定位精度和稳定性要求很高，绝对误差需要控制在
  20 cm 以内；
- 采用纯 SLAM 技术目前来说无法达到自动驾驶对于定位精度、可靠性的要
  求，即以我们现在的研究很难实现自动驾驶汽车的在线制图和定位（问题
  包括闭环优化、全局优化、误差累计修正等）；
- 高精度地图制造商的完整生产流程需要较大的算力和人力成本，他们能够
  生产非常理想的点云地图和语义地图，但是需要离线生产；
- 利用高精度地图可以相对简单地实现激光雷达定位，在融合了 IMU 和轮速计
  以后，这类定位方法的精度和可靠性基本满足自动驾驶汽车定位的需求。

所以综合以上客观原因，目前的 4 级驾驶系统和大部分 3 级驾驶系统的定
位模块仍然是以事先构建的高精度地图为基础进行配准定位。配准定位使用
的传感器，少数厂商使用相机（如 Mobileye 公司的产品），绝大多数厂商目前
仍然采用激光雷达。点云地图就是激光雷达配准所需事先构建的"用来定位
的地图"。

在 6.2 节和 6.3 节中，我们使用 LeGO-LOAM 算法构建了一张点云地图，并且使
用 Scan Context 方法对点云地图进行了闭环检测和全局优化，本节我们将直接使用前
面生成的点云地图作为定位地图。将 chapter6/src/SC-LeGO-LOAM/LeGO-LOAM/
map 目录下的 PCD 文件 finalCloud.pcd（也可在本书资源的 dataset/chapter6 目录中
找到该文件）复制到 ndt_localizer 项目的 map 目录下，项目中的 map_loader 节点
主要用于载入地图，并将地图点云发布至话题/point_map。

6.4.2　对激光雷达实时点云的降采样

NDT 配准方法的目标函数主要是输入点云和目标点云概率分布的相似性，配

准方法的计算复杂度与输入点云的密度和初始姿态估计的偏差两个要素正相关。

输入点云的点越密集，NDT 配准所需的计算复杂度就越高；初始姿态估计越差（越偏离真实的姿态），相应的计算复杂度也越高，初始姿态过差的话，NDT 配准甚至无法收敛。自动驾驶激光雷达定位对实时性要求较高，点云配准所用的时间越短越好，所以我们可以通过降采样输入点云以提高 NDT 配准的速度，这里我们采用 VoxelGrid 降采样方法降低输入点云的密度，代码在项目的 src/voxel_grid_filter.cpp 源文件中：

```cpp
    static void scan_callback(const sensor_msgs::PointCloud2::
ConstPtr& input)
    {
      pcl::PointCloud<pcl::PointXYZ> scan;
      pcl::fromROSMsg(*input, scan);
      if(measurement_range != MAX_MEASUREMENT_RANGE)
    {
        scan=removePointsByRange(scan, 0, measurement_range);
    }
      pcl::PointCloud<pcl::PointXYZ>::Ptr scan_ptr(new pcl::
PointCloud<pcl::PointXYZ>(scan));
      pcl::PointCloud<pcl::PointXYZ>::Ptr filtered_scan_ptr(new pcl::
PointCloud<pcl::PointXYZ>());
      sensor_msgs::PointCloud2 filtered_msg;
      //如果 leaf 小于 0.1, 体素网格滤波器无法进行下采样（这是 PCL 的规定）
      if (voxel_leaf_size >= 0.1)
      {
        //使用 VoxelGrid 过滤器对 velodyne 扫描进行下采样
        pcl::VoxelGrid<pcl::PointXYZ> voxel_grid_filter;
        voxel_grid_filter.setLeafSize(voxel_leaf_size, voxel_leaf_
size, voxel_leaf_size);
        voxel_grid_filter.setInputCloud(scan_ptr);
        voxel_grid_filter.filter(*filtered_scan_ptr);
        pcl::toROSMsg(*filtered_scan_ptr, filtered_msg);
      }
      else
      {
        pcl::toROSMsg(*scan_ptr, filtered_msg);
      }
      filtered_msg.header=input->header;
      filtered_points_pub.publish(filtered_msg);
    }
```

在得到点云以后，首先对点云进行截取，只保留 MAX_MEASUREMENT_ RANGE 距离以内的点用于定位（本例中 MAX_MEASUREMENT_RANGE 为 120），

VoxelGrid 降采样的主要参数是 voxel_leaf_size，该参数设定了降采样选取的立方体的边长（单位为 m），在一个这样的立方体内只保留 1 个点，可以在 points_downsample.launch 文件中配置该参数：

```
<arg name="leaf_size" default="3.0" />
```

如上所示，本例采用了 3.0 m 的网格尺寸，这个参数可以根据实际使用的激光雷达点云的密度决定。虽然我们追求配准的实时性，但不希望牺牲太多定位的精度，所以对输入点云降采样需要平衡实时性和定位精度。降采样后的点云将被输出至/filtered_points 话题，以供后续的 NDT 配准定位使用。

6.4.3　使用 NDT 实现高精度定位

NDT 定位的逻辑主要实现在项目源文件 src/ndt.cpp 中，主要处理流程包括初始姿态获取、初始化地图、NDT 配准定位等。

1. 初始姿态获取

一切使用预先构建的地图进行配准定位的方法都需要初始姿态。在业界的实践中，初始姿态通常通过 GNSS 这类全局定位方法获得。由于我们仅关注激光雷达定位，所以简化了这一步，本例设定一个固定的初始位姿：

```
void NdtLocalizer::set_default_init_pose(){
  //设置默认初始位姿
  initial_pose_cov_msg_.pose.pose.position.x=0;
  initial_pose_cov_msg_.pose.pose.position.y=0;
  initial_pose_cov_msg_.pose.pose.position.z=0;
  initial_pose_cov_msg_.pose.pose.orientation.x=0;
  initial_pose_cov_msg_.pose.pose.orientation.y=0;
  initial_pose_cov_msg_.pose.pose.orientation.z=1;
  initial_pose_cov_msg_.pose.pose.orientation.w=0;
}
```

在 NDT 配准中，需要关注世界坐标系（frame_id=world）、地图坐标系（frame_id=map）、车体坐标系（frame_id=base_link）以及激光雷达坐标系（本书中 frame_id=ouster，根据使用的激光雷达不同，frame id 也会不一样）间的变化。

使用 static_tf.launch 发布激光雷达坐标系到车体坐标系以及世界坐标系到地图坐标系这两个固定变换，如下：

```
<node pkg="tf2_ros" type="static_transform_publisher" name=
"localizer_to_base_link" args="0 0 1.9 3.1415926 0 0 base_link ouster"/>
```

```
<node pkg="tf2_ros" type="static_transform_publisher" name="world_
to_map" args="0 0 0 0 0 0 map world" />
```

提示： 在这里我们假定地图坐标系和世界坐标系为同一坐标系以简化问题，在具体的自动驾驶系统研发中，你需要根据 WGS84 坐标系下的经纬度配合 UTM 以获得当前地图坐标系到世界坐标系的平移关系以及东北天（east north up，ENU）坐标系下的旋转量。localizer_to_base_link 即激光雷达坐标系到车体坐标系的变换关系，是激光雷达的外参之一，也是一个静态变换。

回到初始姿态获取，得到 Rviz 上手动指定的初始姿态后，首先对坐标系进行统一。如果该姿态在地图坐标系，那么保存便于后续使用；如果在其他坐标系，则先将该姿态转换至地图坐标系，通过函数 get_transform 获取变换关系，该函数定义如下：

```
bool NdtLocalizer::get_transform(
  const std::string & target_frame, const std::string & source_
frame,
  const geometry_msgs::TransformStamped::Ptr & transform_
stamped_ptr)
  {
  if (target_frame==source_frame) {
    transform_stamped_ptr->header.stamp=ros::Time::now();
    transform_stamped_ptr->header.frame_id=target_frame;
    transform_stamped_ptr->child_frame_id=source_frame;
    transform_stamped_ptr->transform.translation.x=0.0;
    transform_stamped_ptr->transform.translation.y=0.0;
    transform_stamped_ptr->transform.translation.z=0.0;
    transform_stamped_ptr->transform.rotation.x=0.0;
    transform_stamped_ptr->transform.rotation.y=0.0;
    transform_stamped_ptr->transform.rotation.z=0.0;
    transform_stamped_ptr->transform.rotation.w=1.0;
    return true;
  }
  try {
    *transform_stamped_ptr =
      tf2_buffer_.lookupTransform(target_frame, source_frame,
ros::Time(0), ros::Duration(1.0));
    } catch (tf2::TransformException & ex) {
    ROS_WARN("%s", ex.what());
    ROS_ERROR("Please publish TF %s to %s", target_frame.c_str(),
source_frame.c_str());
    transform_stamped_ptr->header.stamp=ros::Time::now();
    transform_stamped_ptr->header.frame_id=target_frame;
```

```
    transform_stamped_ptr->child_frame_id=source_frame;
    transform_stamped_ptr->transform.translation.x=0.0;
    transform_stamped_ptr->transform.translation.y=0.0;
    transform_stamped_ptr->transform.translation.z=0.0;
    transform_stamped_ptr->transform.rotation.x=0.0;
    transform_stamped_ptr->transform.rotation.y=0.0;
    transform_stamped_ptr->transform.rotation.z=0.0;
    transform_stamped_ptr->transform.rotation.w=1.0;
    return false;
  }
  return true;
}
```

在得到地图坐标系的变换以后，直接通过 tf2::doTransform 将初始姿态转换到地图坐标系下。

2. 初始化地图

NDT 配准中的目标点云就是 6.3 节使用 SC-LeGO-LOAM 构建的点云地图，编写 Subscriber 监听 mapLoader 节点发来的点云地图信息（massage），执行如下回调：

```
void NdtLocalizer::callback_pointsmap(
  const sensor_msgs::PointCloud2::ConstPtr & map_points_msg_ptr)
{
  const auto trans_epsilon=ndt_.getTransformationEpsilon();
  const auto step_size=ndt_.getStepSize();
  const auto resolution=ndt_.getResolution();
  const auto max_iterations=ndt_.getMaximumIterations();
  pcl::NormalDistributionsTransform<pcl::PointXYZ,
pcl::PointXYZ> ndt_new;
  ndt_new.setTransformationEpsilon(trans_epsilon);
  ndt_new.setStepSize(step_size);
  ndt_new.setResolution(resolution);
  ndt_new.setMaximumIterations(max_iterations);
  pcl::PointCloud<pcl::PointXYZ>::Ptr map_points_ptr(new pcl::
PointCloud<pcl::PointXYZ>);
  pcl::fromROSMsg(*map_points_msg_ptr, *map_points_ptr);
  ndt_new.setInputTarget(map_points_ptr);
  pcl::PointCloud<pcl::PointXYZ>::Ptr output_cloud(new pcl::
PointCloud<pcl::PointXYZ>);
  ndt_new.align(*output_cloud, Eigen::Matrix4f::Identity());
  //交换
  ndt_map_mtx_.lock();
```

```
ndt_=ndt_new;
ndt_map_mtx_.unlock();
}
```

其中关键是 ndt_new.setInputTarget(map_points_ptr)。在获取点云地图以后，设置 NDT 的目标点云地图为该点云地图，同时设置 NDT 算法的基本参数。

- ndt_new.setTransformationEpsilon(trans_epsilon)：搜索的最小变化量。
- ndt_new.setStepSize(step_size)：搜索的步长。
- ndt_new.setResolution(resolution)：目标点云的 ND 体素的尺寸，单位为 m。
- ndt_new.setMaximumIterations(max_iterations)：使用牛顿法优化的迭代次数。

3. NDT 配准定位

配准定位主要实现于以下回调中：

```
void callback_pointcloud(const sensor_msgs::PointCloud2::
ConstPtr & sensor_points_sensorTF_msg_ptr);
```

该回调监听降采样后的点云，首先将 sensor_msgs::PointCloud2 消息解析为 PCL 的 PointCloud 结构：

```
const std::string sensor_frame=sensor_points_sensorTF_msg_ptr
->header.frame_id;
const auto sensor_ros_time=sensor_points_sensorTF_msg_ptr->
header.stamp;
boost::shared_ptr<pcl::PointCloud<pcl::PointXYZ>> sensor_
points_sensorTF_ptr(
new pcl::PointCloud<pcl::PointXYZ>);
```

该点云在激光雷达坐标系下，所以接着将数据投影到车体坐标系下：

```
//获取 TF 基座到传感器
geometry_msgs::TransformStamped::Ptr  TF_base_to_sensor_ptr(new
geometry_msgs::TransformStamped);
get_transform(base_frame_, sensor_frame, TF_base_to_sensor_ptr);
const Eigen::Affine3d base_to_sensor_affine=tf2::transformToEigen
(*TF_base_to_sensor_ptr);
const Eigen::Matrix4f base_to_sensor_matrix=base_to_sensor_affine.
matrix().cast<float>();
boost::shared_ptr<pcl::PointCloud<pcl::PointXYZ>> sensor_points_
baselinkTF_ptr(
new pcl::PointCloud<pcl::PointXYZ>);
```

```
pcl::transformPointCloud(
*sensor_points_sensorTF_ptr,*sensor_points_baselinkTF_ptr,
base_to_sensor_matrix);
```

设置为 NDT 的输入点云：

```
//设置输入点云
ndt_.setInputSource(sensor_points_baselinkTF_ptr);
if(ndt_.getInputTarget()==nullptr)
{
ROS_WARN_STREAM_THROTTLE(1, "No MAP!");
return;
}
```

最后设定配准的初始姿态估计，这里需要分以下两种情况：

```
//对齐
Eigen::Matrix4f initial_pose_matrix;
if(!init_pose)
{
    Eigen::Affine3d initial_pose_affine;
    tf2::fromMsg(initial_pose_cov_msg_.pose.pose, initial_pose_
affine);
initial_pose_matrix=initial_pose_affine.matrix().cast<float>();
    //第一次时，由于不知道预先的变换（pre_trans），因此只使用初始变换
（init_trans），这意味着第二次时的增量变换为 0
    pre_trans=initial_pose_matrix;
    init_pose=true;
}
    else
    {
    //使用预测的姿态作为初始估计（目前只实现了线性模型）
    initial_pose_matrix=pre_trans*delta_trans;
    }
```

如果是初次配准，则使用在 launch 文件中的默认初始姿态，否则使用线性模型（匀速、匀角速度）预测的初始估计。PCL 实现的 NDT 配准要求初始姿态估计使用 Eigen::Matrix4f 表示（也就是标准的齐次变换矩阵），所以上面的代码中，如果是初次配准，需要将姿态转换为 Eigen::Matrix4f，使用 tf2::fromMsg 函数完成。对于非初次配准，我们的思路是用上一次 NDT 配准的定位结果（变换矩阵 pre_trans）+线性变换量（变换矩阵 delta_trans）。在线性代数中，如果用向量 **AB** 描述上一次定位的变换（即上一次定位 base_link 到地图原点的变换，即 pre_trans），**BC** 表示当前一次定位到上一次定位的变换（即 delta_trans），那么当前的定位 **AC** 就

可以表示为

$$AC = AB * BC$$

所以对当前位置的初始姿态估计就可以用 pre_trans*delta_trans 表示。接着我们设置该初始姿态估计，并且使用 NDT 配准：

```
ndt_.align(*output_cloud, initial_pose_matrix);
const Eigen::Matrix4f result_pose_matrix=ndt_
.getFinalTransformation();
```

最终我们获得了定位的变换矩阵（车体坐标系到地图坐标系的变换）result_pose_matrix，将之转换为 Pose msg 以及坐标变换发布出去，完成本次定位：

```
Eigen::Affine3d result_pose_affine;
result_pose_affine.matrix()=result_pose_matrix.cast<double>();
const geometry_msgs::Pose result_pose_msg=tf2::toMsg(result_
pose_affine);
//发布
geometry_msgs::PoseStamped result_pose_stamped_msg;
result_pose_stamped_msg.header.stamp=sensor_ros_time;
result_pose_stamped_msg.header.frame_id=map_frame_;
result_pose_stamped_msg.pose=result_pose_msg;
if (is_converged)
{
    ndt_pose_pub_.publish(result_pose_stamped_msg);
}
// 发布 TF（地图坐标系到车体坐标系）
publish_tf(map_frame_, base_frame_, result_pose_stamped_msg);
```

此外，我们还需要计算下一次用于初始姿态估计的 delta_trans：

```
//计算从 pre_trans 到 current_trans 的增量 TF
delta_trans=pre_trans.inverse()*result_pose_matrix;
pre_trans=result_pose_matrix;
```

delta_trans 即当前变换和上一次变换的差值（平移量和旋转量的差值）。最后将当前的变换保存为 pre_trans 供下一次初始姿态估计使用。至此 NDT 配准的流程结束。

为了可视化定位结果，我们使用一个 URDF 模型来可视化车辆，该模型主要包含以下 3 个文件。

- lexus.urdf：车辆模型的 URDF 描述文件。
- lexus.dae：车辆的 3D 模型文件。

- lexus.jpg：3D 模型的表面材料。

以上文件均包含于项目的 urdf 文件夹下，使用 lexus.launch 启动 joint_state_publisher 和 robot_state_publisher 两个 ROS 节点以启用车辆模型，launch 文件定义如下：

```
<launch>
  <arg name="base_frame" default="/base_link"/>
  <arg name="topic_name" default="vehicle_model"/>
  <arg name="offset_x" default="1.2"/>
  <arg name="offset_y" default="0.0"/>
  <arg name="offset_z" default="0.0"/>
  <arg name="offset_roll" default="0.0"/> <!-- degree -->
  <arg name="offset_pitch" default="0.0"/> <!-- degree -->
  <arg name="offset_yaw" default="0.0"/> <!-- degree -->
  <arg name="model_path" default="$(find ndt_localizer)/urdf/
lexus.urdf" />
  <arg name="gui" default="False" />
  <param name="robot_description" textfile="$(arg model_path)" />
  <param name="use_gui" value="$(arg gui)"/>
  <node name="joint_state_publisher" pkg="joint_state_publisher"
type="joint_state_publisher" />
  <node name="robot_state_publisher" pkg="robot_state_publisher"
type="state_publisher" />
</launch>
```

6.4.4　构建和运行 NDT 激光雷达定位

在本书代码仓库的 chapter6 目录下构建项目：

```
catkin_make
```

编译完成后，运行 launch 文件启动所有节点：

```
source devel/setup.bash
roslaunch ndt_localizer ndt_localizer.launch
```

此时 Rviz 会被打开，等待点云地图加载完成，如图 6-16 所示。

使用 file_player 播放本书资源 dataset/chapter6/slam_dataset 目录中的数据，如图 6-17 所示。

收到点云数据后，ndt_localizer 开始工作，Rviz 中显示的定位结果如图 6-18 所示。

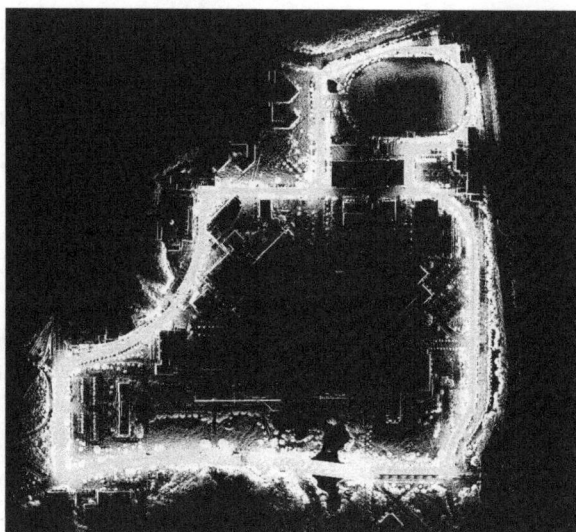

图 6-16　Rviz 中加载预先构建的点云地图

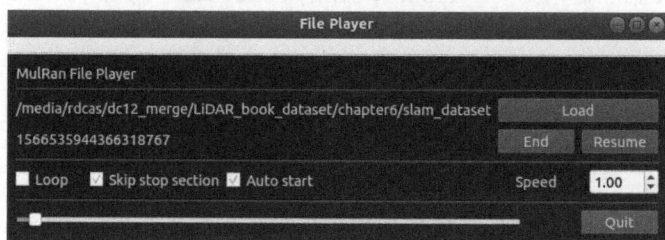

图 6-17　使用 file_player 播放样例数据

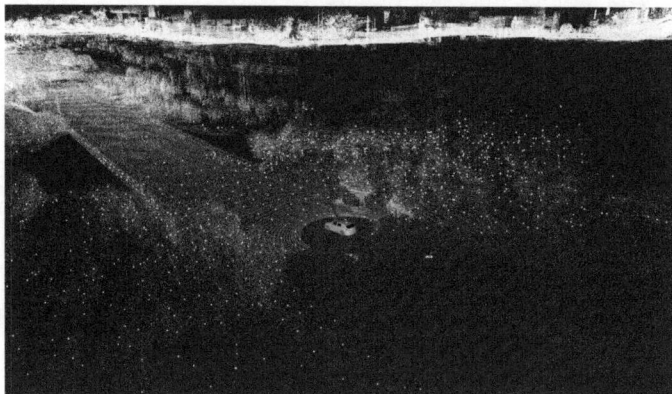

图 6-18　Rviz 中显示的定位结果

配置得当的话（合适的降采样），NDT 配准定位对计算资源要求很低，甚至能够在 TX2 上稳定运行。图 6-19 所示为示例程序执行一次 NDT 点云配准的计算耗时。

```
------------------------------------------------------
align_time: 14.016ms
exe_time: 14.043ms
trans_prob: 6.39093
iter_num: 2
skipping_publish_num: 0
delta x: 0.520273 y: -0.00143443 z: 0.0143175
delta yaw: 3.14052 pitch: 3.13941 roll: -3.14047
------------------------------------------------------
align_time: 13.389ms
exe_time: 13.422ms
trans_prob: 6.30724
iter_num: 2
skipping_publish_num: 0
delta x: 0.505469 y: 0.0204391 z: -0.0203011
delta yaw: 0.00149332 pitch: -0.00130476 roll: 0.000419258
------------------------------------------------------
```

图 6-19　示例程序执行一次 NDT 点云配准的计算耗时

|参考文献|

[1] SHAN T, ENGLOT B. LeGO-LOAM: Lightweight and ground-optimized lidar odometry and mapping on variable terrain[C]//2018 IEEE/RSJ International Conference on Intelligent Robots and Systems (IROS). Piscataway, USA: IEEE, 2018: 4758-4765.

[2] ZHANG J, SINGH S. LOAM: lidar odometry and mapping in real-time[C] //Proceedings of the Robotics: Science and Systems Conference, Berkeley, California, USA, 2014: 1-9.

[3] KIM G, PARK Y S, CHO Y, et al. MulRan: multimodal range dataset for urban place recognition[C]//2020 IEEE International Conference on Robotics and Automation (ICRA). Piscataway, USA: IEEE, 2020: 6246-6253.

[4] KIM G, KIM A. Scan context: egocentric spatial descriptor for place recognition within 3D point cloud map[C]//2018 IEEE/RSJ International Conference on Intelligent Robots and Systems (IROS) . Piscataway, USA: IEEE, 2018: 4802-4809.

第7章

基于深度学习的激光雷达三维目标检测

三维目标检测用于识别自动驾驶汽车附近关键三维目标的位置、朝向、尺寸和类别，是感知系统的重要组成部分。在本章中，我们首先介绍自动驾驶领域中三维目标检测的背景和该任务中存在的一些挑战；然后详细介绍 VoxelNet[1] 和 PointPillars[2]这两种点云三维目标检测技术，并使用开源数据集 KITTI[3]训练 PointPillars 神经网络；最后介绍在 ROS 中实现 VoxelNet 和 PointPillars 的推理与实践。完成本章的学习，读者将对基于深度学习的激光雷达点云三维目标检测技术建立初步的了解，并且能动手推理与实践典型的三维目标检测神经网络。

本章以及第 8 章的内容要求读者具备基本的深度学习背景知识，如果读者没有深度学习相关知识的基础，笔者建议读者先行阅读由人民邮电出版社出版的《深度学习》[4]（*Deep Learning*）一书，再进行本书第 7、8 章的学习。

| 7.1　点云三维目标检测概述 |

7.1.1　三维目标检测的背景和定义

在自动驾驶全栈软件中，为了全面了解驾驶环境，感知系统涉及许多视觉任务，如三维目标检测和跟踪、车道线检测、语义和实例分割等。在这些视觉任务中，三维目标检测是车辆感知系统中最不可或缺的任务之一。三维目标检测旨在识别三维空间中关键目标的位置、大小和类别，如机动车、行人、骑自行车的人等。与仅在图像上生成二维边界框并忽略目标与本车的实际距离信息的二维目标检测相比，三维目标检测侧重于对真实世界三维坐标系中目标的定位和识别。三维目标检测在真实世界三维坐标系中预测的几何信息可以直接用于测量本车与关键目标之间的距离，并进一步帮助规划行驶路线和避免碰撞。随着深度学习技术在计算机视觉和机器人领域迅猛发展，目前主流的三维目标检测方法都是基于深度学习的，这类方法在对目标的模式识别方面远胜于传统点云分割+聚类方法，所以本章讨论的三维目标检测方法仅限于基于深度学习的相关方法。

如果要对三维目标检测任务下一个准确的定义，可以描述为：通过输入的传感器数据，识别三维目标的属性信息的任务[5]。表示三维目标的属性信息是关键，因为后续的预测和规划需要使用这些信息。在大部分情况下，三维目标被定义为一个立方体，(x,y,z) 是立方体的中心坐标，(l,w,h) 则分别描述长、宽、高信息，δ 是偏航角，一般描述为目标在车体坐标系或者激光雷达坐标系下的偏航角，class 是三维目标的类别。因此，对完整的三维目标检测，应当输入必要的传感器数据，输出的信息应当包括：

$$(x,y,z,l,w,h,\delta,\text{class})$$

当然，在一些情况下，我们也会将三维目标检测简化为 BEV 下的二维目标检测，这些情况下三维目标的参数可以进一步简化为 BEV 上一个长方体的 4 个角的位置。

相机和激光雷达都可以为三维目标检测提供原始数据。相机虽然价格便宜，但在用于三维目标检测方面存在内在限制。首先，相机只捕捉外观信息，不能直接获取场景的三维结构信息；其次，三维目标检测通常需要在三维空间中进行准确定位，而根据图像估计的三维信息（例如深度）通常具有较大的误差；最后，基于图像的检测很容易受到极端天气和时间条件的影响。在夜间或雾天根据图像检测目标比在晴天检测要困难得多，这样的自动驾驶系统无法保证感知系统的鲁棒性。

作为替代用的激光雷达的点云具有准确的三维坐标信息。与相机相比，激光雷达更适合检测三维空间中的目标，并且激光雷达更不易受环境光线条件的影响。

图 7-1 所示为典型的二维目标检测。二维目标检测旨在在图像上检测出特定目标并生成其在图像坐标系上的二维边界框，三维目标检测方法借鉴了二维目标检测方法的许多设计范式，如候选框和位置精修、人为设定的先验框、非极大值抑制等。然而，从多方面来看，三维目标检测方法并不是二维目标检测方法对三维空间的简单适配。三维目标检测方法必须处理多样化的数据。点云检测需要新的算子和网络来处理不规则的点云数据，而点云和图像的检测需要特殊的融合机制。三维目标检测方法通常利用不同的投影视图来生成目标预测结果。与根据透视图检测目标的二维目标检测方法相反，三维目标检测方法必须考虑不同的视图

来检测三维目标，例如 BEV、点视图、柱面视图等。三维目标检测对目标在三维空间中的准确定位有很高的要求。分米级的定位误差可能导致对行人和骑自行车的人等小目标的检测失败，而在二维目标检测中，几个像素的定位误差仍能保持较高的 IoU（intersection over union，交并比）指标（预测值和真值的 IoU）。因此，不论是利用点云还是图像进行三维目标检测，准确的三维信息都是必不可少的。图 7-2 所示为三维目标检测的可视化效果。

图 7-1　典型的二维目标检测

图 7-2　三维目标检测的可视化效果

　　按照应用场景，三维目标检测可以进一步分为室内三维目标检测和室外三维目标检测。室内三维目标检测是三维目标检测的一个分支，室内场景中的三维目标检测主要基于 RGB-D 相机产生的点云、激光雷达点云、图像等数据完成，典型的数据集如 SUN RGB-D[6]，主要利用 RGB-D 和三维标注信息重建房间结构（包括门、窗、床、椅子等）。然而，与室内三维目标检测相比，自动驾驶场景中的三维目标检测属于室外三维目标检测，二者存在着巨大的差异：一方面，自动驾驶场景的检测范围远大于室内场景；另一方面，应用于自动驾驶的激光雷达和应用于室内场景的 RGB-D 相机产生的点云分布极为不同。在室内场景中，点在扫描表面上分布相对均匀，大多数三维目标在其表面上可以接收到足够数量的点，而在自动驾驶场景中，大多数点落在激光雷达附近，而那些远离激光雷达的三维目标仅有少量点。因此，自动驾驶场景中的方法需要特别处理三维目标的各种点云密度，并准确检测那些遥远和稀疏的目标。本章仅讨论应用于自动驾驶的三维目标检测方法。

自动驾驶中的三维目标检测主要采用相机和激光雷达这两类传感器，有仅使用相机图像的纯视觉三维目标检测方法，也有仅使用激光雷达点云的纯点云三维目标检测方法，还有同时使用图像+点云的前融合三维检测方法。本书关注基于激光雷达的感知应用，所以本章重点讨论基于激光雷达的点云三维目标检测方法。

7.1.2　点云三维目标检测的常用数据集和性能指标

1. 点云三维目标检测常用的公开数据集

自动驾驶三维目标检测相关数据集较多，具体如表 7-1 所示。KITTI 数据集是一项开创性的工作，它提出了一种标准的数据收集和注释范式：为车辆配备摄像头和激光雷达，在道路上驾驶车辆进行数据收集，并从收集的数据中注释三维对象。KITTI 数据集的原始数据包含立体彩色图像、64 线激光雷达产生的点云、GPS坐标等，并对所有传感器做时钟同步和相应的内外参数标定。KITTI 数据集包含不同的场景，如市区、结构良好的高速公路、市中心街道和乡村道路，按检测难度分类为容易、中等和困难 3 个级别。

表 7-1　常用自动驾驶三维目标检测公开数据集

数据集名	初版时间	点云帧数	图像帧数	标注数量	类别数	采集地点
KITTI	2012	15 000	15 000	200 000	8	德国
ApolloScape	2019	20 000	144 000	475 000	6	中国
Lyft L5	2019	46 000	323 000	1 300 000	9	美国
nuScenes	2020	400 000	1 400 000	1 400 000	23	新加坡、美国
Waymo Open	2020	230 000	1 000 000	12 000 000	4	美国
PandaSet	2021	8200	49 000	1 300 000	28	美国

KITTI 数据集的缺点在于所有的数据均在晴天天气条件下采集，不包括阴天、雨天、雪天、雾天等天气条件；此外，KITTI 数据集的规模较小，用于训练和测试的数据帧总计仅有 15 000 帧；KITTI 数据集的标注类型不够丰富。之后的三维目标检测公开数据集在 KITTI 数据集的基础上，主要做了以下提升：

- 增大数据规模；
- 增加数据多样性，不只包括晴天，还包括阴天、雨天、雪天、雾天等；
- 增加标注类别，除了常用的机动车、行人、非机动车等，还包括动物，路上的障碍物等；
- 增加多模态数据，不只有点云和图像数据，还有高精地图、雷达数据、远程激光雷达数据、热成像数据等。

目前，学术和工业领域多使用 KITTI、nuScenes、Waymo Open 这 3 个公开数据集作为对三维目标检测性能的测试基准，尤其是 KITTI 数据集，该数据集虽然已经发布多年，但其仍然是大量研究工作的性能基准数据集（benchmark dataset），本书后续将主要围绕 KITTI 数据集介绍相关代码实践。

公开数据集为研究成果、新算法提供了统一的性能验证基准，在实际自动驾驶软件产品研发过程中，经过公开数据集验证的最新技术水平（state of the art，SOTA）将在量产的大规模数据上进一步训练，从而产生应用于量产自动驾驶车辆的感知模型。

2. 三维目标检测的性能评价指标

对三维目标检测方法做性能评测，常见的方法是将二维目标检测任务中的平均精度（average precision，AP）指标扩展到三维：

$$AP = 100 \times \int_0^1 \max\{p(r' \,|\, r' \geqslant r)\}\mathrm{d}r$$

式中，$p(r)$ 指精度-召回率曲线（precision-recall curve，PR 曲线），三维目标检测和二维目标检测的 AP 的主要区别集中在计算精度和召回时模型预测值和真值的匹配标准，目前有以下两类广泛使用的 AP 计算方法。

- AP_{3D}：如果模型预测出来的三维框和真值三维框的三维交并比[3]（3D IoU）大于某个阈值，那么认为预测值和真值匹配。
- AP_{BEV}：如果在鸟瞰视角下计算预测值和真值的鸟瞰交并比（BEV IoU）大于某个阈值，那么认为预测值和真值匹配。

除了 AP_{3D} 和 AP_{BEV}，有些数据集还使用基于中心距离的匹配、匈牙利匹配等方法作为预测值和真值比较的评估方法。整体而言，AP 指标自然地继承了二维目标检测的方法论，是目前较为客观的模型性能评价基准。然而，AP 指标忽略了检测对驾驶安全的影响，例如在 AP 指标计算中，近处目标的漏检和远处目标的漏检都被当成权重相等的漏检，但在实际应用中，近处目标的漏检实质上比远处目标的漏检更危险。

7.1.3　点云三维目标检测方法的分类

对于激光雷达点云三维目标检测，直观的分类方法是利用数据表征形式对不同的神经网络进行分类。基于对输入点云的不同数据表征形式，目前主流的点云三维目标检测方法可以分为：

- 基于点的方法；
- 基于网格的方法；
- 基于点-体素的方法；
- 基于深度图的方法。

点云三维目标检测方法之所以存在如此丰富的数据表征方式，主要是因为需要处理点云数据稀疏且不均匀的问题。图像的像素在图像平面上规则分布，相比之下，点云呈现一种稀疏且不规则的三维分布，所以需要专门设计的模型来进行特征提取。虽然我们也可以将点云直接转换成深度图（depth images）从而实现密集且紧凑的二维化表征，但深度图像素包含的是三维坐标信息而不是类似于图像那样的彩色 RGB 值。因此，在深度图上直接应用传统的卷积网络可能不是最佳解决方案。此外，自动驾驶场景中的检测一般要求神经网络的推理能做到实时（对于激光雷达而言，推理速度应该达到 10 Hz）。因此，业界提出了各种数据表征形式，以实现对点云数据的有效特征学习，其能够保证实时推理。

基于点的方法直接从原始点中检测三维目标。这类方法一般由两个部分组成：基于点的主干网络（point-based backbone network），该网络直接对点云数据做特征学习，一般包含点云采样（point cloud sampling）和特征学习两个阶段；预测头（predict head），利用学习的特征预测三维边界框。基于点的方法的最大瓶颈在于难以兼顾模型的性能和推理的效率。对于大多数基于点的方法来说，点云采样一般耗时较多，不利于实时检测。典型的基于点的方法有 PointRCNN[7]、IPOD[8]、Point-GNN[9]等。

基于网格的三维目标检测方法首先将点云栅格化为离散的网格，如体素（Voxel）、柱子（Pillar）和鸟瞰图（BEV）；然后应用传统的二维卷积神经网络或三维稀疏神经网络从网格中提取特征；最后，从 BEV 网格单元中检测到三维目标。图 7-3 所示为基于网格的三维目标检测的网络结构，这类方法一般由两个基础要素构成，分别是基于网格的表示方法和基于网格的神经网络结构。网格表示即将原始点云数据使用网格描述，由图 7-3 所示可知，可以使用 Voxel、Pillar 和 BEV 对点云进行网格化。

- Voxel：描述空间中的三维立方体，点云数据可以通过体素化简单快速地转化为体素集合，典型的方法是 VoxelNet，在 7.2 节我们将详细介绍其相应的神经网络。
- Pillar：一类特殊的 Voxel，它是 z 无限大的体素，所以称为"柱子"；目前主流的 PointPillars 神经网络就属于这一类，我们将在 7.3 节详细介绍并实战 PointPillars。
- BEV：直接在鸟瞰视角下构建的稠密网格图，网格代表该区域内点的统计特征。

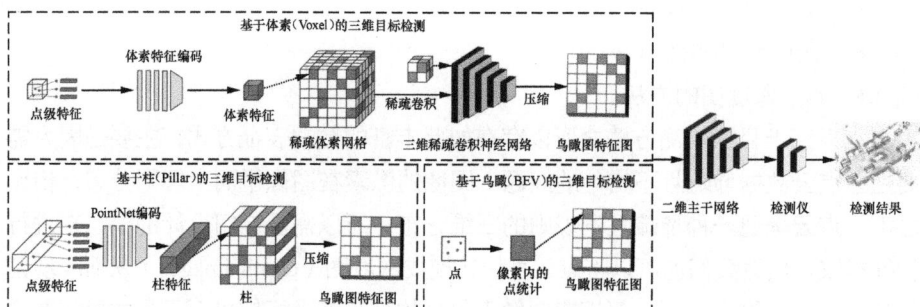

图 7-3　基于网格的三维目标检测的网络结构

对于 BEV 特征图和 Pillars 特征图，可以直接应用二维稀疏卷积神经网络进行目标检测；对于 Voxel 特征图，则需要采用三维稀疏卷积神经网络（3D sparse convolutional neural network）[10]。比较下来，Voxel 表示方法能够编码丰富的三维特征，但是由于引入了三维稀疏卷积神经网络，这类方法的计算复杂度普遍较高，较难满足自动驾驶感知的实时性要求；Pillar 表示方法使用 PointNet 学习 Pillars 中的特征编码，取得了检测性能和推理效率的平衡；BEV 表示方法仅使用网格里的点云统计特征，彻底的二维化带来较高的实时性和网络推理效率，但是由于丢失了大量三维信息，模型性能也相应较差。

基于点-体素的方法属于混合结构，同时利用原始点和网格进行三维目标检测。这类方法又被细分为 single-stage 检测和 two-stage 检测。典型的方法有 PVCNN[11] 和 PV-RCNN[12]。这类方法由于同时利用了点和体素的特征，在性能上会优于纯体素表示的网格三维目标检测方法，但是推理的实时性相对差一些。

基于深度图的方法则使用点云转换产生的深度图作为原始数据，如图 7-4 所示，深度图是仅包含距离信息的二维图。基于深度图的三维目标检测方法需要针对深度图的特点设计相应的神经网络和卷积算子，不同于彩色图像的 RGB 特征，深度图上相邻像素可能相距甚远，为了有效学习深度图上的特征表示，衍生出了距离范围卷积算子、图算子等卷积算子。RangeDet[13]、LaserNet[14]和 RangeRCNN[15]等神经网络都属于这一类方法。相比于鸟瞰视角，深度图视角存在遮挡问题和不同距离缩放尺度问题，所以目前这类方法逐渐演变为在深度图上提取特征并在鸟瞰视角检测三维目标的组合。

图 7-4　RGB 彩色图像（上）和深度图（下）的比较

在了解激光雷达点云三维目标检测的分类和典型方法后，我们将详细介绍两种经典的三维目标检测方法：VoxelNet 和 PointPillars。这两种方法均属于基于网格的三维目标检测方法，在模型检测精度和推理实时性两方面取得了良好的平衡。

|7.2　基于 VoxelNet 的点云三维目标检测|

本节介绍 VoxelNet，这是一种典型的基于网格的点云三维目标检测方法，该方法使用三维体素描述网格，VoxelNet 虽然不是目前性能最优的点云三维目标检测方法，但是其作为经典的端到端点云三维目标检测方法，对于刚学习激光雷达目标检测的读者来讲仍然具有很高的参考价值。

7.2.1　VoxelNet 的结构

VoxelNet 是一个端到端的点云目标检测网络，和图像视觉中的深度学习方法一样，其不需要人为设计的目标特征，而仅通过大量的训练数据集，即可学习到对应目标的特征，从而检测出点云中的目标，如图 7-5 所示。

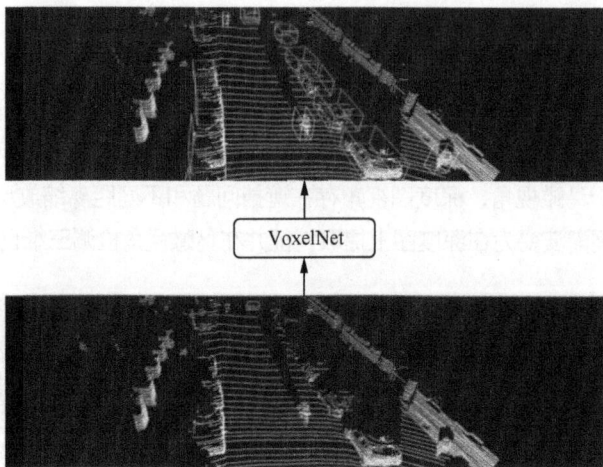

图 7-5 使用 VoxelNet 对点云进行三维目标检测

VoxelNet 主要包含 3 个功能模块：特征学习网络（feature learning network）；卷积中间层（convolutional middle layer）；区域生成网络（region proposal network，RPN）。

1. 特征学习网络

VoxelNet 的结构如图 7-6 所示，包括体素分块（voxel partition）、点云分组（grouping）、随机采样（random sampling）、多层体素特征编码（stacked voxel feature encoding）、稀疏张量表示（sparse tensor representation）等步骤。

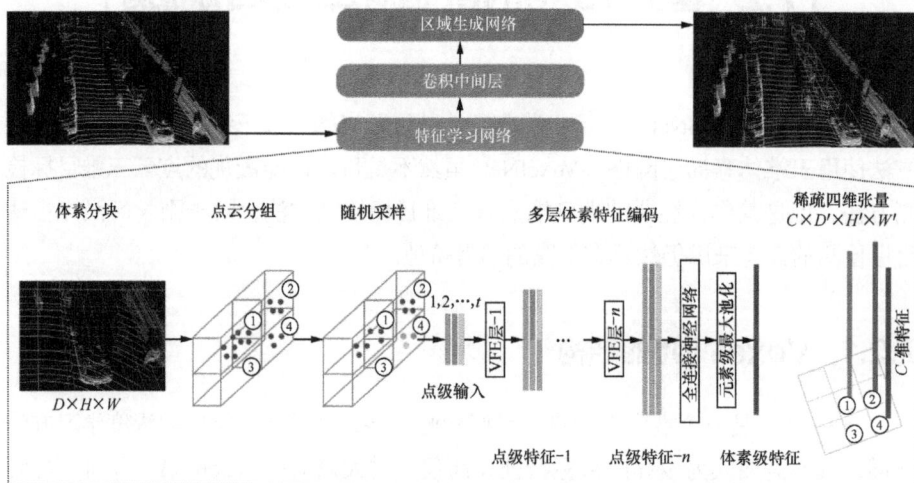

图 7-6 VoxelNet 的结构

体素分块是点云操作里常见的处理，对于输入点云，使用相同尺寸的立方体对其进行划分，使用深度、高度和宽度分别为 D、H、W 的大立方体表示整个输入点云，每个体素的深度、高度、宽度分别为 v_D、v_H、v_W，则整个数据的三维体素化的结果在各个坐标上生成的体素格（voxel grid）的个数分别为 $\dfrac{D}{v_D}$、$\dfrac{H}{v_H}$、$\dfrac{W}{v_W}$。

点云分组即将点云按照上一步分出来的体素格进行分组，很显然，按照这种方法分出来的单元会存在有些体素格点很多，有些体素格点很稀疏的情况。64 线激光雷达一次扫描包含差不多 10 万个点，全部处理需要的算力高、内存大，而且高密度的点势必会给神经网络的计算结果带来偏差。所以，VoxelNet 在点云分组操作后插入了一层随机采样，对于每一个体素格，随机采样固定数目的点 T。

之后是多层的体素特征编码层（VFE 层），这是 VoxelNet 的主要模块，图 7-7 所示为第一个 VFE 层，对于输入：

$$V = \{p_i = [x_i, y_i, z_i, r_i] \in \mathbb{R}^4\}_{(i=1,2,\cdots,t)}$$

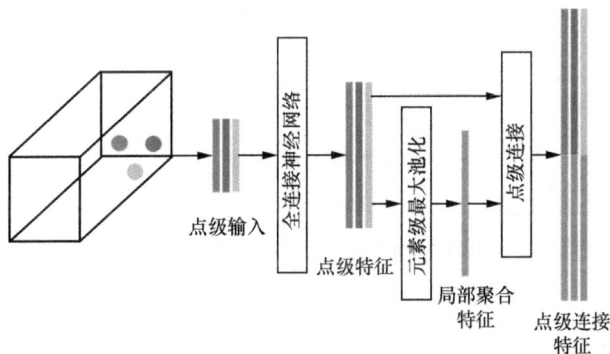

点级输入　全连接神经网络　点级特征　元素级最大池化　局部聚合特征　点级连接　点级连接特征

图 7-7　VoxelNet 第一个 VFE 层

是一个体素格内随机采样的点集，$t \leqslant T$，x_i、y_i、z_i、r_i 分别代表点的 x、y、z 坐标以及激光脉冲的反射强度。首先计算体素内所有点的平均值 (v_x, v_y, v_z) 作为体素格的形心（类似于第 3 章介绍的基于体素网格滤波的降采样），我们就可以将体素格内所有点的特征数量扩充为如下形式：

$$V_{\text{in}} = \{\hat{p}_i = [x_i, y_i, z_i, r_i, x_i - v_x, y_i - v_y, z_i - v_z]^{\text{T}} \in \mathbb{R}^7\}_{(i=1,2,\cdots,t)}$$

每一个 $\hat{p}_i$ 都会通过一个全连接（fully connected，FC）网络映射到一个特征空间 $f_i \in \mathbb{R}^m$，输入的特征维数为 7，输出的特征维数变成 m，全连接层包含一个线性映射层、一个批标准化（batch normalization，BN），以及一个非线性运算（ReLU 操作），得到逐点的的特征表示。

接着采用最大池化（maxpooling）对上一步得到的特征表示进行逐元素的聚合，这一池化操作在元素和元素之间进行，得到局部聚合特征（locally aggregated feature），即 $\hat{f} \in \mathbb{R}^m$。最后，将逐点特征和逐元素特征进行连接，得到输出的特征集合：

$$V_{\text{out}} = \{f_i^{\text{out}}\}_{(i=1,2,\cdots,t)}$$

对于所有的非空的体素格都进行上述操作，并且它们都共享全连接层的参数。使用符号 $(c_{\text{in}}, c_{\text{out}})$ 来描述经过 VFE 以后特征的维数变化，那么全连接层的参数矩阵大小为

$$\left(c_{\text{in}}, \frac{c_{\text{out}}}{2}\right)$$

由于 VFE 层中包含逐点特征和逐元素特征的连接，经过多个 VFE 层以后，我们希望网络可以自动学习到每个体素格内的特征表示（如体素格内的形状信息），通过对体素格内所有点进行最大池化，得到体素格内特征表示 C。

VoxelNet 的最后一步是稀疏张量表示，通过上述流程处理非空体素格，我们可以得到一系列的体素特征（voxel feature）。这一系列的体素特征可以使用一个 4 维稀疏张量来表示：

$$C \times D' \times H' \times W'$$

虽然一帧激光雷达扫描涉及近 10 万个点，但是超过 90% 的体素格都是空的，使用稀疏张量来描述非空体素格能够降低反向传播时的内存和计算消耗。

对于具体的车辆检测问题，我们沿着激光雷达坐标系的 z、y、x 方向取 $[-3, 1] \times [-40, 40] \times [0, 70.4]$ 立方体（单位为 m）作为输入点云，取体素格的大小为：

$$v_D = 0.4, \ v_H = 0.2, \ v_W = 0.2$$

那么有：

$$D' = 10, \ H' = 400, \ W' = 352$$

设置随机采样的 $T=35$，并且采用两个 VFE 层：VFE-1(7, 32) 和 VFE-2(32, 128)。最后的全连接层将 VFE-2 的输出映射到 $\mathbb{R}^{128}$。特征学习网络的输出即一个尺寸为 $128 \times 10 \times 400 \times 352$ 的稀疏张量。

2. 卷积中间层

每一个卷积中间层包含一个三维卷积、一个 BN 层（批标准化）、一个非线性层（ReLU），我们用

$$\text{Conv3D}\left(c_{\text{in}}, c_{\text{out}}, \boldsymbol{k}, s, p\right)$$

来描述卷积中间层，Conv3D 表示三维卷积，c_{in}、c_{out} 分别表示输入和输出的通道数，$\boldsymbol{k}$ 表示卷积核的大小，它是一个向量，对于三维卷积而言，卷积核的大小为 (k,k,k)；s 即 stride，卷积操作的步长；p 即 padding，填充的尺寸。对于车辆检测而言，设计的卷积中间层如下：

- Conv3D(128, 64, 3, (2,1,1), (1,1,1));
- Conv3D(64, 64, 3, (1,1,1), (0,1,1));
- Conv3D(64, 64, 3, (2,1,1), (1,1,1));

3. 区域生成网络

RPN 实际上是目标检测中常用的一种网络，图 7-8 所示为 VoxelNet 中使用的 RPN，该网络包含 3 个全卷积层块（block），每个块的第一层通过步长为 2 的卷积将特征图尺寸减小一半，之后是 3 个步长为 1 的卷积层，每个卷积层都包含 BN 层和 ReLU 操作。将每一个块的输出都上采样到一个固定的尺寸并串联构造高分辨率的特征图。最后，该特征图通过两种二维卷积之后，最终输出两种结果：概率评分图（probability score map）和回归图（regression map）。

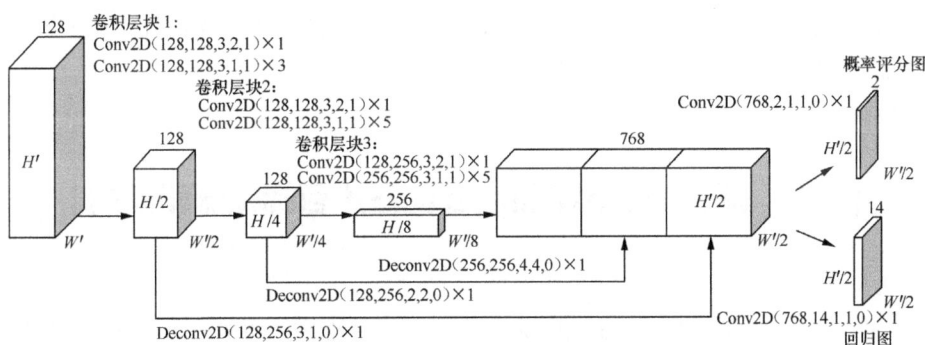

图 7-8　VoxelNet 中使用的 RPN

7.2.2　VoxelNet 的损失函数

我们首先定义 $\{a_i^{\text{pos}}\}_{(i=1,2,\cdots,N_{\text{pos}})}$ 为正样本集合，$\{a_j^{\text{neg}}\}_{(j=1,2,\cdots,N_{\text{neg}})}$ 为负样本集合，使用 $\left(x_c^g, y_c^g, z_c^g, l^g, w^g, h^g, \theta^g\right)$ 来表示一个真实的三维标注框，其中 $\left(x_c^g, y_c^g, z_c^g\right)$ 表示标注框中心的坐标，$\left(l^g, w^g, h^g\right)$ 表示标注框的长度、宽度、高度，θ^g 表示偏航角。

相应地，$\left(x_c^a, y_c^a, z_c^a, l^a, w^a, h^a, \theta^a\right)$ 表示正样本框。那么回归的目标为以下 7 个量：

$$\Delta x = \frac{x_c^g - x_c^a}{d^a}, \ \Delta y = \frac{y_c^g - y_c^a}{d^a}, \ \Delta z = \frac{z_c^g - z_c^a}{h^a}$$

$$\Delta l = \ln\frac{l^g}{l^a}, \ \Delta w = \ln\frac{w^g}{w^a}, \ \Delta h = \ln\frac{h^g}{h^a}, \ \Delta\theta = \theta^g - \theta^a$$

式中，$d^a = \sqrt{(l^a)^2 + (w^a)^2}$ 是正样本框的对角线。定义损失函数为

$$L = \alpha\frac{1}{N_{pos}}\sum_i L_{cls}\left(p_i^{pos}, 1\right) + \beta\frac{1}{N_{neg}}\sum_j L_{cls}\left(p_j^{neg}, 0\right) + \frac{1}{N_{pos}}\sum_i L_{reg}\left(u_i, u_i^*\right)$$

式中，p_i^{pos} 和 p_j^{neg} 分别表示正样本 a_i^{pos} 和负样本 a_j^{neg} 的 softmax 输出，u_i 和 u_i^* 分别表示神经网络的正样本输出的标注框和真实标注框。损失函数的前两项表示正样本输出和负样本输出的分类损失（已经进行了正规化），其中 L_{cls} 表示交叉熵，α 和 β 是两个常数，它们作为权重来平衡正负样本损失对最后的损失函数的影响。L_{reg} 表示回归损失，这里采用的是 Smooth L1 函数。

本节我们从理论方面介绍了 VoxelNet，该方法为典型的网格三维目标检测方法，其端到端学习的思路为后续方法广泛借鉴。但是由于其采用了三维卷积，在推理实时性方面有所欠缺。7.3 节我们将详细介绍 PointPillars 神经网络，该神经网络进一步优化了网格三维目标检测方法，兼顾检测性能和推理实时性，成为近几年点云三维目标检测领域的新范式。

7.3　基于 PointPillars 的三维目标检测和实战

发表于 CVPR 2019 的 PointPillars 是目前比较受业内认可的激光雷达三维目标检测方法，其推理速度和性能俱佳，百度 Apollo 和 Autoware 两个开源自动驾驶项目的感知系统均包含基于 PointPillars 的目标检测模块。本节首先从理论层面解析 PointPillars 方法，接着使用 PyTorch 在 KITTI 数据集上训练一个 PointPillars 神经网络，我们将使用 KITTI 数据集中的测试数据推理并可视化检测结果。

7.3.1　PointPillars 的特点

和二维图像很不相同，点云数据具有两个显著特征：一是相对二维图像来说，

点云数据非常稀疏；二是点云数据是三维的。为了将图像领域中利用卷积神经网络做模式识别的经验引入三维点云中，一些深度学习方法采用三维卷积方法或者将点云投影为二维深度图，还有一些方法使用鸟瞰视角来组织点云数据的输入，相比于二维深度图，鸟瞰图不存在遮挡问题，但是数据分布更加稀疏，造成网络特征学习效率低下。为了解决特征稀疏问题，一种做法是对鸟瞰视角下的平面做网格划分，然后提取网格内的某些统计学特征。显然人为设计的统计学特征在模型泛化上可能存在缺陷，行业的新方法往往趋向于端到端学习（end-to-end learning），使用神经网络去学习鸟瞰网格内的特征表示。VoxelNet 是第一个这么做的，但是 VoxelNet 及其继任者 SECOND[16]因为都采用了三维卷积，推理的实时性比较差。

PointPillars 方法是基于网格的三维目标检测方法的改进，其首创了 Pillar 的网格表征形式，PointPillars 的主要特点有：

- 使用 Pillar 这种形式描述点云数据，并且使用编码器网络学习 Pillar 特征表示。
- 整个 PointPillars 方法仅采用二维卷积层，提升了推理的实时性。

这两个特点带来的好处包括：自学习的特征表示有更好的泛化能力，仅采用二维卷积层即可在计算上显著提升速度，此外，Pillar 的数据表示不需要工程师对具体的激光雷达（线数不同，垂直角度分布不同）做配置和适配。这些好处使其成为目前自动驾驶行业广泛使用的点云三维目标检测方法。

7.3.2　PointPillars 结构

如图 7-9 所示，PointPillars 由 3 部分构成：Pillar Feature Net，Backbone（二维 CNN），Detection Head（SSD）。

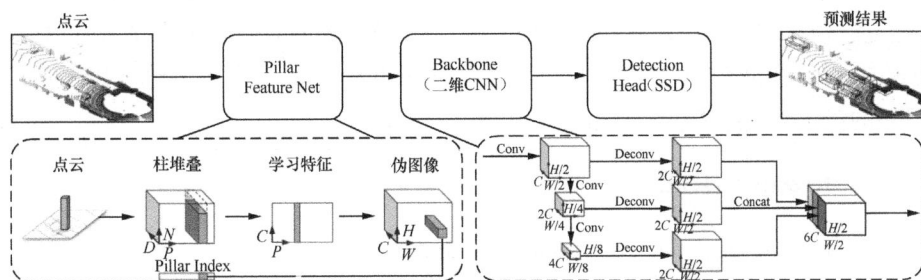

图 7-9　PointPillars 的结构

Pillar Feature Net 用于将输入点云转换为伪图像，即将输入的点云数据转换为特征堆叠的 pillar 张量和相应的索引张量；Backbone 用于学习特征编码，产生的二维特征编码最终被输入 Detection Head；Detection Head 用于三维目标检测。

1. Pillar Feature Net

对于输入点云，首先在鸟瞰视角下对平面进行网格划分，不对 z 方向进行体素分割，可以得到 $(H \times W)$ 个柱状分割，这种"柱子"被称为 Pillar；然后对每个柱子中的每一个点都取 $(x, y, z, r, x_c, y_c, z_c, x_p, y_p)$ 9 个维度特征。其中，(x, y, z) 为柱子内每个点的真实位置坐标，r 为反射率，(x_c, y_c, z_c) 为点到柱子内点的算数平均值的距离，(x_p, y_p) 是点相对于网格中心的偏差。最终每个点都包含 $D = 9$ 个维度的输入。考虑到点云数据的稀疏性和点密度在不同距离的差异，为了让输入张量的尺寸具有一致性，采样 P 个非空的柱子（简化的做法是直接使用所有柱子），并且在每个柱子内采样 N 个点（如果柱子内的点数少于 N 则填充 0），就形成了 (D, P, N) 尺寸的输入张量，其中 $D = 9$，N 为点数（设定值），P 为 $H \times W$。

接着学习特征，PointPillars 使用简化的 PointNet（线性全连接层 +Batch-Norm+ReLU），从 D 维中学出 C 个通道，变为 (C, N, P)，然后对 N 进行最大化操作变为 (C, P)。又因为 $P = H \times W$，我们再展开成一个伪图像形式：(H, W) 为宽高，C 为通道数（在本书后续的具体代码实现中，$C = 64$）。

2. 基于 Backbone 网络的特征学习

PointPillars 使用了类似于 VoxelNet 的 Backbone 做特征学习，包含两个子网络。
- top-down 网络：用于捕获不同尺度下的特征信息，主要由卷积层、归一化层、非线性层构成。
- second 网络：用于将不同尺度特征信息融合，主要由反卷积来实现。

top-down 网络由一系列的 Block(S, L, F) 构成，其中 S 为步长，L 为 3×3 的卷积层的个数，F 为输出通道，每个块都要批标准化（BatchNorm）和整流（ReLU）。top-down 网络的每个块的输出都会被输入 second 网络做上采样（即反卷积），得到最终的特征图并将其输入检测网络。

3. Detection Head

PointPillars 使用 single shot detector（SSD）做检测网络。

4. 具体参数设定

针对 KITTI 数据集（单颗 64 线激光雷达），PointPillars 网络的具体参数设定如下。

- C：Pillar Feature Net 输出通道数，64。
- Backbone 中 3 个块的尺寸：
  - Block1(S, 4, C)；
  - Block2(2S, 6, 2C)；
  - Block3(4S, 6, 4C)。

5. 损失函数

PointPillars 使用的损失函数类似于 SECOND 的，由以下 3 部分构成：

- 定位回归损失 L_{loc}；
- heading 损失 L_{dir}；
- 目标分类损失 L_{cls}。

KITTI 数据集中的真值包括 x、y、z、l、w、h、θ，分别指代 box 的三维位置、长、宽、高和 heading 方向，检测的定位回归残差被定义为

$$\Delta x = \frac{x^{gt} - x^a}{d^a}, \ \Delta y = \frac{y^{gt} - y^a}{d^a}, \ \Delta z = \frac{z^{gt} - z^a}{h^a}$$

$$\Delta w = \ln\frac{w^{gt}}{w^a}, \ \Delta l = \ln\frac{l^{gt}}{l^a}, \ \Delta h = \ln\frac{h^{gt}}{h^a}$$

$$\Delta\theta = \sin(\theta^{gt} - \theta^a)$$

式中，gt 表示真值，a 表示模型预测，$d^a = \sqrt{(w^a)^2 + (l^a)^2}$，最终的定位回归损失被定义为

$$L_{loc} = \sum_{b \in (x,y,z,w,l,h,\theta)} \text{smooth}L1(\Delta b)$$

heading 损失函数参考了 SECOND 的损失函数，使用离散方向的 softmax 分类损失，目标分类损失 L_{cls} 则使用了 focal loss，定义为

$$L_{cls} = -\alpha_a(1 - p^a)^\gamma \ln p^a$$

式中，p^a 是先验框的分类概率，α 和 γ 均为超参数，最终完整的损失函数被定义为

$$L = \frac{1}{N_{pos}}\left(\beta_{loc}L_{loc} + \beta_{cls}L_{cls} + \beta_{dir}L_{dir}\right)$$

式中，β 是损失的权重，N_{pos} 表示激活的先验框的数量，使用 Adam 优化损失函数训练网络。

7.3.3 训练一个 PointPillars

本节我们基于 OpenPCDet 项目在 KITTI 数据集上训练一个 PointPillars，并且对三维检测结果进行可视化。本节完整代码在本书代码仓库的 chapter7/EasyPointPillars 目录中。首先配置环境，本实例使用的软件环境和版本如下。

- 操作系统：Ubuntu 18.04。
- Python：Conda 管理，使用 Python 3.7。
- NVIDIA GPU Driver：470。
- CUDA：10.2。
- cuDNN：cudnn-10.2-linux-x64-v7.6.5.32.tgz。
- PyTorch：1.4.0。
- torchvision：0.5.0。

准备 Conda 环境：

```
conda create -n pp python=3.7
conda activate pp
```

安装相关依赖：

```
cd EasyPointPillars/
pip install -r requirements.txt
```

spconv 项目提供了类似于 SparseConvNet 项目的空间稀疏卷积操作，是 OpenPCDet 项目的依赖之一。要构建 spconv 项目，需要升级 CMake 版本到 3.13 以上。在 CMake 官网下载 CMake 源码的压缩包（包名通常为 cmake-版本号.tar.gz），解压缩并且安装：

```
tar -xvf cmake-版本号.tar.gz
cd cmake-版本号
cmake .
make -j8
sudo make install
sudo update-alternatives --install /usr/bin/cmake cmake /usr/
local/bin/cmake 1 --force
```

执行以上步骤后使用 cmake --version 即可查看升级后 CMake 的版本号。

在确保系统为 Ubuntu 18.04 且已经在 Conda 环境中安装 PyTorch 1.4 的前提下，在 Conda 环境中克隆 spconv 并在 spconv 目录下构建项目：

```
python setup.py bdist_wheel
```

构建成功后会在 spconv 目录下产生一个 dist 目录，构建产物的 whl 文件就存于该目录下，使用 PIP 安装 whl 文件：

```
#确保在 Conda pp 环境下
cd dist/
pip install spconv-1.2.1-cp37-cp37m-linux_x86_64.whl
```

安装 OpenPCDet 项目：

```
cd chapter7/EasyPointPillars/
python setup.py develop
```

接着准备网络训练用的 KITTI 数据集，需要在 KITTI 网站上下载以下数据。

- data_object_velodyne.zip：用于三维目标检测的激光雷达数据。
- data_object_calib.zip：传感器标定数据。
- data_object_label_2.zip：目标的三维标注数据。
- data_object_image_2.zip：左彩色相机图像数据，仅用于可视化，也可不下载。

下载完后解压缩，严格按照如下目录结构组织文件：

```
EasyPointPillars
├──data
│   ├──kitti
│   │   │──ImageSets
│   │   │──training
│   │   │   ├──calib & velodyne & label_2 & image_2 & (optional:
planes) & (optional: depth_2)
│   │   │──testing
│   │   │   ├──calib & velodyne & image_2
├──pcdet
├──tools
```

在准备好项目环境和 KITTI 数据集后，我们基于 OpenPCDet 项目训练一个 PointPillars。首先确保数据按照路径要求放置于 OpenPCDet 项目的 data/kitti 目录下，使用以下脚本产生数据文件：

```
cd EasyPointPillars/
python -m pcdet.datasets.kitti.kitti_dataset create_kitti_infos
tools/cfgs/dataset_configs/kitti_dataset.yaml
```

完成数据整理以后，会输出如下条目：

```
Database Pedestrian: 2207
Database Car: 14357
```

```
Database Cyclist: 734
Database Van: 1297
Database Truck: 488
Database Tram: 224
Database Misc: 337
Database Person_sitting: 56
---------------Data preparation Done---------------
```

程序会在 data/kitti 目录下产生若干个.pkl 文件以及 gt_database：

```
drwxrwxr-x 2 adam adam   724992 7月   6 16:14 gt_database/
drwxrwxr-x 2 adam adam    4096 6月  29 17:25 ImageSets/
-rw-rw-r-- 1 adam adam 5625257 7月   6 16:14 kitti_dbinfos_
train.pkl
-rw-rw-r-- 1 adam adam 3804904 7月   6 16:13 kitti_infos_test.pkl
-rw-rw-r-- 1 adam adam 8107156 7月   6 16:11 kitti_infos_train.pkl
-rw-rw-r-- 1 adam adam 16571173 7月   6 16:13 kitti_infos_
trainval.pkl
-rw-rw-r-- 1 adam adam 8464411 7月   6 16:13 kitti_infos_val.pkl
drwxrwxr-x 5 adam adam    4096 7月   6 10:59 testing/
drwxrwxr-x 7 adam adam    4096 7月   6 14:46 training/
```

开始神经网络训练：

```
cd tools
#使用单个 GPU 进行训练
python train.py --cfg_file cfgs/kitti_models/pointpillar.yaml
```

如果你的计算机是多 GPU 的，执行如下脚本：

```
sh scripts/dist_train.sh ${NUM_GPUS} --cfg_file ${CONFIG_FILE}
```

其中，NUM_GPUS 表示 GPU 数量，CONFIG_FILE 表示 pointpillar.yaml 文件的路径。开始神经网络训练，默认训练 80 个 epoch。

提示：在神经网络训练中，一个 epoch 指用训练集中的全部样本训练一次。

训练过程中，模型的 checkpoint 文件和训练的 tf event 文件会被保存于项目目录 output/kitti_models/pointpillar/default/ 下，可以使用 tensorboard 可视化训练过程：

```
cd output/kitti_models/pointpillar/default/
tensorboard --logdir tensorboard/
```

单击链接，通过 tensorboard 可以查看到训练损失的变化曲线，如图 7-10 所示。

在单 2080Ti 显卡的计算机上，大约用了 6 小时完成 80 个 epoch 的训练。可以运行 test.py 脚本验证模型在测试集上的性能：

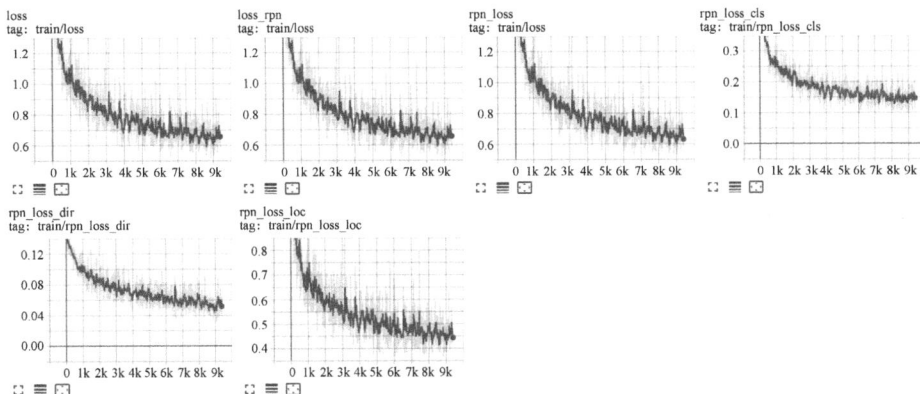

图 7-10　训练损失的变化曲线

```
#在 OpenPCDet 项目内
cd tools
python test.py --cfg_file cfgs/kitti_models/pointpillar.yaml
--batch_size 4 --ckpt ../output/kitti_models/pointpillar/default/
ckpt/checkpoint_epoch_80.pth
```

运行 demo.py 可视化模型在测试集上的推理效果：

```
#在 Conda 环境内
cd tools
python demo.py --cfg_file cfgs/kitti_models/pointpillar.yaml
--data_path ../data/kitti/testing/velodyne/000099.bin --ckpt ../
output/kitti_models/pointpillar/default/ckpt/checkpoint_epoch_80.pth
```

注意，使用--cfg_file 参数指定模型配置文件，使用--data_path 参数指定要可视化的点云数据（测试集），使用--ckpt 参数指定训练的模型的路径。图 7-11 所示为单帧数据推理的可视化效果，三维的边界框被绘制于点云上，不同颜色的边界框表示不同类型的目标，红色表示检测出的车辆，绿色表示检测到的行人。

也可以在图像上将三维边界框画出来，运行完 demo.py 后会在 visual_tools 目录下产生一个 predicted.txt 文本文件，该文件记录了检测的结果，包括：

```
[x,y,z,dx,dy,dz,yaw,label]
```

使用项目中的脚本 tools/visual_tools/draw_3d_onimg.py 可以将检测结果可视化：

```
cd tools/visual_tools
python draw_3d_onimg.py
```

结合 Open3D 的可视化效果，最终得到图 7-12 所示的推理结果。

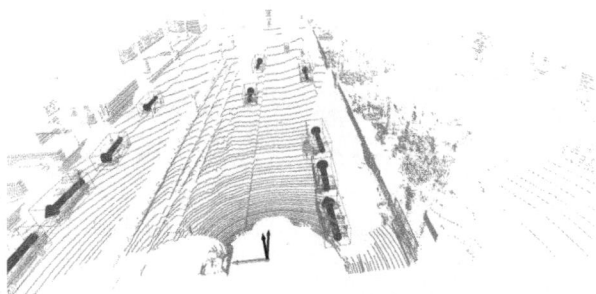

*图 7-11 单帧数据推理的可视化效果

图 7-12 将 PointPillars 检测到的三维边界框可视化

　　利用深度学习方法得到的三维目标信息将被自动驾驶系统的追踪模块使用，最终产生高置信度的被追踪的目标（tracked object），这些目标可被进一步用于预测等模块，助力自动驾驶系统对环境的感知和判断。

参考文献

[1] ZHOU Y, TUZEL O. VoxelNet: end-to-end learning for point cloud based 3D object detection[C]//2018 IEEE/CVF Conference on Computer Vision and Pattern Recognition. Piscataway, USA: IEEE, 2018: 4490-4499.

[2] LANG A H, VORA S, CAESAR H, et al. PointPillars: fast encoders for object detection from point clouds[C]//2019 IEEE/CVF Conference on Computer Vision and Pattern

Recognition (CVPR). Piscataway, USA: IEEE, 2019: 12689-12697.

[3] GEIGER A, LENZ P, URTASUN R. Are we ready for autonomous driving? the KITTI vision benchmark suite[C]//2012 IEEE Conference on Computer Vision and Pattern Recognition. Piscataway, USA: IEEE, 2012: 3354-3361.

[4] GOODFELLOW I, BENGIO Y, COURVILLE A. Deep learning[M]. Cambridge, MIT press, 2016.

[5] MAO J , SHI S, WANG X, et al. 3D object detection for autonomous driving: a review and new outlooks[J]. arXiv preprint, 2022, 2206.09474.

[6] SONG S, LICHTENBERG S P, SUN X J. RGB-D: a RGB-D scene understanding benchmark suite[C]//2015 IEEE Conference on Computer Vision and Pattern Recognition (CVPR). Piscataway, USA: IEEE, 2015: 567-576.

[7] SHI S, WANG X, LI H. PointRCNN: 3D object proposal generation and detection from point cloud[C] // 2019 IEEE/CVF Conference on Computer Vision and Pattern Recognition (CVPR). Piscataway, USA: IEEE, 2019:770-779.

[8] YANG Z, SUN Y, LIU S, et al. Ipod: intensive point-based object detector for point cloud[J]. arXiv preprint, 2018, 1812.05276

[9] SHI W, RAJKUMAR R. Point-GNN: graph neural network for 3D object detection in a point cloud[C] //2020 IEEE/CVF Conference on Computer Vision and Pattern Recognition (CVPR). Piscataway, USA: IEEE, 2020: 1708-1716.

[10] GRAHAM B, ENGELCKE M, MAATEN L V D. 3D semantic segmentation with submanifold sparse convolutional networks[C]//2018 IEEE/CVF Conference on Computer Vision and Pattern Recognition. Piscataway, USA: IEEE, 2018: 9224-9232.

[11] LIU Z, TANG H, LIN Y, et al. Point-voxel CNN for efficient 3D deep learning[C]//the 33rd International Conference on Neural Information Processing Systems. Vancouver: ACM, 2019: 965-975.

[12] SHI S, GUO C, LI J, et al. PV-RCNN: point-voxel feature set abstraction for 3D object detection[C] //2020 IEEE/CVF Conference on Computer Vision and Pattern Recognition (CVPR). Piscataway, USA: IEEE, 2020: 10526-10535.

[13] FAN L, XIONG X, WANG F, et al. RangeDet: in defense of range view for LiDAR-based 3D object detection[C]//2021 IEEE/CVF International Conference on Computer Vision (ICCV). Piscataway, USA: IEEE, 2021: 2898-2907.

[14] MEYER G P, LADDHA A, KEE E, et al. LaserNet: an efficient probabilistic 3D object detector for autonomous driving[C]//2019 IEEE/CVF Conference on Computer Vision and Pattern Recognition (CVPR). Piscataway, USA: IEEE, 2019: 12669-12678.

[15] LIANG Z, ZHANG M, ZHANG Z, et al. Rangercnn: towards fast and accurate 3D object detection with range image representation[J]. arXiv preprint, 2020, 2009.00206.

[16] YAN Y, MAO Y, LI B. Second: sparsely embedded convolutional detection[J]. Sensors, 2018, 18(10): 3337.

第8章

基于深度学习的激光雷达点云语义分割方法

本章介绍基于深度学习的激光雷达点云语义分割（semantic segmentation）方法，并且深入介绍几种常见的点云语义分割方法的理论细节。此外，我们将实践 PolarNet 神经网络的训练和推理。

| 8.1　自动驾驶中的点云语义分割 |

自 DARPA 自动驾驶挑战赛后，激光雷达作为核心传感器被广泛应用于机器人、4 级自动驾驶汽车（如自动驾驶出租车、公交车和卡车等）等诸多领域。然而，激光雷达在乘用车领域仍处于发展阶段，笔者认为其原因主要有以下几点。

- 相比于图像，激光雷达点云过于稀疏，不利于特征学习。
- 点云分布具有无序性，这种数据分布特征使得点云不能直接被二维卷积神经网络使用。
- 如果直接采用三维卷积网络进行学习，计算量将剧增，不适用于计算资源非常紧张的自动驾驶场景。

图像语义分割（image semantic segmentation）的主要作用是为每个像素分配一个类别标签，可以用于自动驾驶感知等应用中的场景理解任务。类似地，激光雷达点云三维语义分割的作用是为每个点分配一个类标签。图 8-1 所示为激光雷达点云三维语义分割的一个示例。点云语义分割在三维目标检测和识别、场景重建以及高精度地图自动化构建等方面都有较大的应用价值，随着深度神经网络在计算机视觉领域被广泛使用，基于深度学习的点云语义分割方法已经成为该领域的主流。

为了学习点云的特征，并且解决点云无序的问题，一种常见的做法是将三维点云投影为二维特征表示，如球面投影、鸟瞰投影等，这样就可以使用二维卷积

神经网络进行学习。在前面的章节，我们已经学习了基于地面分割和聚类的点云分割方法，那么基于深度学习的方法和这类传统方法有什么差异呢？

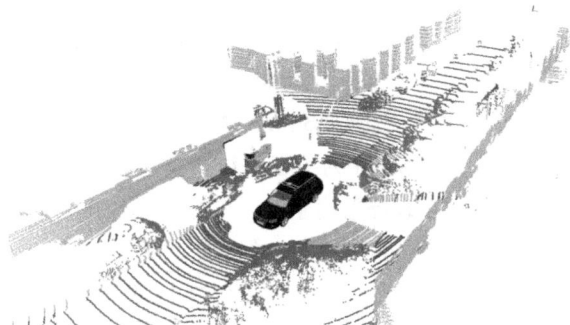

图 8-1 激光雷达点云三维语义分割的一个示例

8.1.1 点云分割：传统方法 vs 基于深度学习的方法

实际上，在深度学习方法出现之前，基于点云的语义分割已经有一套比较成熟的处理流程：分割地面→点云聚类→特征提取→分类。典型的方法可以参考文献[1]。那么传统方法存在哪些问题呢？

- 第一步即分割地面通常依赖于人为设计的特征和规则，如设置一些阈值、表面法线等，泛化能力差。
- 多阶段的处理流程意味着可能产生复合型错误——聚类和分类并没有建立在一定的上下文基础上，目标周围的环境信息缺失。
- 这类方法对于单帧激光雷达扫描的计算时间和精度是不稳定的，这和自动驾驶场景下的安全性要求（稳定、小方差）相悖。

因此，近年来业界提出了不少基于深度学习的端到端点云三维语义分割方法。深度学习方法大大提升了点云语义分割的泛化能力，不再需要人为设计特征，而是转为使用海量数据让神经网络自学习特征，具备数据驱动开发、可扩展等特点，这些特点使得基于深度学习的方法成为目前点云语义分割任务中的最优方法。

8.1.2 基于深度学习的点云语义分割方法的分类

基于深度学习的点云语义分割方法可以粗略地划分为两类：基于投影的点云语义分割（projection-based semantic segmentation）方法和基于点的点云语义分割

（point-based semantic segmentation）方法。

　　基于投影的点云语义分割方法的核心理念是将三维点云投影到二维视图下，包括使用球面投影将点云投影为二维深度图（典型方法为 SqueezeSeg[2]）、将点云投影至二维 BEV（典型方法为 PolarNet[3]）。SqueezeSeg 使用的是 CNN（convolutional neural network，卷积神经网络）+CRF（conditional random field，条件随机场）这样的结构。其中，CNN 采用的网络是 SqueezeNet[4]，该网络使用远少于 AlexNet 的参数数量便达到了等同于 AlexNet 的精度，极少的参数意味着更快的运算速度和更小的内存消耗，这是满足车载场景需求的。被预处理过的点云数据（二维化）将以张量的形式输入 CNN 中，CNN 输出一个同等宽高的标签映射（label map），实际上就是对每一个像素进行分类。然而单纯的 CNN 逐像素分类结果会出现边界模糊的问题，为解决该问题，CNN 输出的标签映射被输入一个 CRF 中，这个 CRF 的形式为 RNN，其作用是进一步校正 CNN 输出的标签映射。SqueezeSeg 使用 DBSCAN 算法对最终的检测结果进行了一次聚类，从而得到分割的目标实体。图 8-2 所示为 SqueezeSeg 对点云做二维球面投影[2]的效果。类似于 SqueezeSeg 的方法还有 RangeNet++[5]，它将输入点云转换为深度图，然后将其应用于二维全卷积神经网络（fully convolutional neural network，FCN），再对二维分割恢复三维点云结构，最后使用 KNN 算法来优化输出的分割结果。

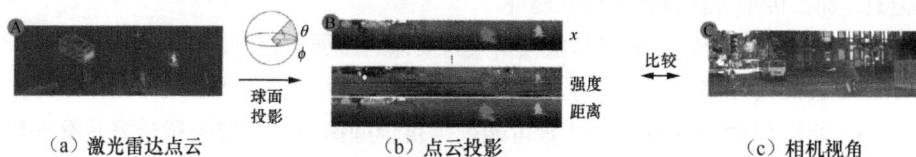

（a）激光雷达点云　　　　　　（b）点云投影　　　　　　（c）相机视角

图 8-2　SqueezeSeg 对点云做二维球面投影的效果

　　基于点的点云语义分割方法旨在直接从点云原始数据中捕获特征，用于分类或语义分割，而无须将其投影为其他的表示方式。这类方法的典型就是 PointNet[6]，PointNet 开创了端到端的直接从点云学习特征表示的架构，该架构可以通过将$(n \times 3)$点云（n 是点的数量）作为输入直接应用到一系列多层感知器（multi-layer perceptron，MLP），然后使用最大池化层将点的信息聚合为表示全局特征的特征向量，最后连接最大池化输出的全局特征和前序的 MLP 学习的局部特征并进行上采样，以形成表示语义分割的 $n \times m$ 维的输出，其中 m 是类的数量，图 8-3 所示为 PointNet 的网络结构[6]。PointNet++[7]是 PointNet 的后续版本，它通过引入分层神经网络解决 PointNet 捕获局部特征能力较差的问题，该网络将 PointNet 递归地应用于输入点云的嵌套分组。

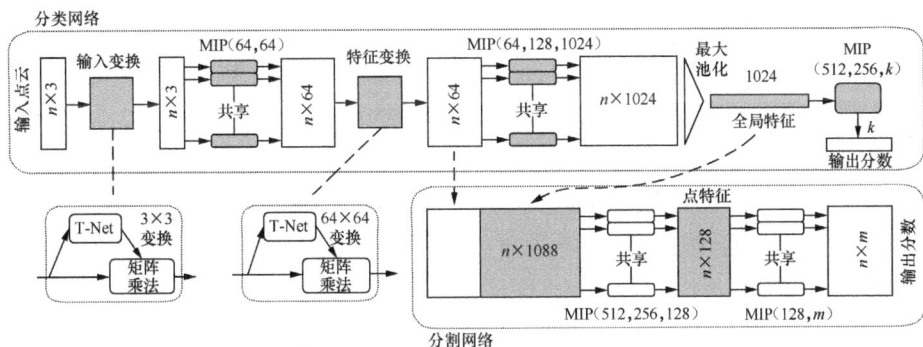

图 8-3　PointNet 的网络结构

图 8-4 所示为常见语义分割网络在 Semantic KITTI 数据集上的推理速度，不难看出，在推理速度的层面上，基于投影的点云语义分割方法优于基于点的点云语义分割方法。由于自动驾驶场景下的点云语义分割多为实时任务，对神经网络推理的实时性要求较高，所以目前多采用基于投影的点云语义分割方法。

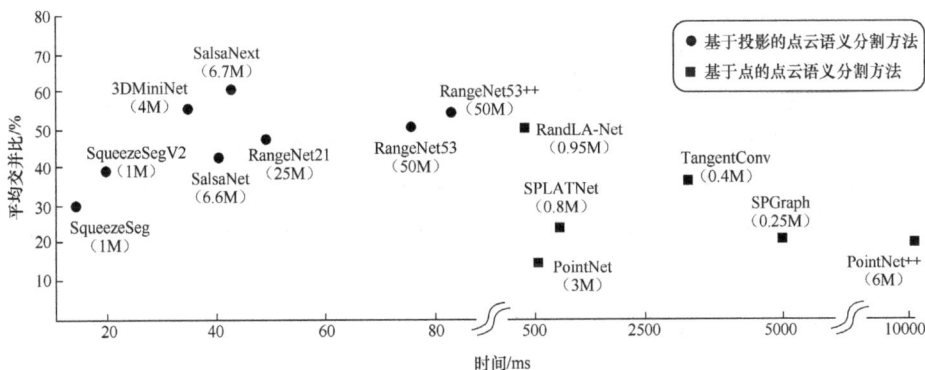

图 8-4　常见语义分割网络在 Semantic KITTI 数据集上的推理速度[8]

8.1.3　点云语义分割的常用公开数据集

近年来，随着越来越多的公开数据集对点云进行语义分割标注，一些常见的数据集已经被广泛用于自动驾驶场景的点云语义分割模型的验证和评估。本节将介绍其中两个常见的可用于自动驾驶场景的点云语义分割模型性能验证和评估的数据集：SemanticKITTI[9]和 nuScenes[10]。

SemanticKITTI 数据集是由 KITTI 数据集衍生而来的一个大规模点云语义分割数据集，该数据集中的点云数据取自 KITTI Vision Benchmark 的里程计数据集，原始点云由 Velodyne HDL-64 激光雷达产生，这些数据包括内城交通（inner city traffic）场景、住宅区（residential area）内交通场景，以及德国卡尔斯鲁厄周围的高速公路场景和乡村道路场景。KITTI 数据集原始的里程计数据集由 22 个序列组成，该数据集原本仅用于高精度建图和定位验证，并没有做语义标注。SemanticKITTI 数据集把序列 00 到 10 作为训练集，把序列 11 到 21 作为测试集，对这些 64 线的点云数据进行了全视角 360° 逐点分割标注，标注结果包括语义分割标注和语义场景标注；SemanticKITTI 数据集包含 23 201 帧训练数据和 20 351 帧测试/验证数据，标注了 28 种类别，图 8-5 所示为该数据集的标签分布。

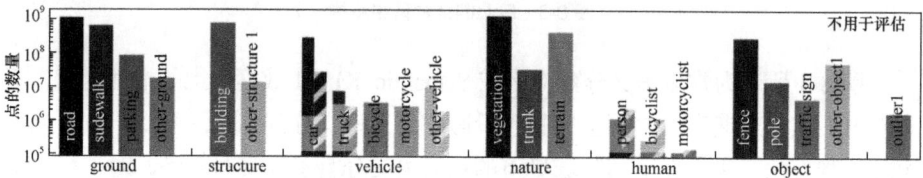

图 8-5　SemanticKITTI 数据集的标签分布

　　nuScenes 数据集是自动驾驶汽车全套传感器（包括 6 个摄像头、5 颗毫米波雷达和 1 颗激光雷达）采集的场景数据的集合，具有完整的 360° 视野，该数据集包括 1000 个场景，每个场景约 20 s 时长，nuScenes 的初版主要标注了目标级 3D 边界框，主要用作第 7 章介绍的三维目标检测任务的基准数据集。其后 nuScenes 更新了 nuScenes-lidarseg 数据集，lidarseg 数据集对 32 线激光雷达采集的 40 000 帧点云做了语义分割标注，包括 32 种类别（其中前景类 23 种，背景类 9 种）。图 8-6 所示为 nuScenes-lidarseg 数据集的标签分布。

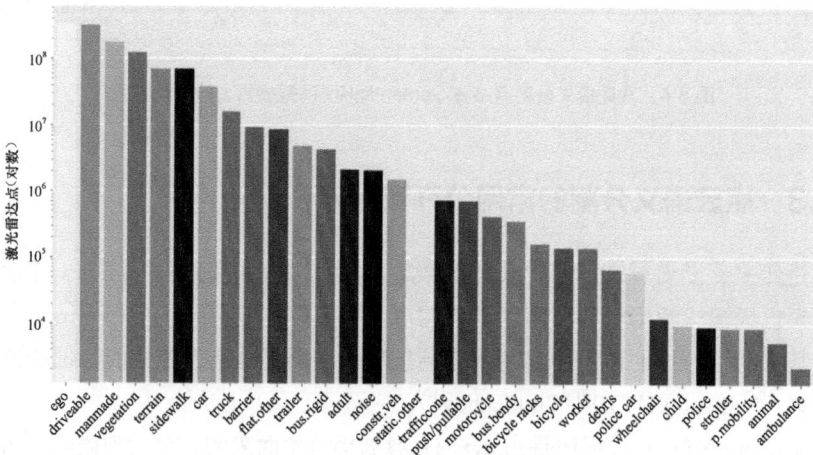

图 8-6　nuScenes-lidarseg 数据集的标签分布

这两个数据集是目前学术界中被广泛使用的三维语义分割数据集，大量的神经网络方法在此之上验证性能。8.3 节将以 SemanticKITTI 数据集作为基准数据集训练一个 PolarNet 点云语义分割网络。

8.1.4　点云语义分割的性能评价指标

语义分割通常使用 IoU 作为性能评价指标。不同于图像的二维规则紧密排布，三维点云中点存在空间不相关，所以用于点云的 IoU 不同于用于图像语义分割的 IoU。每个类别 i 的 IoU 可以根据以下公式计算。

$$\text{IoUClass}_i = \frac{\text{TP}}{\text{TP} + \text{FN} + \text{FP}}$$

式中，TP、FP 和 FN 分别对应于模型对类别 i 的真阳性（true positive，TP）、假阳性（false positive，FP）和假阴性（false negative，FN）预测的点数量。IoU 是对于单类语义分割的性能结果，对于多个类别（类别为 C），使用平均交并比（mIoU），mIoU 的计算公式为

$$\text{mIoU} = \frac{1}{c} \sum_{c=1}^{C} \frac{\text{TP}_c}{\text{TP}_c + \text{FP}_c + \text{FN}_c}$$

式中，c 表示第 c 个类别。计算 mIoU 时，结果容易受到稀疏类的影响，即有些类别的点数极少，正确或者错误地对其分类都会对最终计算的 mIoU 造成巨大的影响。然而，我们关心的通常是模型对于常见类型的识别/分割性能，所以我们通常不会将点数极少的类别纳入性能评估，在 SemanticKITTI 数据集中，outlier、other-structure 和 other-object 这 3 个类别的点数极少，一般不将这 3 个类别纳入性能评估，所以只使用 25 个类别而不是完整的 28 个类别。此外，语义分割通常针对单帧数据，即输入一帧点云，神经网络模型输出其语义分割的结果，我们不能指望通过单次扫描就能区分移动物体和非移动物体，因为目前的 ToF 激光雷达无法利用多普勒效应（Doppler effect）测量目标速度（当然，未来的 FMCW 激光雷达可以做到这一点）。因此，SemanticKITTI 数据集将移动类与相应的非移动类进行了合并，最终只有 19 个类别可以用于训练和评估。

除了 mIoU 以外，图像语义分割中用到的像素准确率（pixel accuracy，PA）也常用作点云语义分割的性能指标（当然，在这里像素变成了点）。PA 是所有类别被正确分类的点数量（TP+TN）与所有点的数量的比值，当使用的数据集在类别之间存在显著差异时，整体准确率可能会产生偏差。

本节我们对点云语义分割的概念进行了介绍，比较了传统方法和基于深度学习的方法，分类了基于深度学习的方法，列举了公开数据集并介绍了常用的模型性能验证指标。8.2 节、8.3 节我们将介绍两种具体的点云语义分割神经网络，并且使用 SemanticKITTI 数据集训练其中的一个神经网络。

|8.2　基于全卷积神经网络的点云三维语义分割|

基于投影的点云语义分割方法的一大类是将点云投影至鸟瞰视角，百度 Apollo 中开源的 cnn_seg 点云三维语义分割神经网络就属于此类。该模型被集成于 Apollo 的 perception 模块，在 Apollo 3.0 到 Apollo 5.0 中是用于障碍物检测的主力模型。本节我们将基于 ROS 架构实践该网络在点云数据上的推理。本节完整代码在本书代码仓库的 chapter8/cnn_seg/src/cnn_seg 目录中。

8.2.1　全卷积神经网络介绍

全卷积神经网络使用卷积层替换了传统卷积神经网络中的全连接层，图 8-7 所示为一个全卷积神经网络的结构。全卷积神经网络通常由编码器网络、解码器网络和预测网络构成，编码器网络由一系列的卷积层构成，主要起到特征提取和表示学习的作用，通常使用预训练的 VGG、ResNet 等分类网络作为编码器网络。图 8-7 所示的每个卷积层实际上包含卷积运算和非线性激活函数两个部分，在卷积层之间，通过池化操作不断压缩特征图的尺寸。对于一个输入尺寸为 $H \times W$ 图像，经过整个编码器网络以后，会得到尺寸为 $\dfrac{H}{32} \times \dfrac{W}{32}$ 的特征图，这个特征图的分辨率很低，但是维度很高，被称为热图（heatmap）。

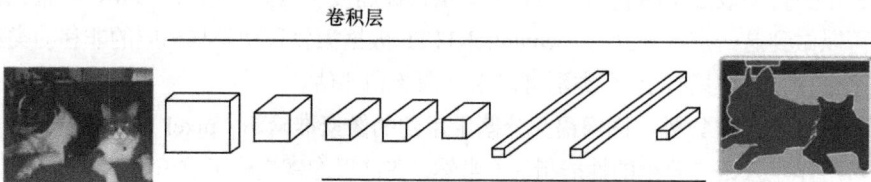

卷积层

图 8-7　一个全卷积神经网络的结构

热图被输入解码器网络中，全卷积神经网络采用反卷积层对热图进行上采样从而得到原图尺寸的预测输出。图 8-8 所示为反卷积示意，反卷积层通过对输入进行边界填充得到尺寸更大的输出图像，解码器网络的输出图像被输入预测网络中，FCN 的预测网络采用 1×1 卷积对每个像素进行分类，输出整个图像每个像素的预测图。

然而，单纯对热图进行反卷积得到的特征图仅仅反映了最后一个卷积层得到的抽象特征，而遗漏了编码中其他卷积层得到的局部细节特征，因此，FCN 叠加热图的反卷积输出和中间层的输出以得到最终的预测输出，如图 8-9 所示。FCN 将前段池化层的输出叠加至反卷积输出，组合前段池化层的输出和最后热图的输出，使得最终的预测输出既保留了抽象特征，也保留了局部特征，进一步提升了语义分割的边界准确度。

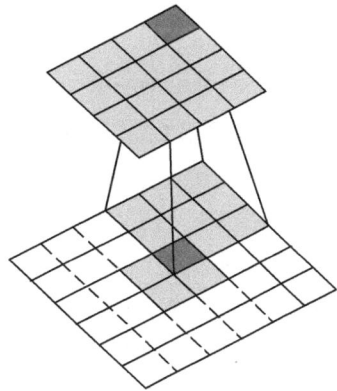

图 8-8　反卷积示意

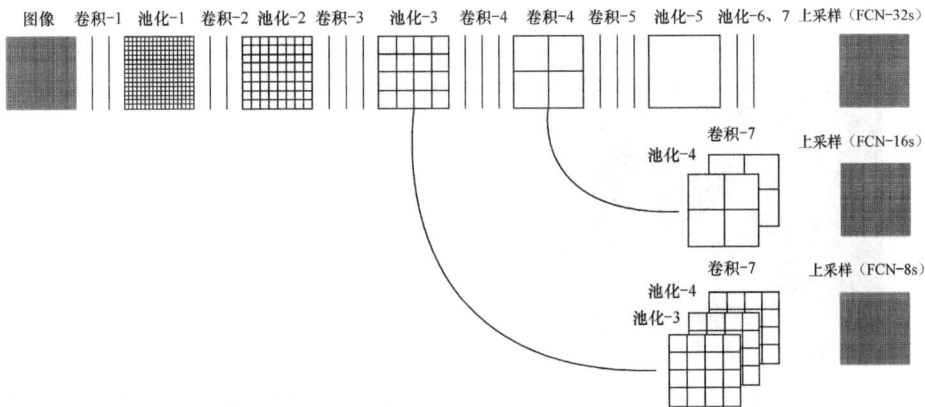

图 8-9　FCN 通过跳层叠加反卷积输出和中间层的输出

提示：为了保留更多的局部特征，FCN 采用跳层（skip layer）的策略。第一行表示直接使用热图反卷积作为预测输出，被称为 FCN-32s；第二行表示叠加热图和池化-4 后使用反卷积作为预测输出，被称为 FCN-16s；第三行表示叠加热图、池化-4 和池化-3 后使用反卷积输出作为预测输出，被称为 FCN-8s。

FCN 叠加输出图像的方式是将两个输出图像逐元素相加。为了训练全卷积神经网络，FCN 的损失函数被定义为所有像素的损失之和，输出图像的尺寸为

$$\text{size of logits} = H \times W \times N$$

式中，$H \times W$ 是输入图像的尺寸，N 为分类的类别数。对矩阵内的每一个位置（即

每一个像素）求解 softmax 函数得到概率最大的类别，然后求解每一个像素的预测输出和真实值的交叉熵，即可得到像素的损失，对每一个像素的损失求和得 FCN 的损失。

FCN 采用带动量的随机梯度下降算法进行网络的训练，选取的动量参数为 0.9，并且采用 L2 正则化的方法，每次训练使用 20 张图像作为小批次。FCN 能够有效处理二维图像的语义分割问题，然而，点云数据和图像数据存在显著的差异，图像的像素排列是有序的、固定的，像素的相对空间关系可以直接透过图像的矩阵位置关系反映。图 8-10 所示是一个手写字 "5" 的图像以及该图像在计算机内存中存储的数据矩阵，卷积神经网络能够很好地学习到这种有序的二维空间关系，从而对图像中特定的目标实现逐像素的语义分割。而点云数据的存储形式是无序的，其本质上是若干个包含空间坐标信息 (x, y, z) 和反射强度信息的点的集合，这些信息虽然本身描述了点在三维空间中的相对位置，但是点云数据在计算机中的数据结构并不能反映点的空间关系，这种无序的数据形式对于 FCN 来说并不能被直接使用。

图 8-10　一个手写字 "5" 的图像以及该图像在计算机内存中存储的数据矩阵

8.2.2　基于全卷积神经网络的激光雷达三维分割

要使用 FCN 对三维点云进行学习，需要将无序的三维数据转换为有序的二维数据，采用 cnn_seg 方法对点云数据进行 BEV 投影，采用二维网格在 BEV 下对有效距离内的点云数据进行分割，如图 8-11 所示。通过此二维网格化分割，点云中的每个点均落在对应的二维网格内，可用网格中格子的位置索引到点云中的任意点。无序的点云数据通过此变换变成了有序的二维数据，输入全卷积神经网络的输入图像便以这些网格为单位进行特征提取。

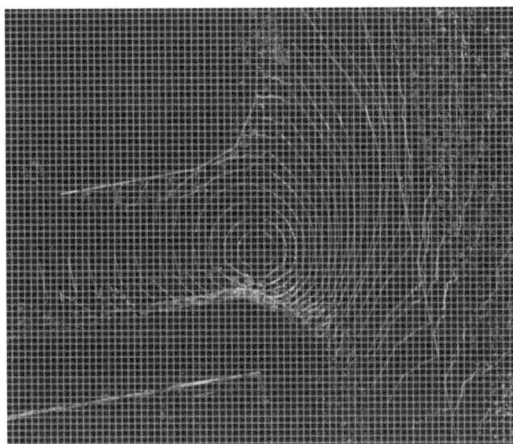

图 8-11　在 BEV 下使用二维网格对点云数据进行分割

提取网格内的若干个特征，可选的特征如下：

- 网格内所有点到激光雷达原点的距离的平均值；
- 网格所有点的形心相对于激光雷达原点的夹角；
- 网格内点的最大高度；
- 网格内点的最大反射强度；
- 网格内点的高度平均值；
- 网格内点的数量；

网格特征构成了二维特征图，特征图被输入全卷积神经网络中进行语义分割训练，最后，全卷积神经网络输出同等分辨率的预测图。根据预测图中网格的位置信息即可查找到网格内所有的点，从而预测点云中每一个点的类别，实现三维点云的逐点语义分割。

8.2.3　使用 ROS 和 TensorRT 实践 CNN Seg 推理

本节完整代码在本书代码仓库的 chapter8/cnn_seg/src 目录中，要运行本节示例代码，系统软硬件配置需要满足以下要求。

- 硬件：配备 NVIDIA GPU 的计算机。
- 操作系统：Ubuntu 18.04。
- ROS：ROS Melodic。
- NVIDIA GPU Driver：470。
- CMake：3.12.2 以上。

- CUDA：10.2。
- cuDNN：7.6.5。
- TensorRT：7.0.0.11。

ROS、NVIDIA GPU Driver、CUDA 和 cuDNN 的安装在此不赘述，读者根据官方文档安装对应版本即可。TensorRT 需要在 NV IDIA Developer 网站下载对应的压缩包（压缩包名为：TensorRT-7.0.0.11.Ubuntu-18.04.x86_64-gnu.cuda-10.2.cudnn7.6.tar.gz），将压缩包解压缩至用户目录下：

```
tar -vxzf TensorRT-7.0.0.11.Ubuntu-18.04.x86_64-gnu.cuda-10.2.
cudnn7.6.tar.gz  -C $HOME/
```

将 Ubuntu 18.04 的 CMake 升级至 3.12.2 以上版本，在 CMake 官网下载 CMake 源码的压缩包（包名通常为 cmake-版本号.tar.gz），解压缩并且安装：

```
tar -xvf cmake-版本号.tar.gz
cd cmake-版本号
cmake .
make -j8
sudo make install
sudo update-alternatives --install /usr/bin/cmake cmake /usr/
local/bin/cmake 1 --force
```

执行以上步骤后使用 cmake --version 即可查看升级后的 CMake 版本号。在本书代码仓库的 chapter8/cnn_seg 目录中构建示例：

```
cd chapter8/cnn_seg
catkin build
```

在构建过程中，CMake 会输出查找到的依赖库：

```
CUDA is available!
CUDA Libs: /usr/local/cuda-10.2/lib64/libcudart_static.a;
Threads::Threads;dl;/usr/lib/x86_64-linux-gnu/librt.so
CUDA Headers: /usr/local/cuda-10.2/include
TensorRT is available!
NVINFER: /home/rdcas/TensorRT-7.0.0.11/lib/libnvinfer.so
NVPARSERS: /home/rdcas/TensorRT-7.0.0.11/lib/libnvparsers.so
NVCAFFE_PARSER: /home/rdcas/TensorRT-7.0.0.11/lib/libnvcaffe_
parser.so
CUDNN is available!
CUDNN_LIBRARY: /usr/local/cuda/lib64/libcudnn.so
find the pretrained DNN model
```

模型的超参数主要定义在 chapter8/cnn_seg/src/cnn_seg/launch/cnn_seg.launch

文件中，主要参数如下：

```
<launch>
  <arg name="model" default="model_128" />
  <arg if="$(eval model=='model_128')" name="trained_engine_
file" default="$(find cnn_seg)/data/vls-128.engine" />
  <arg if="$(eval model=='model_128')" name="trained_prototxt_
file" default="$(find cnn_seg)/data/vls-128.prototxt" />
  <arg if="$(eval model=='model_128')" name="trained_caffemodel_
file" default="$(find cnn_seg)/data/vls-128.caffemodel" />
  <node pkg="cnn_seg" type="cnn_seg_node"
      name="cnn_seg" output="screen" >
    <remap from="~input/pointcloud" to="/rslidar_points"/>
    <remap from="~output/labeled_clusters" to="clusters"/>
    <rosparam if="$(eval model=='model_128')" subst_value=
"true">
      engine_file: $(arg trained_engine_file)
      prototxt_file: $(arg trained_prototxt_file)
      caffemodel_file: $(arg trained_caffemodel_file)
      score_threshold: 0.2
      range: 90
      width: 864
      height: 864
      use_intensity_feature: false
      use_constant_feature: false
    </rosparam>
  </node>
  <node pkg="rviz" name="rviz" type="rviz" args="-d $(find
cnn_seg)/data/debug.rviz" />
</launch>
```

其中，trained_caffemodel_file 和 trained_prototxt_file 分别为 cnn_seg 网络的模型文件和模型定义文件，本例使用了在 128 线激光雷达点云数据上进行训练的模型。trained_engine_file 为 TensorRT 生成的 engine 文件。我们通过设定~input/pointcloud 指定输入的点云的话题，通过修改 score_threshold 设定模型分割结果的置信度阈值，只有得分大于该阈值才会被分类为对应类别；通过 width 和 height 设定二维网格的尺寸，通过 range 设定二维特征图的边长（单位为 m），通过 use_constant_feature 设置是否使用统计特征（二维网格内的朝向和距离特征），由于预训练的模型并没有使用统计特征，所以我们将该参数设置为 false。下载本书资源 dataset/chapter8 目录中的 cnn_seg_sample_data.bag 样例数据，对样例数据进行推理：

```
#在 chapter8/cnn_seg 文件夹内
source devel/setup.bash
roslaunch cnn_seg cnn_seg.launch
#在新的终端
rosbag play cnn_seg_sample_data.bag
```

模型在样例数据中的语义分割结果如图 8-12 所示，车辆点云使用红色高亮分割出来。

*图 8-12　cnn_seg 在样例数据上的语义分割结果

本节使用开源预训练 cnn_seg 网络实践了点云语义分割的推理过程，8.3 节将在 SemanticKITTI 数据集上训练一个 PolarNet 来实践三维语义分割的训练和推理。

|8.3　PolarNet 点云语义分割和 PyTorch 实战|

在 8.2 节中，我们介绍了基于全卷积神经网络的 cnn_seg 点云语义分割方法，并且使用 C++实现了对 ROS 数据包内点云数据的推理。本节我们将进一步介绍点云语义分割类神经网络的训练，使用 SemanticKITTI 数据集实践 PolarNet 神经网络的训练和推理。

8.3.1　PolarNet 神经网络简介

1. 极坐标下的 BEV 投影

PolarNet 属于基于投影的语义分割方法，其采用 BEV 投影的方式，但与之前不同，PolarNet 采用极坐标系来分割数据。传统的 BEV 投影大多使用笛卡儿坐标进行网格划分，如图 8-13（a）所示，虽然笛卡儿网格是典型的矩阵表示（类似于图像像素的排布），有利于经典的卷积神经网络的特征学习，但是这种表示和激光雷达点云数据的特征并不完美契合，因为旋转式激光雷达的数据本身呈现出若干圈同心圆，这些同心圆在点云数据中通常被称为环（ring）。这种结构特征使得点云在笛卡儿坐标系下的 BEV 存在大量为空的网格，即如图 8-13（a）所示的空的网格，空的网格仍然被当作特征输入神经网络中，浪费了算力。此外，基于笛卡儿坐标系对空间进行划分，不同类别的点可能会被分配到同一网格中，这样最终的预测输出会被网格内多数点控制，造成分割边界模糊等问题。

为此，PolarNet 采用极坐标系替代笛卡儿坐标系，如图 8-13（b）所示，使用方位角和半径表示点云中的点，按照极坐标系网格对平面进行划分，这种做法相比于在笛卡儿坐标系下划分 BEV 能够进一步使得点在网格间均匀分布，远距离的网格也能保留更多的点。

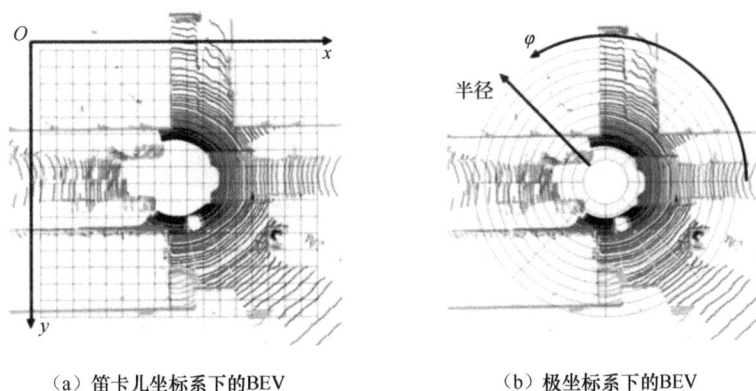

（a）笛卡儿坐标系下的BEV　　　　　　（b）极坐标系下的BEV

图 8-13　笛卡儿坐标系下的 BEV 和极坐标系下的 BEV

2. 网络特征提取

和 8.2 节中的 cnn_seg 使用固定的网格特征不同，PolarNet 训练了一个简单的 PointNet 网络用于极坐标系下网格内的特征提取。图 8-14 所示为 PolarNet 的完整流程，首先对原始点云做极坐标系下的 BEV 下的网格划分，对划分的每一个网格，使用简化的 PointNet 学习得到一个固定长度的特征表示（如一个长度为 1×512 的特征编码），极坐标系下每一个环由若干个网格构成，其中的网格首尾相连。PolarNet 将网格特征向量也按照环的空间关系首尾相连，由此构造出首尾相连的 ring matrix，接着 ring matrix 被输入名为 Ring CNN 的神经网络中以学习语义分割。

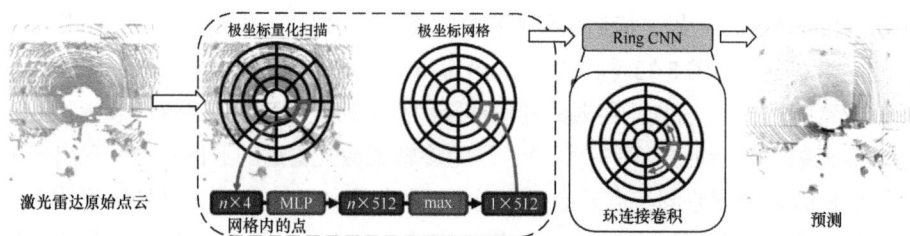

图 8-14　PolarNet 的完整流程

Ring CNN，顾名思义就是采用了环卷积操作的卷积神经网络。有别于普通卷积核，环卷积核会将矩阵处理为首尾相连的形式，因此采用环卷积操作卷积神经网络能够同时学习到网格内的特征以及环的连接特性。这样可以进一步扩充模型的感知域，由于 Ring CNN 是二维神经网络，因此网络最终的预测是极坐标网格，其特征维数等于量化高度通道和类别数的乘积，可以将该预测输出变为四维的输出矩阵，从而得到 voxel loss。那么只需要将卷积操作替换为环卷积，普通的 CNN 就可变为 Ring CNN。

8.3.2　在 SemanticKITTI 数据集上训练一个 PolarNet

本节我们使用开源的 PolarNet 的 PyTorch 实现[11]复现 PolarNet 的训练和推理，克隆代码 PolarSeg.git 后，checkout 到一个历史版本：

```
git checkout 327fd9bf86d8666ec27e0e6ba4d2d99925c14a85
```

对于 SemanticKITTI 数据集，我们采用[480, 360, 32]的网格划分，并且截取距离在[3, 50]、高度在[−3, 1.5]内的点。

类似于第 7 章，本节我们仍然使用 Conda 管理 Python 运行环境，环境配置如下。

- 操作系统：Ubuntu 18.04。
- Python：Conda 管理，使用 Python 3.7。
- NVIDIA GPU Driver：470。
- CUDA：10.2。
- cuDNN：cudnn-10.2-linux-x64-v7.6.5.32.tgz。
- PyTorch：1.5.0。

准备 Conda 环境：

```
conda create -n polarnet python=3.7
conda activate polarnet
```

```
pip install torch==1.5.1 torchvision==0.6.1
pip install torch_scatter==2.0.4
pip install tqdm pyyaml numba Cython scipy
```

提示：此安装方法仅适用于 CUDA 版本为 10.2 的情况，其他情况参考 PyTorch 官方安装说明。

下面我们使用 SemanticKITTI 数据集训练和测试网络，SemanticKITTI 数据集是目前开源的点云语义分割数据集中数据量较大且包含连续帧的数据集，该数据集的点云由单颗 Velodyne HDL-64 激光雷达采集而来。相比于 A2D2 数据集的若干颗 VLP-16 产生的融合点云，SemanticKITTI 数据集的点云的分布更加均匀、一致。SemanticKITTI 数据集的原始数据采用了 kitti odometry benchmark 中的点云数据，kitti odometry benchmark 数据由 22 个序列（sequence）构成，被命名为 sequence 00～21，每个 sequence 实际上是数据采集车走的一条路线，图 8-15 所示为 SemanticKITTI 数据集中训练集的采集路线，图 8-16 所示为 SemanticKITTI 数据集中测试集的采集路线。

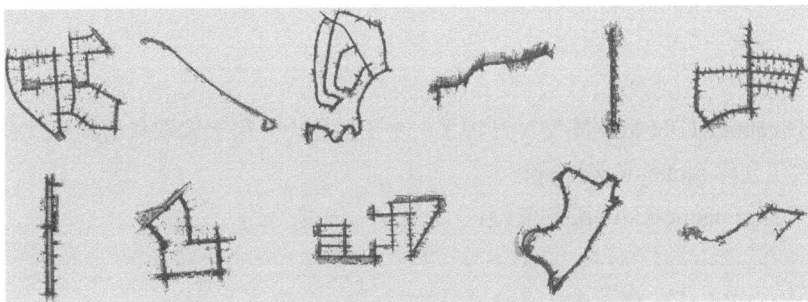

图 8-15 SemanticKITTI 数据集中训练集的采集路线

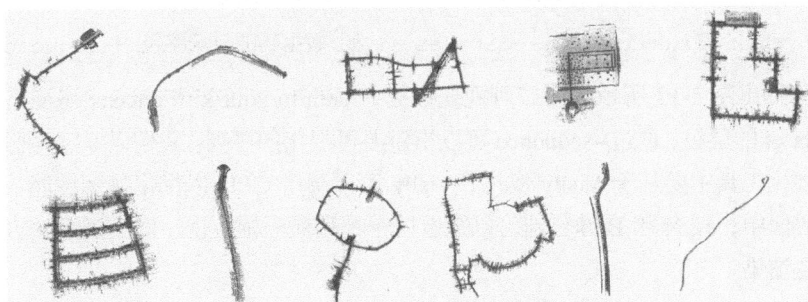

图 8-16 SemanticKITTI 数据集中测试集的采集路线

semantic-kitti.yaml 定义了数据集 label 的映射关系以及对 sequence 的划分。整个数据集包含以下 3 个部分。

- KITTI Odometry Benchmark 中的 Velodyne 点云数据。
- KITTI Odometry Benchmark 中的传感器标定数据。
- SemanticKITTI 标注数据。

下载好 SemanticKITTI 数据集后，按照如下目录结构放置文件：

```
kitti
|--dataset
  |--sequences
    |--00
      |--velodyne
        |--000000.bin
        |--000001.bin
        ......
      |--labels
        |--000000.bin
        |--000001.bin
        ......
      |--poses.txt
    |--01
    |--02
    ......
```

SemanticKITTI 数据集自身开源了一个工具包[12]，用于读取和可视化数据，克隆工具包仓库 semantic-kitti-api。

安装 semantic-kitti-api 的依赖：

```
cd semantic-kitti-api
pip install -r requirements.txt
```

安装好环境后，运行 visualize.py 可视化地查看数据集：

```
python visualize.py --dataset KITTI 数据集的目录路径 --sequence 00
```

将弹出图 8-17 所示的窗口可视化数据，/path/to/your/kitti/dataset 路径需要到达 dataset 的层级，通过--sequence 可以指定要可视化的序列。我们以 00 序列为例，该可视化工具主要基于 VisPy 实现，VisPy 可以调用 GPU 以优化显示性能，在可视化界面中，按 N 和 B 键分别可以查看后一帧和前一帧数据，同一类别的点被相同颜色渲染。

如果运行 visualize.py 没有弹出任何窗口，那么可能是因为系统环境没有为 VisPy 安装用于构建显示窗口的 backend，可以安装 PyQt5 以解决此问题：

```
pip3 install --user pyqt5
sudo apt-get install python3-pyqt5
```

```
sudo apt-get install pyqt5-dev-tools
sudo apt-get install qttools5-dev-tools
```

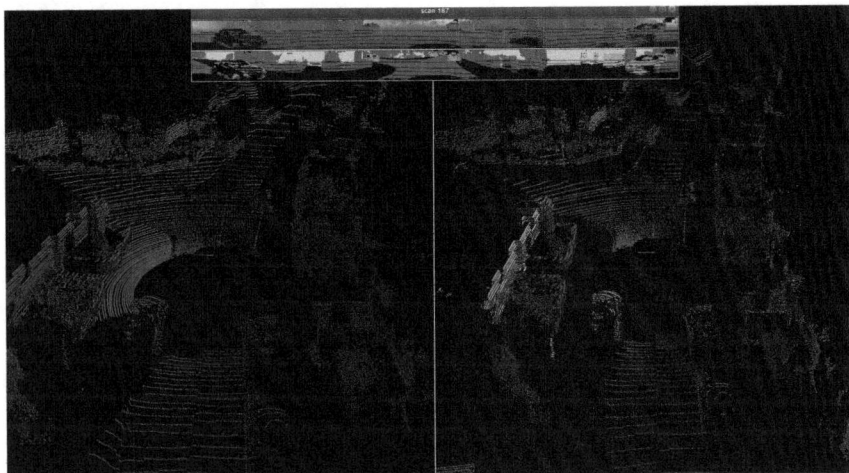

图 8-17　使用 semantic-kitti-api 工具对 SemanticKITTI 数据集做可视化

下载好数据集并准备好环境后即可开始训练模型，通常来说训练语义分割类型的神经网络会占用较大的 GPU 显存，并且 GPU 的显存越大，训练用的 batch size 越大，训练的速度更快。开源项目默认采用了 batch size 为 2 的配置，但是读者可以根据自己 GPU 的实际显存和性能选取合适的 batch size。运行训练脚本：

```
cd PolarSeg
python train.py --data /path/to/your/dataset
```

batch size 可以通过参数--train_batch_size 和--val_batch_size 来设定，神经网络的训练时间取决于 GPU 的性能。当然，部分读者可能没有用于神经网络训练的工作站，可以使用仓库中预先训练好的模型查看推理效果，预先训练好的模型保存在仓库的 pretrained_weight/SemKITTI_PolarSeg.pt 中。在训练过程中可以根据神经网络在验证集上的性能（主要是各类别的 IoU）随时终止训练（按 Ctrl+C 组合键即可），在完成约 7 个 epoch 的训练后，PolarNet 在验证集上的性能如下：

```
Validation per class iou:
car : 92.89%
bicycle : 22.28%
motorcycle : 36.91%
truck : 43.39%
bus : 18.92%
person : 52.79%
```

```
bicyclist : 65.37%
motorcyclist : 0.00%
road : 93.59%
parking : 35.71%
sidewalk : 79.39%
other-ground : 0.18%
building : 90.16%
fence : 49.82%
vegetation : 87.82%
trunk : 58.47%
terrain : 77.07%
pole : 59.70%
traffic-sign : 42.47%
Current val miou is 52.997 while the best val miou is 52.997
Current val loss is 0.779epoch 7 iter  2090, loss: 0.477
```

训练的神经网络将被保存为 train.py 同目录下的 SemKITTI_PolarSeg.pt 模型文件。训练完成后可运行 test_pretrain.py 在测试集上验证模型性能：

```
python test_pretrain.py -d /path/to/your/semantickitti/dataset/
-p SemKITTI_PolarSeg.pt
```

-d 后的参数为 SemanticKITTI 数据集的存放路径（到 dataset 这一级），-p 用于指定模型的路径，如果是自行训练的模型，路径应该为同目录下的 SemKITTI_PolarSeg.pt 模型文件，也可以指定为代码仓库中的预先训练好的模型 SemKITTI_PolarSeg.pt。运行该模型文件后将生成一个 out 文件夹，并将神经网络在验证集和测试集上的语义分割结果保存到对应的 sequences 目录：

```
out
  └──SemKITTI_test
      └──sequences
          ├──11
          |   └──predictions
          ├──12
          |   └──predictions
          ......
```

其中，对应 sequences 目录下的 predictions 文件中的即语义分割预测结果，结果需要反映射回数据集的标签列表才能够进行正常的可视化，拷贝 predictions 文件到 SemanticKITTI 数据集对应的 sequences 目录下：

```
cp -r out/SemKITTI_test/sequences/13/predictions /path/to/your/
dataset/sequences/13/
```

使用 semantic-kitti-api 工具对预测的标签进行映射：

```
python remap_semantic_labels.py --predictions /path/to/your/
semantickitti/dataset --inverse true --split test
```

将映射后的 predictions 文件夹改名为 labels：

```
mv predictions labels
```

运行可视化脚本查看在测试集上的预测输出：

```
python visualize.py --dataset /path/to/your/semantickitti/
dataset --sequence 13
```

最终神经网络在测试集上的推理结果如图 8-18 所示，神经网络对点云做了语义分割推理并将相同类型目标的点使用同种颜色渲染，可以通过按 N 键和 B 键向前移动和向后移动帧。

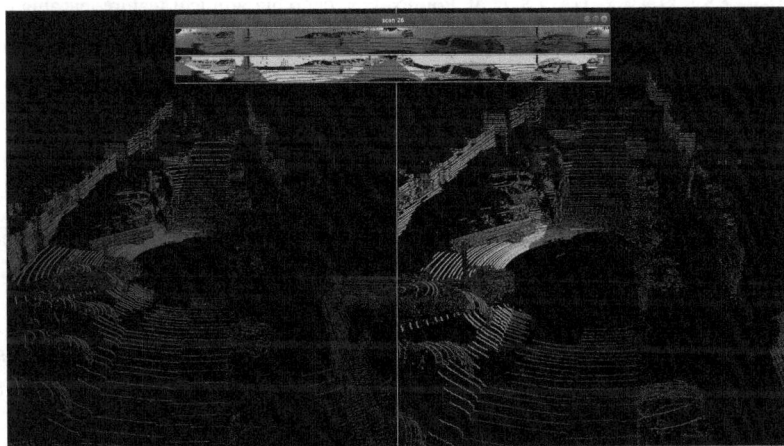

图 8-18 神经网络在测试集上的推理结果

|参考文献|

[1] HIMMELSBACH M, MUELLER A, LÜTTEL T, et al. LIDAR-based 3D object perception[C]// 1st International Workshop on Cognition for Technical Systems, 2008: 1-7.

[2] WU B, WAN A, YUE X, et al. SqueezeSeg: convolutional neural nets with recurrent CRF for real-time road-object segmentation from 3D LiDAR point cloud[C]//2018 IEEE International

Conference on Robotics and Automation (ICRA). Piscataway, USA: IEEE, 2018: 1887-1893.

[3] ZHANG Y. PolarNet: an improved grid representation for online LiDAR point clouds semantic segmentation[C]// 2020 IEEE/CVF Conference on Computer Vision and Pattern Recognition (CVPR). Piscataway, USA: IEEE, 2020: 9598-9607.

[4] IANDOLA F N, HAN S, MOSKEWICZ M W, et al. SqueezeNet: AlexNet-level accuracy with 50x fewer parameters and<0.5 MB model size[J]. arXiv preprint, 2016, 1602.07360.

[5] MILIOTO A, VIZZO I, BEHLEY J, et al. RangeNet ++: fast and accurate LiDAR semantic segmentation[C]//2019 IEEE/RSJ International Conference on Intelligent Robots and Systems (IROS). Piscataway, USA: IEEE, 2019: 4213-4220.

[6] CHARLES R Q, SU H, KAICHUN M, et al. PointNet: deep learning on point sets for 3D classification and segmentation[C]//2017 IEEE Conference on Computer Vision and Pattern Recognition (CVPR). Piscataway, USA: IEEE, 2017: 77-85.

[7] CHARLES R Q, LI Y, HAO S, et al. PointNet++: deep hierarchical feature learning on point sets in a metric space[C]//31st International Conference on Neural Information Processing Systems Vancouver: ACM, 2017: 5105-5114.

[8] CORTINHAL T, TZELEPIS G, AKSOY E E. Salsanext: fast, uncertainty-aware semantic segmentation of lidar point clouds for autonomous driving[C]//2020 IEEE/RSJ International Conference on Intelligent Robots and Systems (IROS). Piscataway, USA: IEEE, 2020: 50-54.

[9] BEHLEY J, GARBADE M, MILIOTO A, et al. SemanticKITTI: a dataset for semantic scene understanding of LiDAR sequences[C]//2019 IEEE/CVF International Conference on Computer Vision (ICCV). Piscataway, USA: IEEE, 2019: 9296-9306.

[10] CAESAR H, BANKITI V, LANG A H, et al. nuScenes: a Multimodal Dataset for Autonomous Driving[C]//2020 IEEE/CVF Conference on Computer Vision and Pattern Recognition (CVPR). Piscataway, USA: IEEE, 2020: 11618-11628.

[11] ZHANG Y, ZHOU Z, DAVID P, et al. PolarNet: an improved grid representation for online LiDAR point clouds semantic segmentation[C]//Proceedings of the 2020 IEEE/CVF Conference on Computer Vision and Pattern Recognition (CVPR). Piscataway, USA: IEEE, 2020: 9598-9607.

[12] GEIGER A, LENZ P, URTASUN R. Are we ready for autonomous driving? the KITTI vision benchmark suite[C]// 2012 IEEE Conference on Computer Vision and Pattern Recognition. Piscataway, USA: IEEE, 2012: 3354-3361.

第 9 章

激光雷达的发展趋势及其在汽车工业中的应用前景

在本章中，首先，我们将以激光雷达在乘用车领域的前装量产应用作为切入点，介绍激光雷达在乘用车辅助驾驶功能和自动泊车功能中的应用。其次，我们将介绍激光雷达在 4 级自动驾驶中的应用，以及在低速无人机器人中的应用。最后，我们将讨论激光雷达未来的可能发展方向。

|9.1 激光雷达带来的辅助驾驶能力变革|

自 DARPA 自动驾驶挑战赛后，激光雷达作为核心传感器被广泛应用于机器人、4 级自动驾驶车辆（如自动驾驶出租车、公交车和卡车等）等诸多领域，乘用车领域的激光雷达前装量产方兴未艾，但乘用车 ADAS 领域中的激光雷达发展较晚，笔者认为其原因主要为以下两方面。

一方面，早期的激光雷达在技术上并没有达到乘用车前装量产的要求，早期的激光雷达多以机械旋转式激光雷达为主，这类激光雷达的生产需要大量人工标定步骤，其价格高昂且难以大规模生产和应用于乘用车（在 2018 年，一台 64 线激光雷达甚至比一台汽车还要贵）。机械旋转式激光雷达功耗高、发热高、寿命短，且多数激光雷达厂商没有采用车规级电子元器件设计、开发传感器，这使得早期的激光雷达在耐久性、稳定性、功能安全认证等诸多方面均未达到汽车厂商对于前装传感器的要求。此外，柱状的结构、较大的尺寸使得这类激光雷达难以集成至乘用车上。

　　另一方面，早期的 ADAS 的软硬件不足以支持激光雷达前装。首先是硬件条件不足，早期的 ADAS 的架构多为分布式处理架构，即环境感知任务在传感器本身执行，比如前视的双目相机自带芯片执行计算机视觉感知任务，相机直接输出感知的目标列表（object list），毫米波雷达则直接输出追踪的目标列表，在这种系统设计下，辅助驾驶中央域控制器的算力弱，仅能执行融合、追踪和规控等任务，难以处理高密度的点云数据并执行三维检测。其次，以深度神经网络为核心的自动驾驶系统是近年才发展起来的，早年的 ADAS 在软件、算法等层面也不足以支撑激光雷达前装。

　　然而，以上两个方面的局限在近年来被一一打破，激光雷达技术不断迭代使其生产的自动化水平不断提高，成本不断下降；国内外厂商对于半固态、纯固态激光雷达技术的开发，以及车规级电子元器件、符合功能安全的开发流程、车规级测试和评估方法的采用，使得激光雷达的成本、外观、可靠性和寿命均逐渐达到乘用车前装量产传感器的要求。同时，自动驾驶软件技术不断发展，深度神经网络的广泛应用极大地提升了自动驾驶系统的环境感知能力，高精度地图、高精度融合定位以及规划控制等领域的创新使得自动驾驶系统能够应对越来越复杂的场景，当然，其代价就是自动驾驶系统本身也变得很复杂。在数据驱动的自动驾驶系统开发新范式下，传统的分布式处理架构难以满足要求，中心化的自动驾驶处理架构成为主流，大算力的自动驾驶中央域控制器被用于处理感知、定位、规划、控制等几乎所有自动驾驶任务。在大算力的加持下，使用深度神经网络处理稠密的点云数据成为可能，而激光雷达准确的三维测量信息能进一步提升自动驾驶系统的感知能力、鲁棒性和安全性。大算力自动驾驶芯片以及人工智能技术的发展，可以说为激光雷达的乘用车前装量产铺平了道路，自 2022 年起，激光雷达的乘用车前装量产的进程开始加快，越来越多的汽车公司将激光雷达引入高级辅助驾驶系统中，作为整车传感器之一量产交付。

　　激光雷达在量产乘用车上主要用于高速和城市 2 级领航辅助驾驶系统和自动泊车辅助系统两个方面。2 级辅助驾驶内容繁多，不同厂商设定的 2 级的运行设计域（operational design domain，ODD）也各不相同，最终表现的结果就是虽然多数厂商都标注自己的汽车产品具备 2 级辅助驾驶能力，但是辅助驾驶系统采用的传感器方案各不相同，实现 2 级辅助驾驶的技术各不相同，呈现出来的实用性、鲁棒性和安全性也各不相同。为了简化，本章仅讨论 2 级辅助驾驶中的导航辅助驾驶（navigate on autopilot）功能。自主代客泊车（automated valet parking，AVP）实现难度较大，难以大规模推广，目前产品形态的自主代客泊车仍然以自动泊车辅助（auto parking assist，APA）系统和记忆泊车辅助（home-zone parking assist，HPA）系统为主，本章仅讨论记忆泊车案例。

9.1.1　激光雷达在城市和高速领航辅助驾驶中的应用

领航辅助驾驶也称自动辅助导航驾驶、按导航辅助驾驶，其把"导航"和"辅助驾驶"结合起来，在原来 2 级辅助驾驶（如车道线保持、自动跟车）的基础上，加入了地图中的导航信息和自动变道的功能，从而实现了从 A 点到 B 点的自主驾驶能力。然而，由于其仍然属于 2 级辅助驾驶，在领航辅助驾驶模式下，仍然需要驾驶员一直观察道路情况并手握转向盘，以便遇到系统无法处理的情况随时接管车辆的控制权。领航辅助驾驶功能看似"鸡肋"，但是对于较长时间、环境简单的驾驶场景，其能够显著地减缓驾驶员疲劳。

领航辅助驾驶也分为高速和城市两种场景。对于高速场景，仅使用相机和毫米波雷达就可以实现高速领航辅助驾驶的相关功能，部分厂商甚至仅使用相机。图 9-1 所示为辅助驾驶领域典型的 1V5R 方案，该方案仅采用 1 颗相机（前视摄像头）和 5 颗毫米波雷达（1 颗前向雷达，4 颗角雷达），这种传感器配置能够适应多数高速领航辅助驾驶场景的要求，但是在安全性上略显不足。其安全性缺陷主要表现在无法或者难以检测静止、不规则、未训练的目标，比如高速上停止的异形施工车、因事故侧翻的车辆、高速遗撒物等，这类目标是静止的，没有径向速度，通常会被毫米波雷达当作噪声过滤掉；另外，由于这类目标是不规则、异形目标物，视觉识别的神经网络没有对其做单独训练，从而造成视觉检测也漏检的情况，可见，在这种情况下，两类传感器存在同时失效的可能，如果此时驾驶员分心，抑或过分信任辅助驾驶系统、人工介入过晚，就会发生较为严重的碰撞事故，造成人员伤亡。图 9-2 所示为辅助驾驶汽车碰撞侧翻卡车造成的事故，辅助驾驶功能开启状态的车辆因为无法识别侧翻的卡车的背面而径直撞上了卡车。对于异形静止目标的检测，激光雷达具有显著的优势，其稠密的点云和准确的三维测量信息能够使车辆在百米之外就检测到静止障碍物，即使激光雷达神经网络检测模块没有预先训练静止障碍物，感知系统仍然可以通过分割地面和凸起障碍物将这类目标提取并检测出来，从而避免碰撞。所以，激光雷达的引入可以进一步提升高速领航辅助驾驶的安全性，越来越多的厂商在自身高速领航辅助驾驶系统配置中添加了 1~2 颗前向长距激光雷达，如图 9-3 所示。

- 前视摄像头×1
- 前向雷达×1
- 角雷达×4

图 9-1　辅助驾驶领域典型的 1V5R 方案

图 9-2　辅助驾驶汽车碰撞侧翻卡车造成的事故

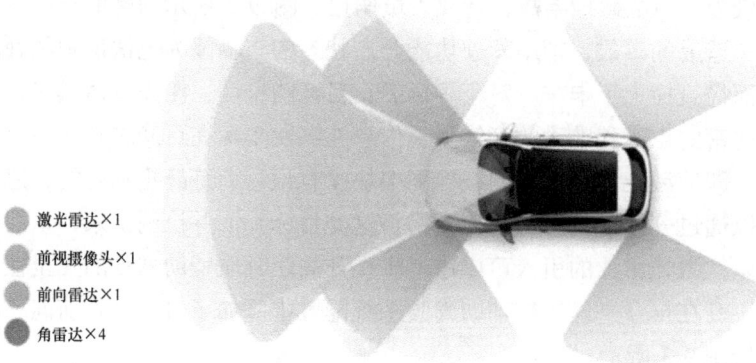

- 激光雷达×1
- 前视摄像头×1
- 前向雷达×1
- 角雷达×4

图 9-3　理想的高速领航辅助驾驶系统应当包含 1～2 颗前向长距激光雷达

城市场景的领航辅助驾驶系统通常包含激光雷达，用于处理复杂道路的环境感知任务。图 9-4 所示为采用了 2 颗激光雷达的城市领航辅助驾驶方案，该方案采用了 2 颗前向雷达（装于车头两侧）、7 颗相机（2 颗前视摄像头，5 颗侧向及后向摄像头）和 5 颗毫米波雷达（1 颗激光雷达，4 颗角雷达）。在这种方案中，激光雷达点云一方面可以用于神经网络目标检测，提供高置信度的检测结果、目标定位信息和目标朝向信息，用于进一步和视觉检测、毫米波雷达检测融合。另一方面，点云还可以用于可行驶区域分割，提供高置信度的可行驶区域信息、目标轮廓信息，这些分割出来的精准轮廓信息既可用于对异形、未训练目标进行感知，还可以让自动驾驶车辆在复杂窄道场景具有更强的通过能力。

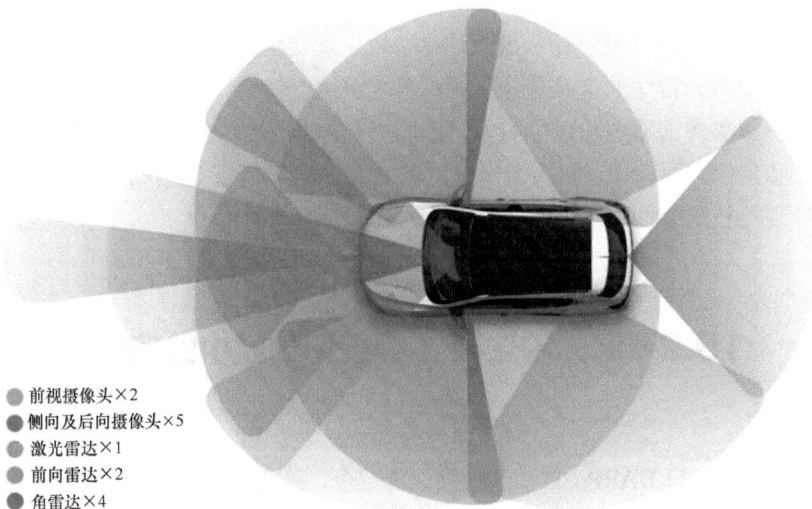

● 前视摄像头×2
● 侧向及后向摄像头×5
● 激光雷达×1
● 前向雷达×2
● 角雷达×4

图 9-4 采用了 2 颗激光雷达的城市领航辅助驾驶方案

即使在 2 级领航辅助驾驶领域，由于人们对于辅助驾驶系统功能性和安全性的要求不断提高，2 级领航辅助驾驶系统的传感器性能、冗余性会不断提升，激光雷达也将慢慢变成领航辅助驾驶系统的标配。

9.1.2 激光雷达在记忆泊车中的应用

自动泊车辅助系统已经量产，驾驶员需要驾驶汽车到车位附近，手动触发自动泊车功能，车辆依靠全景式监控（around view monitor，AVM）影像系统和超声波传感器系统（ultrasonic sensor system，USS）感知泊车环境，实现车位识别、自动泊入、自动泊出、防碰撞和预警等功能。记忆泊车系统是近年来发展出来的一种泊车辅助系统，也称为自学习泊车。记忆泊车系统能够使车辆在停车场入口就进入自主状态，自动寻找车位并自动泊入车位，其主要原理为：在若干固定区域，记忆泊车系统依靠环视相机和激光雷达进行周边环境的建图与定位，并据此记忆用户的驾车及泊车操作，在用户下次来到此固定区域时，系统可根据保存的地图信息进行定位，并进行自动寻找车位和泊车入库。记忆泊车系统能够学习驾驶员的泊入和泊出操作，并使汽车在以后自主完成这个操作。驾驶员在准备停车前，可以在库位不远处开启"路线学习"功能，随后慢慢将汽车泊入固定车位，系统会自学习该段行驶和泊车路线。泊车路线一旦学习成功，系统便可做到"过目不忘"。驾驶员除了能够让系统学习泊入车库的过程外，还能够让系统学习汽车泊出。记忆泊车辅助系统相比于自动泊车辅助系统要求更高环境感知能力和停车场自主建图、定位能力。

依靠前视+环视相机+超声波雷达是可以实现记忆泊车功能的，那么记忆泊车系统中应用激光雷达的意义是什么呢？激光雷达能够为记忆泊车系统带来更强、更稳定、更鲁棒的建图和定位能力，也能提升停车场黑暗条件下感知的可靠性。在建图和定位方面，通过引入激光雷达点云 SLAM 技术，建图成功率大大提升，可以实现更长距离、跨越多个楼层的记忆泊车功能。

|9.2　激光雷达在 4 级自动驾驶中的应用|

不可否认，自 DARPA 自动驾驶挑战赛至今，激光雷达一直都被作为 4 级驾驶系统的主要传感器，在 4 级各类自动驾驶商业应用中，厂商都无一例外地采用了激光雷达，且多数厂商的 4 级方案重度依赖激光雷达。下面我们从城市 4 级自动驾驶出租车和高速 4 级自动驾驶卡车（干线物流）两个商业应用对激光雷达的应用展开讨论。

9.2.1　激光雷达在自动驾驶出租车上的应用

城市的交通场景复杂多变，自动驾驶出租车要同时兼顾安全性、效率和乘坐舒适度，是目前非常复杂的自动驾驶软硬件系统，其硬件，无论是计算芯片（算力）、传感器（感知能力）还是车辆底盘线控都需要做到最高标准和最大冗余，以确保无驾驶员情况下的行车安全。从传感器角度来讲，市区自动驾驶出租车的传感器方案通常要求做到多源传感器的 360° 全视角覆盖，所谓多源传感器（multisourcing sensors），指的是多种类型的传感器数据来源，目前主要采用相机、激光雷达和毫米波雷达这 3 类传感器作为自动驾驶系统的感知数据源，这 3 类传感器有各自的特性和限制。多源传感器的配置能够给感知系统带来一定的冗余，即使某类传感器在特定的极端条件下失效，系统仍然能够借助其他类型的传感器的测量维持安全状态。图 9-5 所示为一个典型的自动驾驶出租车传感器配置，不难看出，为了确保真正无人状态下的绝对安全，自动驾驶出租车无论是在主传感器、前向长距离传感器还是车周补盲传感器上，都配置了 3 类数据源的冗余。从激光雷达的布局角度来看，除了车顶的 360° 长距离主激光雷达外，自动驾驶出租车还在车身周围配置一系列近距离盲区激光雷达，以确保点云的无死角覆盖，下面我们分别讨论这两类激光雷达。

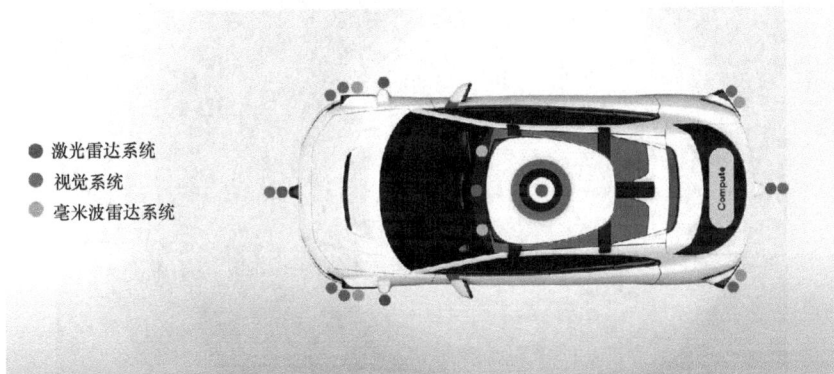

● 激光雷达系统
● 视觉系统
● 毫米波雷达系统

图 9-5 一个典型的自动驾驶出租车传感器配置

360° 长距离激光雷达即常见的机械旋转式激光雷达，也称主激光雷达。应用于自动驾驶出租车的主激光雷达通常要求极高的分辨率（或者说线数）和较长的有效距离（市区自动驾驶出租车应用案例的主激光雷达的 10% PD 距离应当保证在 150 m 以上）。主激光雷达为自动驾驶出租车提供了车周围较长距离的三维检测结果，且其性能不受环境光线条件的影响，主激光雷达的点云在自动驾驶出租车软件系统中，主要应用于环境目标检测、三维语义分割、小障碍物检测、高精度定位等子任务。此外，在自动驾驶数据闭环开发模式中，自动驾驶出租车的主激光雷达数据还被进一步应用于高精度地图构建、感知数据集标注（作为三维信息的真值）、众包地图更新等任务。

由于安装位置较高、车体遮挡等原因，主激光雷达在车身周围存在较大盲区，市区环境多变复杂，在低速慢行的场景下需要准确检测马路凸起路沿、锥桶、靠近车身路过的行人和非机动车等目标，近距离盲区激光雷达就是在这一场景下对主激光雷达的补充。近距离盲区激光雷达具有传感器尺寸小、垂直视场角大（一般大于 90°）、分辨率高、最小检测距离小等特点。因为近距离盲区激光雷达通常安装于车周，为了检测近处目标，通常要求其最小有效检测距离小于 20 cm。当然，对于近距离盲区激光雷达一般不要求很强的测远能力，这类传感器的 10%反射率有效检测距离多为 20 m。图 9-6 所示为近距离盲区激光雷达对主激光雷达点云的补充效果，图外侧一环的同心圆为主激光雷达的点云，图中心处密集的散点为 4 颗近距离盲区激光雷达拼接的点云。通过准确的传感器时钟同步触发和精准的激光雷达外参标定，我们可以将近距离盲区激光雷达的点云叠加至主激光雷达点云上，以相同的坐标系输入自动驾驶系统的感知模块。

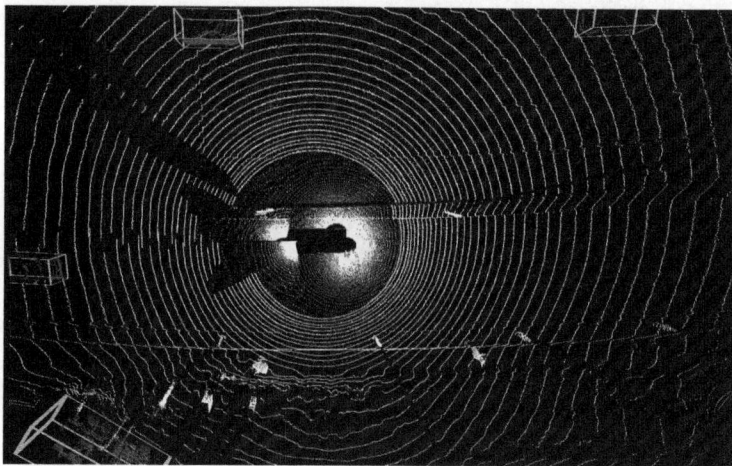

图 9-6　近距离盲区激光雷达对主激光雷达点云的补充效果

9.2.2　激光雷达在自动驾驶卡车上的应用

自动驾驶卡车，也被称为自动驾驶干线物流，是 4 级驾驶系统的另一个商业应用。干线物流指在公路运输网中起骨干作用的线路运输，特点是运输距离长，运输线路多为高速公路，运输车型以重型载货车和牵引车为主。而自动驾驶干线物流则是指以 3、4 级自动驾驶卡车为运载工具，运输线路以高速公路为主，日均行驶里程在 200 km 以上的省际与跨省公路货运。在我国，物流企业通过超量运输、长时间运输等方式降低运输成本以达到低价竞争的目的，超载、疲劳驾驶等现象普遍存在，具有较大的安全隐患。通过自动驾驶系统对驾驶员进行逐步替代、驾驶策略与驾驶行为的优化、车队管理效率的提升，能有效解决干线物流安全、成本、环保、效率痛点。

　　自动驾驶卡车自动驾驶系统的感知模块采用以激光雷达为主传感器，辅以毫米波雷达、超声波雷达、摄像头的多传感器融合方案，实现车辆周边 360° 感知，其感知方案整体上类似于自动驾驶出租车的，激光雷达一方面被用于三维目标检测、语义分割、小障碍物检测等感知任务，同时被用于高精度定位、高精度制图等任务。由于最大限速和制动距离增大，高速场景下的自动驾驶卡车对于激光雷达的测距和分辨率性能的要求进一步提高，主激光雷达的 10% 反射率最大检测距离应该保证在 200 m 以上。为了在足够的距离以外检测到高速、较小的凸起障碍物，如高速的遗撒物、事故车辆散落的轮胎、事故后散落的人和非机动车等目标，前向长距离激光雷达的横向和纵向角分辨率都应当保持在 0.1° 以内。由于卡车庞大的车体遮挡，自动驾驶卡车通常还需要配备一定数量的补盲激光雷达和中长距机械旋转激光雷达于两侧，用于对车周的感知。

| 9.3　激光雷达在低速机器人中的应用 |

　　虽然本书主要关注自动驾驶领域的激光雷达产品和算法应用，但是不可否认，低速机器人领域也因为高线数激光雷达的广泛应用而迎来了变革。由第 1 章的内容我们知道，激光雷达在机器人上的应用可以追溯到 20 世纪 90 年代，我们总是能在各式各样的室内机器人上看到单线激光雷达的身影，显然将单线激光雷达应用到机器人上已经不是什么新鲜事儿了，本节主要讨论的是 16 线及以上的高线数激光雷达在低速机器人中的应用。

　　随着 16 线激光雷达的成本不断下降，我们可以看到越来越多的低速机器人装配了 16 线激光雷达。相较于单线激光雷达，16 线激光雷达具有测距能力强、抗室外环境光干扰能力强、测量维度广、点云密度大等特点。传统的单线激光雷达的测距多在 30 m 以内，这种测距能力对于室内场景是够用的，但是在较为空旷的室外条件下，传统的单线激光雷达可能产生不了任何点的反射，所以这类激光雷达在室外机器人上只能用作安全传感器（safety sensor），主要用于防碰撞，几乎无法用于室外 SLAM 建图和定位，也不能用于对环境目标的模式识别（比如基于深度学习的目标检测）。目前的 16 线激光雷达普遍能够做到 80 m @10% PD 的测距能力，基本能够满足低速机器人在多数室外场景的 SLAM 建图和点云定位需求，其三维点云的点频一般可以达到 300 000 点/秒，丰富的三维点云数据让机器人不仅能识别到障碍物，同时能较为准确地构建障碍物的轮廓，甚至可以使用神经网络对目标进行模式识别、分割和检测。图 9-7 所示为搭载 16 线机械旋转式激光雷达的室外机器人。

图 9-7　搭载 16 线机械旋转式激光雷达的室外机器人

│9.4　激光雷达未来可能的发展方向│

　　随着自动驾驶、机器人等领域对激光雷达需求的不断扩大，激光雷达技术近年来也在快速发展和迭代，虽然我们无法准确预言激光雷达的最终走向，但是作为传感器，激光雷达的发展必然是随自动驾驶系统的需求变化的，其发展的结果必然是用于解决自动驾驶系统感知和定位的难题、降低硬件成本、提升传感器稳定性和提升传感器与整车的集成度等方面，基于此，我们可以对激光雷达未来可能的发展方向进行预测。

　　首先是新特性激光雷达的量产和商用化。目前，主流的车载中长距激光雷达（也称 ToF 激光雷达）仍然是以 ToF 测量为主，但是随着 FMCW 激光雷达技术的进一步成熟，未来的激光雷达市场上会出现 ToF 激光雷达与 FMCW 激光雷达共存的情况。相较于 ToF 激光雷达，FMCW 激光雷达除了能够测量环境的空间三维坐标信息(x, y, z)以外，还能额外测量每一个点的径向线速度，这样点云除了坐标信息(x, y, z)以外还包含速度信息 v，所以 FMCW 激光雷达也被称为四维激光雷达，稠密的点云和速度维信息的测量为自动驾驶系统提供了更加丰富的信息，对于运动的车辆，甚至不需要深度神经网络直接使用速度信息就可以完成准确的三维语义分割。对于激光雷达高精度制图而言，FMCW 激光雷达的点云可以直接滤除所有运动的点，通过点云配准叠加产生无拖影的点云图层，由于 FMCW 对于运动点的测量灵敏度高，使用这种方法构建的点云地图要比使用深度学习方法滤除运动目标构建的点云地图看上去更加"干净"。可以说，未来 FMCW 激光雷达的量产和商用化，可为自动驾驶感知和高精度建图提供不少新思路。

其次是车载激光雷达可预知的性能改进。对于 905 nm 的激光雷达来说，较短的测距能力仍然是其应用的一大痛点，目前主流的 905 nm 激光雷达普遍能做到 150～200 m 10% PD，这种测距能力对 100 m 以上的小目标的检测显得力不从心（实际测试得到的反射点会非常少），虽然能够应对市区自动驾驶的多数场景，但是难以应用于高速场景的道路遗撒物、行人等小目标的检测任务。在未来，905 nm 激光雷达技术有望实现 10% 反射率最大测量距离 250 m，此外，由于 905 nm 激光雷达元器件产业链相对成熟，其线束密度在未来也将进一步提高甚至翻倍，从而实现角分辨率性能的翻倍。在测距能力和分辨率性能同时提升的情况下，905 nm 激光雷达有望克服高速测距能力不足的缺陷，成为高速自动驾驶的前向长距主激光雷达。相对而言，1550 nm 激光雷达的测距能力仍然远强于 905 nm 激光雷达，由于较高的功率，目前来说 1550 nm 激光雷达的总点频（即每秒出射的激光脉冲数）是有限的，在未来，通过降低自身板块功耗，1550 nm 激光雷达有望实现更高的点频，从而获得更大视场角和更稠密的点云。

全固态化和更高的稳定性也是一个重要的发展方向。混合固态方案是目前量产的车规级激光雷达的主流方案。混合固态激光雷达一方面具有尺寸小、可靠性高、批量生产后成本低、分辨率较高等优点，另一方面具有信噪比低、有效距离短、视场角窄、工作寿命较短等缺点。终极形态的激光雷达是低成本、高度芯片化、全固态化的产品。在未来，固态激光雷达由于不用受制于机械旋转的速度和精度，可大大压缩雷达的结构和尺寸，提高使用寿命，并降低成本。

最后是激光雷达在整车集成度上的改进。从机械旋转式激光雷达这类凸起的圆柱体到混合固态激光雷达这类小方盒子，我们见证了激光雷达和汽车整车造型的不断适配和融合，作为车载传感器，除了性能和耐久性以外，美观度亦是一大重要指标，所以激光雷达和汽车整车集成度的进一步提升是必然的趋势。在未来，乘用车上的激光雷达将不再显得那么突兀，甚至能够做到隐藏式，和流线型车体融为一体。另外，不少技术团队在研发可安装于汽车前挡风玻璃后的激光雷达，通过降低前挡风玻璃对激光的干扰，让激光雷达能够安装于汽车座舱内，实现对车辆外形的零干扰。

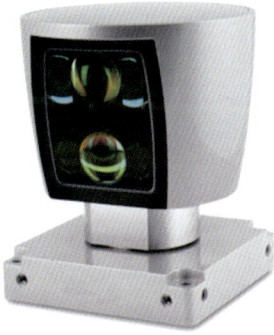

*图1-2　Velodyne公司生产的HDL-64E激光雷达及其输出的点云数据

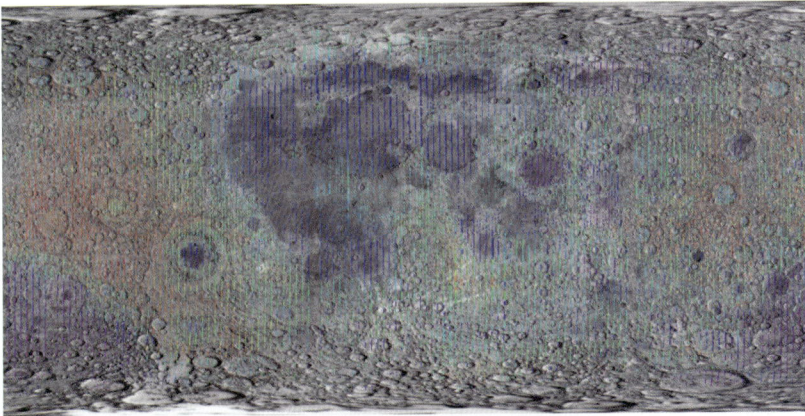

*图1-3　"克莱芒蒂娜号"探测器使用激光雷达测绘得到的月球表面地形高度图

*图2-5　点云数据中的反射强度对照

*图2-6 ring通道的可视化效果

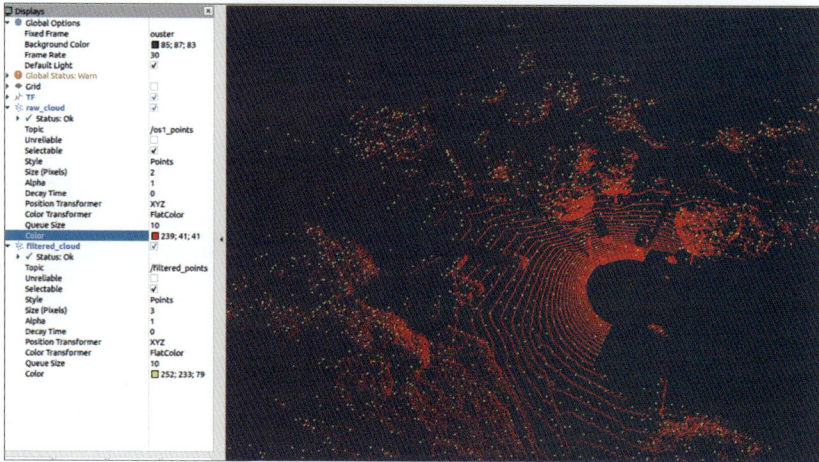

*图3-6 原始点云（红色）和降采样以后的点云（黄色）可视化

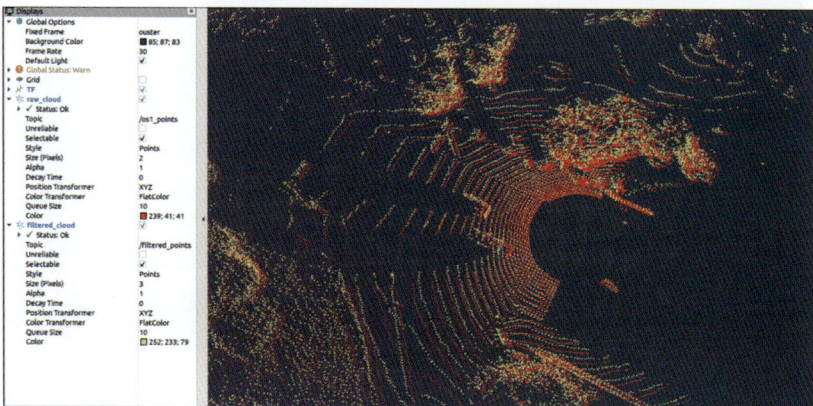

*图3-8 修改降采样尺度后的效果

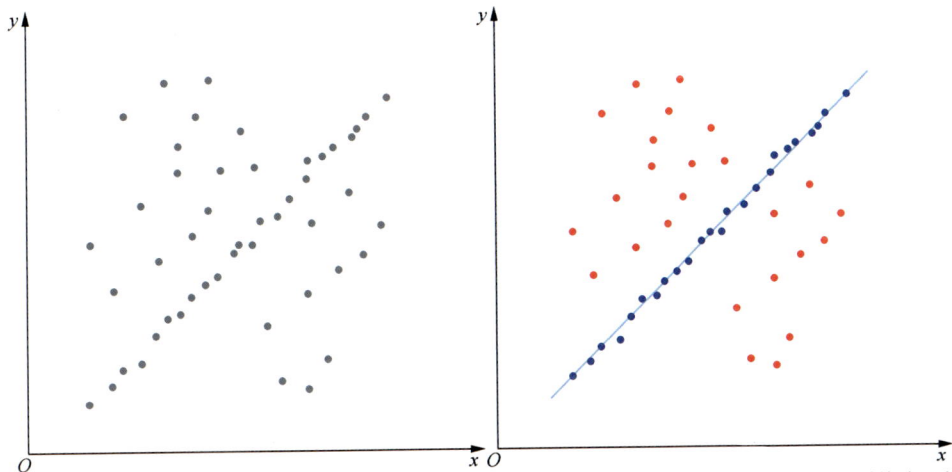

(a) 包含许多离群点的一组数据，
要找一条最适合的拟合直线

(b) 使用RANSAC算法找到的直线，离群点对结果几乎
没影响（蓝色点表示内群点，红色点表示离群点）

*图4-1　使用RANSAC算法进行直线拟合

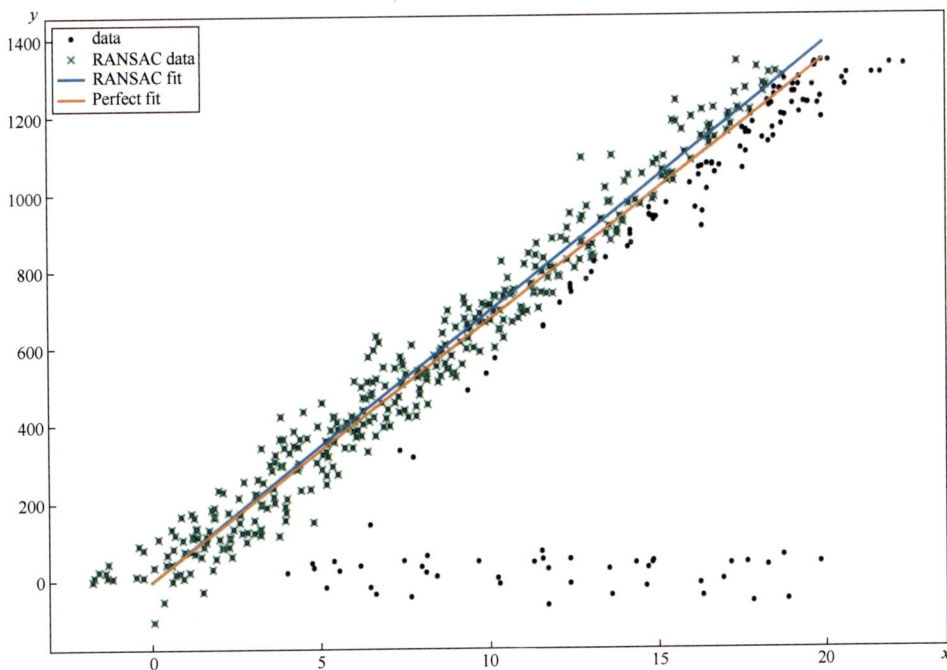

*图4-2　RANSAC算法拟合结果

*图4-3 点云地面分割的可视化效果

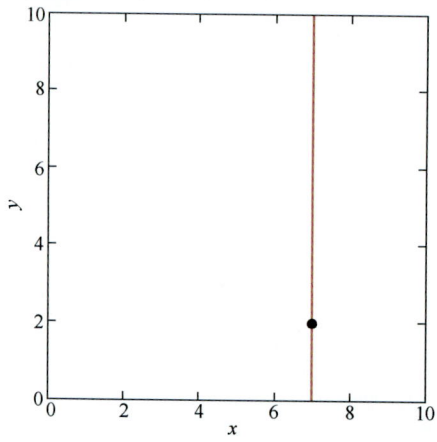

*图4-4 往k-d树上插入第一个点

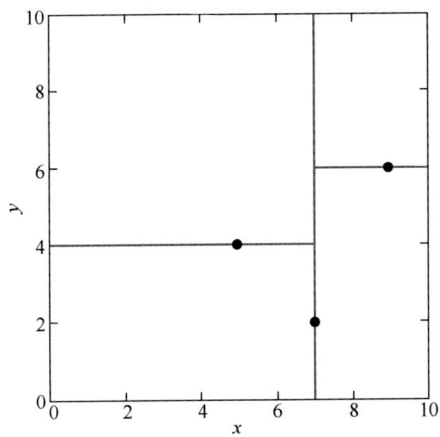

*图4-5 往k-d树上插入第二个点和第三个点

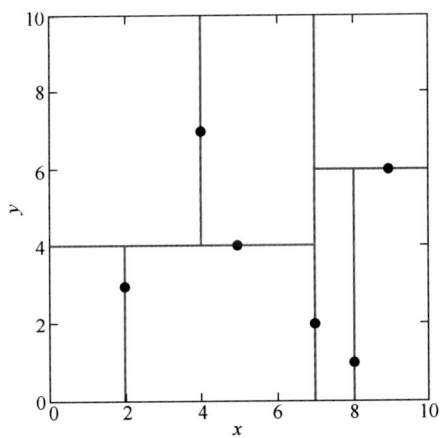

*图4-6 二维k-d树的空间划分图

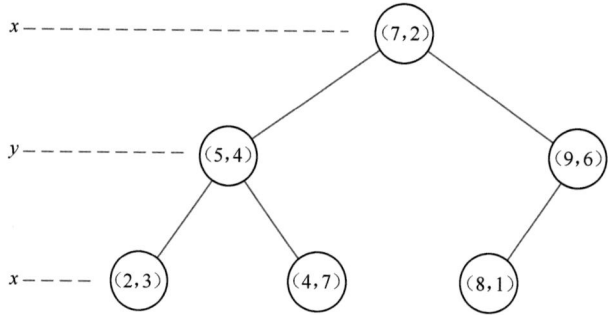

*图4-7 二维k-d树

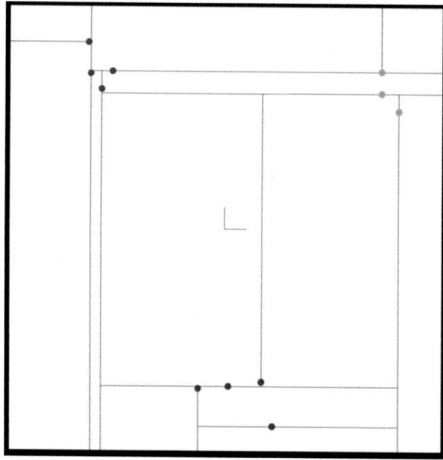

*图4-8 二维k-d树和欧几里得聚类结果

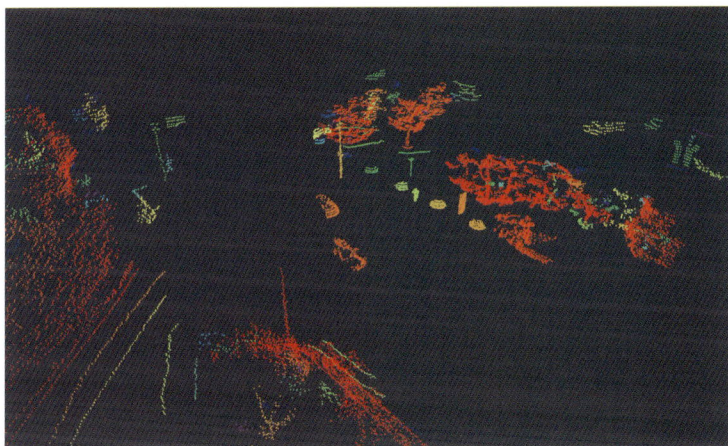

*图4-9 欧几里得聚类效果

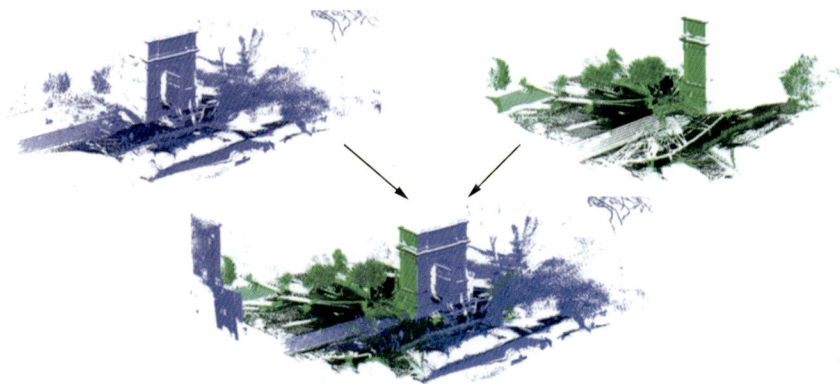

*图4-10 点云配准示意

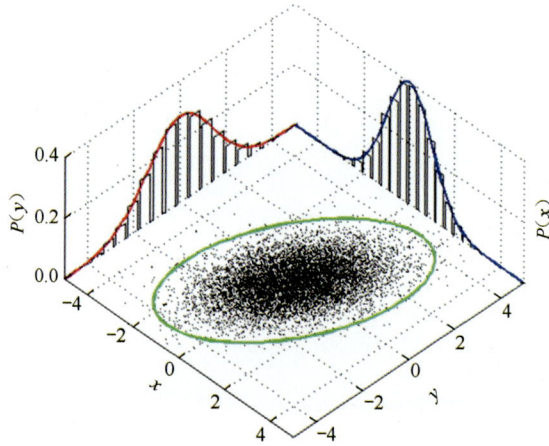

*图4-11　服从二维正态分布的概率密度及两个边缘分布的概率密度

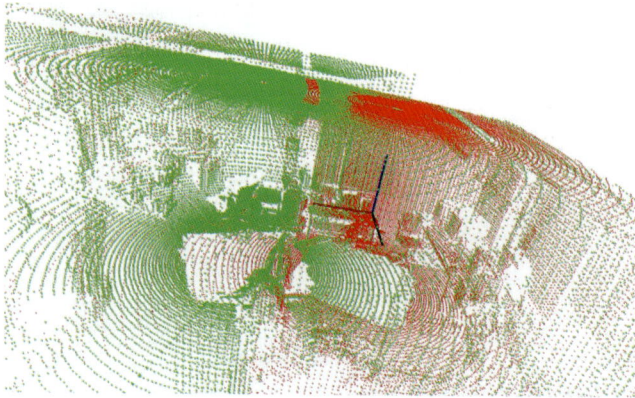

*图4-13　点云配准效果

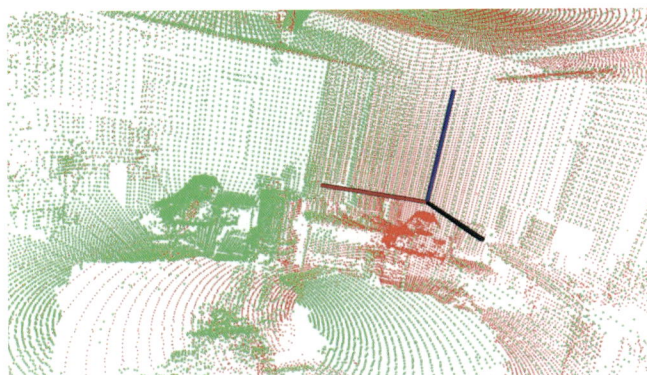

*图4-14　缩放后的配准效果

*图5-19　分割标定板平面

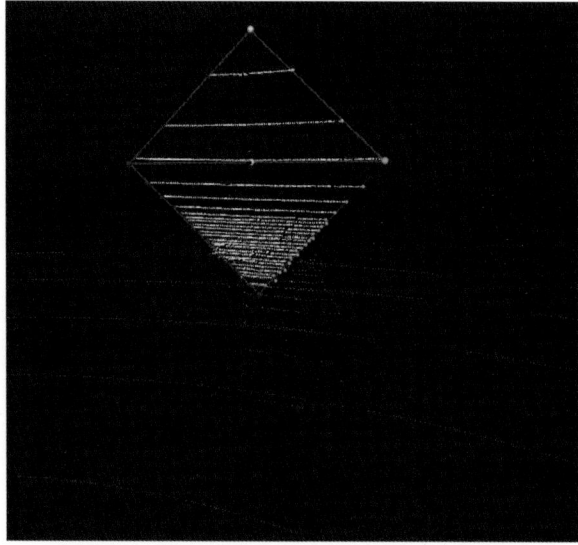

*图5-20　基于点的分布对标定板的角点进行提取

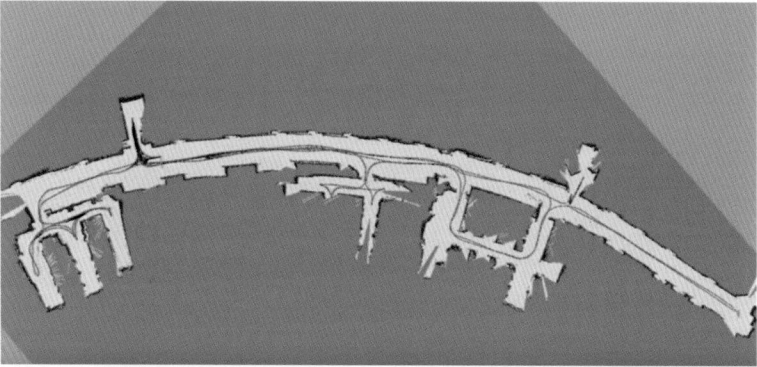

*图6-1　一个室内机器人使用二维激光雷达构建的SLAM地图

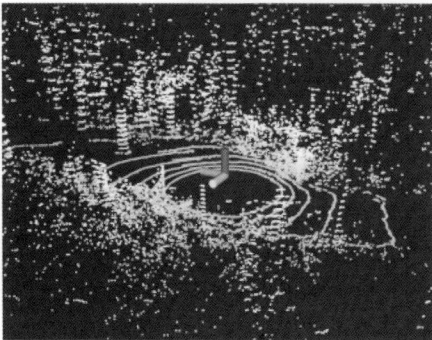

（a）原始点云　　　　　　　　　　　　（b）聚类之后的点云

*图6-3　LeGO-LOAM算法

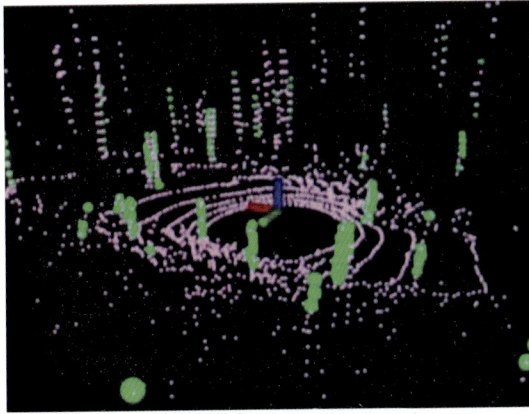

*图6-4　利用LeGO-LOAM算法提取的特征点

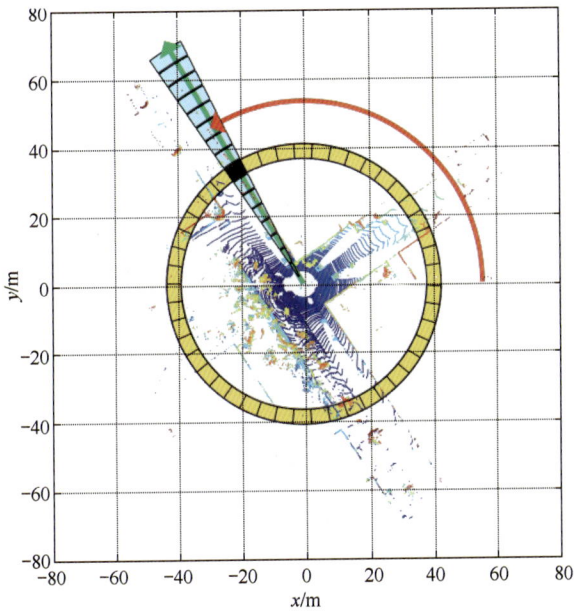

（a）沿方位角和径向方向的分区

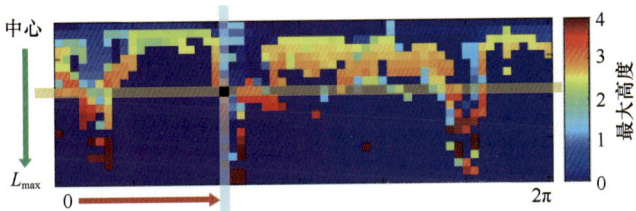

（b）Scan context

*图6-11　将三维点云使用二维特征图表示

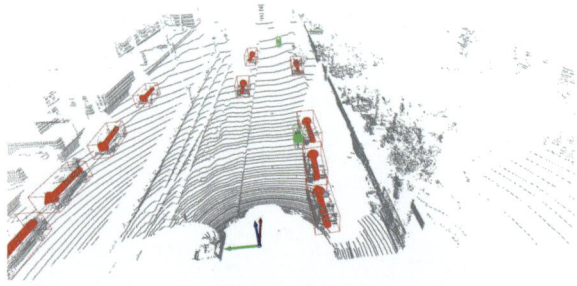

*图7-11　单帧数据推理的可视化效果

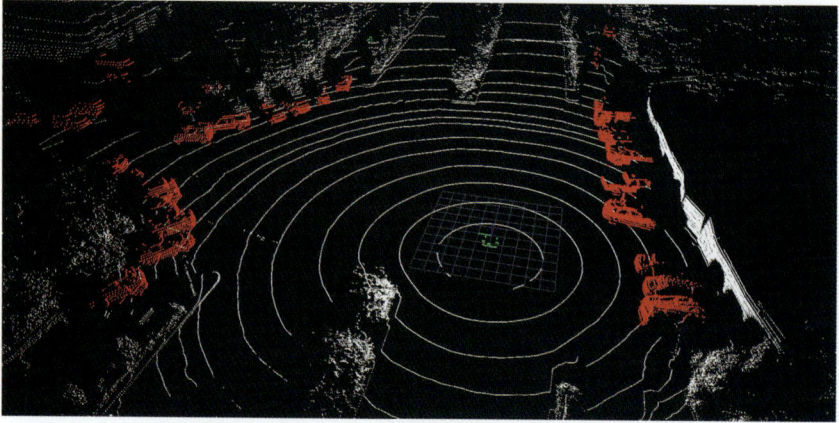

*图8-12　cnn_seg在样例数据上的语义分割结果